普通高等教育“十一五”国家级规划教材

（高职高专教育）

技术物理

（修订版）

怀国桢　王文槿　主编

怀国桢　王文槿　高兴茹　编

高等教育出版社

内容提要

本书是普通高等教育"十一五"国家级规划教材。

本书编写中注意根据高职高专教育特点，贯彻素质教育，体现"以应用为目的，以必需、够用为度"的教学原则。在修订中突出了教学适用性，从教学实际出发，精选教学内容、确定教学要求。全书共7章，内容分别为空间、时间和运动，能量、动量和角动量，内能和熵，振动和波，光的干涉、衍射和偏振，电磁场与电磁波，量子。

本书可作为高职高专院校物理课程的教材，也可供相关科技人员参考。

图书在版编目（CIP）数据

技术物理 / 怀国桢，王文槿主编. —2版（修订本）. —北京：高等教育出版社，2009.3（2010重印）

ISBN 978-7-04-025773-1

Ⅰ. 技… Ⅱ. ①怀… ②王… Ⅲ. 物理学—高等学校—教材 Ⅳ. O4

中国版本图书馆CIP数据核字（2009）第012589号

策划编辑 周先海　责任编辑 李　茜　封面设计 张　楠　责任绘图 杜晓丹
版式设计 马敬茹　责任校对 姜国萍　责任印制 陈伟光

出版发行 高等教育出版社
社　　址 北京市西城区德外大街4号
邮政编码 100120
经　　销 蓝色畅想图书发行有限公司
印　　刷 北京七色印务有限公司

开　　本 787×1092　1/16
印　　张 13.75
字　　数 310 000

购书热线 010－58581118
免费咨询 800－810－0598
网　　址 http://www.hep.edu.cn
　　　　 http://www.hep.com.cn
网上订购 http://www.landraco.com
　　　　 http://www.landraco.com.cn
畅想教育 http://www.widedu.com

版　　次 2001年6月第1版
　　　　 2009年3月第2版
印　　次 2010年6月第3次印刷
定　　价 17.00元

物料号 25773－00

修订版前言

本书于2001年6月初版，蒙广大师生厚爱，认为本教材简明扼要，内容取舍合适、难易适中、篇幅适当，应用性强并具有现代气息，有较强的教学适用性，出版后三个月即第二次印刷，后又多次重印。

近年来，随着高等教育大众化及教育教学改革的进一步深化，对基础课提出了新的要求，中学课程改革也要求在内容衔接上有所调整，经过几年的教学实践，又积累了新的经验。所以决定修订重版，列入普通高等教育“十一五”国家级规划教材。

这次修订，基本上保持原书的总体格局，力图更好地增强原有特色，突出教学适用性强的特点，确保从内容篇幅和深度广度上更好地符合学生实际。修订中，重写了第一章，对第二至第五章进行了必要的增删修改，对第六、第七章进行一定篇幅的调整、改写，补充了若干例题、习题。对附录也进行了大幅度改编。将更多的内容调整为用楷体小字排印，以突出主干内容，增加教学灵活性。为便于学生复习，每章后增设小结。一些稍难的习题用*号标出，供提高之需。

参加本书初版编写的有北京联合大学王文槿（第一章）、高兴茹（第七章）、东华大学怀国桢（绪论、第二至第六章，全书定稿）。此次再版修订由怀国桢承担。

编者谨对关心、支持、帮助过本书编写的单位、领导和专家致以衷心的感谢。

感谢高等教育出版社和东华大学对编写工作的指导、支持和帮助。

本书由上海医疗器械高等专科学校李维俭副教授、承德石油高等专科学校李仁芮副教授审定，他们对本次修订提出了许多中肯的意见；在修订过程中，东华大学吴晶副教授参与了多次交流讨论，给予了热情的帮助。

感谢使用本教材的教师和学生对本教材的鞭策和促进。感谢我的妻子包钟灵数十年如一日对我工作的无私支持和关切。

限于编者水平，本书难免存在不当、不足之处，恳请使用本教材的师生批评指正。

怀国桢

2008年12月

第一版前言

本书是教育部高职高专规划教材，是根据教育部最新制定的《高职高专教育物理课程教学基本要求》编写的。

根据高职高专教学特点，在编写过程中我们注意了以下几点：

1. 以“三教统筹”为原则，使教材满足高等职业教育、高等专科教育和成人高等教育（专科层次）物理教学的需要。

2. 体现“以应用为目的，以必需、够用为度”的教学原则。

3. 在高中阶段物理知识的基础上进行教学。高中阶段已涉及的内容，本书一般不作重复，直接在其基础上引入新内容。

4. 注意理论知识的应用性，不刻意追求物理学科的完整体系。

5. 在实际应用背景下展开教学讨论，并对现代技术的物理基础作适当介绍。

6. 加强教学内容的现代化，对近代物理知识及应用作适当介绍。

7. 注意素质教育。物理既是高职、高专和成人高等教育学生学习后续课程的基础，也是素质教育的重要方面。教材应体现对学生科学思想、科学方法和科学精神的培养。

8. 本书部分内容超出基本要求，但在教材内容现代化、扩大学生知识面等方面有一定意义，用小字排印，供教师选用或学生自学。

本书由林中忖、怀国桢制定编写框架并组织编写工作。参加本书编写的人员有：北京联合大学王文槿（第一章），东华大学怀国桢（前言，绪论，第二至第六章），北京联合大学高兴茹（第七章），并由怀国桢负责全书的统稿。在编写过程中吸收了高工专物理课程教学委员会“面向21世纪高工专物理课程教学内容体系改革”的研究成果。上海交通大学胡盘新教授、北京联合大学林中忖教授对本书的初稿提出了许多中肯意见。

本书在编写过程中，得到了高等教育出版社、北京联合大学和东华大学的大力支持，编者谨对关心、支持、帮助过本书编写的单位、领导和专家致以衷心的感谢。

限于编者的水平，本书难免有不当甚至错误之处，恳请使用本教材的同志批评指正。

编者

2001年1月

目　录

绪论 ………………………………………… 1

第一章　空间、时间和运动 ………………… 3

1.1　质点运动的描述:位置矢量　位移　速度　加速度　运动函数 ………… 3

1.2　相对论时空观:同时的相对性　长度收缩　时间延缓 ……………… 8

1.3　全球定位系统 ……………………… 11

小结 ………………………………………… 12

练习题 ……………………………………… 14

第二章　能量、动量和角动量 ……………… 15

2.1　变力的功 ………………………… 15

2.2　势能 ……………………………… 17

2.3　能量转化和守恒定律 …………… 19

2.4　质能关系 ………………………… 21

2.5　动量守恒定律 …………………… 22

2.6　角动量守恒定律 ………………… 26

2.7　刚体 ……………………………… 28

2.8　对称性与守恒定律 ……………… 29

2.9　空间技术 ………………………… 31

小结 ………………………………………… 36

练习题 ……………………………………… 38

第三章　内能和熵 …………………………… 42

3.1　系统　状态与过程 ……………… 42

3.2　内能 ……………………………… 46

3.3　热力学第一定律 ………………… 47

3.4　热力学第一定律的应用 ………… 49

3.5　热力学第二定律 ………………… 55

3.6　熵 ………………………………… 56

3.7　能源技术 ………………………… 58

小结 ………………………………………… 62

练习题 ……………………………………… 63

第四章　振动和波 …………………………… 68

4.1　简谐振动 ………………………… 68

4.2　振动的能量 ……………………… 71

4.3　振动的合成与分解 ……………… 77

4.4　波 ………………………………… 80

4.5　平面简谐波 ……………………… 83

4.6　波的能量 ………………………… 85

4.7　声波 ……………………………… 87

小结 ………………………………………… 89

练习题 ……………………………………… 91

第五章　光的干涉、衍射和偏振 ………… 96

5.1　波的叠加 ………………………… 96

5.2　光的干涉及其应用 ……………… 100

5.3　光的衍射 ………………………… 106

5.4　光栅衍射　晶体对 X 射线的衍射 ……………………………… 113

5.5　偏振光 …………………………… 117

5.6　信息光学　全息术　光纤通信 …… 121

小结 ………………………………………… 127

练习题 ……………………………………… 129

第六章　电磁场与电磁波 ………………… 136

6.1　电荷的电场 ……………………… 136

6.2　电流的磁场 ……………………… 139

6.3　磁场变化激发电场 ……………… 141

6.4　电场变化激发磁场 ……………… 144

6.5　电磁波 …………………………… 145

6.6　红外辐射与红外技术 …………… 150

小结 ………………………………………… 156

练习题 ……………………………………… 158

第七章　量子 ……………………………… 160

7.1　微观粒子的波粒二象性 ………… 160

7.2　波函数　薛定谔方程 …………… 166

7.3　隧道效应　纳米技术 …………… 168

7.4 氢原子的量子理论 ………………… 173
7.5 激光 ……………………………… 177
7.6 固体的能带结构 ………………… 181
小结…………………………………… 186
练习题 ……………………………… 188
附录 A 矢量代数基本知识 ………… 191
附录 B 一元微积分基本知识 ……… 194
附录 C 物理量单位 ………………… 200
附录 D 常用物理常量 ……………… 206
附录 E 部分练习题答案 …………… 207

绪　论

物理学是自然科学的基础，是研究宇宙间物质存在的各种主要基本形式、它们的性质、运动和转化以及内部结构、认识这些结构的组元及其相互作用、运动和转化的基本规律．正如理查德·费曼所说，“物理学是最基本的，包罗万象的一门学科．”

作为近代科学的带头学科，从牛顿 1687 年发表《自然哲学的数学原理》起，物理学家们经过二百多年的努力，到 19 世纪末已成功地建立了力学、热力学和统计物理学与电磁学（包括光学）．这是一个庞大的、完整的理论体系．今天人们把这套理论称为经典物理学，它十分准确地给出宏观世界低速运动的规律，几乎能解释当时已经发现的所有现象．

然而，物理学并未停止其发展的步伐，在 20 世纪初，又出现了伟大的革命性突破．量子理论和相对论的诞生使物理学深入到微观和高速领域，作为近代物理学的两大支柱，为 20 世纪物理学的发展廓清了道路，打下了坚实的基础，也为人类社会的发展作出了巨大的贡献．量子理论和相对论的惊人之处还在于它们并不是对经典理论的简单否定，而是在更高的层次上包含了原先的理论．我们的世界本质上是量子论和相对论的，经典理论是量子理论和相对论在宏观和低速条件下的近似．整个物理学完整而又和谐．

20 世纪中叶之后，物理学向着更新的深度和广度进军．在微观领域，向组成物质的更小基元挺进，建立了粒子物理的标准模型．目前所有的观测都证实存在着三族基本粒子（夸克、轻子和规范玻色子）．2000 年 7 月费米国家实验室从 600 多万个记录中探测到的 ν_τ 子是这一模型的最新成就．与此同时，现在人们对宇宙的昨天、今天和明天也有了清晰的认识，建立了宇宙标准模型．这个模型认为，宇宙起源于 150 亿至 200 亿年前的一次大爆炸．1965 年，贝尔实验室的彭齐亚斯等人观察到了那次大爆炸遗留至今的残迹——著名的 3 K 微波背景辐射，证实了大爆炸模型．根据这个模型，在爆炸后的 10^{-2} s，宇宙由质子、电子、光子等粒子组成，温度高达 10^{11} K．过了几十万年，宇宙温度降到 3 000 K，出现了原子，它们组成的气体在引力作用下形成气团，凝聚成星系．50 亿年前出现了太阳，我们的地球则形成于 47 亿年前．今天，人类对自然界的认识尺度小到 10^{-19} m 的粒子，大到 10^{26} m 的宇宙，并已经有了深刻而基本正确的理解．在这一小和一大之间还有着相当丰富的层次，显示出多样性和复杂性，涉及大量粒子的复杂体系，出现了一些新的规律，例如非线性和混沌．即使在经典范围内也出现了许多新的现象，这种复杂性还与生命现象有着密切的联系，复杂性问题和微观问题、宇宙问题一起构成当代物理学的三大前沿．

进入 21 世纪，物理学又一次面临新的突破．相对论和量子理论的协调发展，使物理学基本理论更臻完备，从而能统一地描述物质基本结构和基本相互作用．建立起完善的宇宙学，从微观、宏观及宇观多个角度阐述宇宙的起源、演化和归宿．多粒子物理学和复杂系统物理学的研究，使物理学在横向进一步伸展．高温超导的研究和应用，可控热核反应的研究及聚变能的实际利用，将很大程度上解决困扰当今人类的能源问题．原子、分子的控制与操作，给材料科学和化学开辟了空前广阔的前景,人类能够根据自己的意愿和需要来设计、制造出各种人工智能材料.物理学与生物学、化学、材料科学、信息科学、生命科学、空间科技等相结合,以前所未有的速度、规模和层次形成一系列新兴学科.由此进一步推进高科技发展,进而对人类社会的方方面面产生深刻的影响.物理学将与新世纪一起更加繁荣.

物理学与技术尤其是工程技术有着密切的关系,它是几乎所有工程技术的基础.各种机械、动力、工艺加工过程都离不开物理学原理.技术的进步又支持物理学向更深更广的领域推进.蒸汽机的使用推动了力学和热学的发展,而后者的成果又促进了热机的不断完善,深化了第一次技术革命.电磁学的研究,直接导致发电机、电动机的产生,出现了无线电通信.人类社会开始了以电气化为标志的第二次技术革命.相对论和量子理论不仅是物理学的革命,也是人类文明新突破的开始.李政道说:"从1925年以后,几乎所有的20世纪的物质文明都是从这两个物理基础科学发展衍生的."譬如,我们每个人都能感受到计算机网络对社会生活带来的巨大影响,这种影响还将随着时间的推移愈益深刻和广泛,而网络的物质支撑,作为信息载体的激光、传输信号的光导纤维和处理信息的计算机(其主要构件是半导体器件)无一不是当代物理学的成果,其中激光和半导体晶体管还都是诺贝尔物理学奖项.

有人说今天的物理学决不仅是少数物理学家关门埋头研究的专门学问,而是生气勃勃地向一切科学技术,甚至经济管理部门渗透的一种力量.的确,物理学是人类文化的精彩篇章,是现代文明生活中不可缺少的基础知识,更是学习一切工程技术的基础.提高大学生的科学素质,是高等教育的一项重要任务.物理学的基本观点是人们自然观、宇宙观的重要组成部分.物理学的发展集中地体现了科学精神、科学态度.物理学方法是十分典型的科学方法.许多物理学语言已成为工程技术的工作语言.一切有志于提高科学素养和文化层次的人都有必要学习、了解物理学.

学习物理学要着重弄清物理概念和规律的物理图像和物理意义,要着眼于应用.本书根据高职高专学生的特点,注重在技术应用的背景上展开物理基本概念和基本规律的讨论.

第一章　空间、时间和运动

物体的位置变化称为机械运动，简称运动. 它是最基本、最简单的物质运动形式. 运动学研究物体运动的描述. 本章重点讨论质点运动的描述.

描述运动就要涉及时间和空间这两个基本概念. 对它们似乎是人人理解和不言而喻的. 经典理论正是以这种理解为出发点的. 而进一步深入思考就引发了时空认识上的革命. 相对论建立了全新的、更为科学的时空理论. 本章对此作一初步介绍.

1.1　质点运动的描述：位置矢量　位移　速度　加速度　运动函数

1. 质点　在许多问题中，物体的大小、形状在讨论时不起作用或作用甚小，以致可以忽略. 这时可以把物体当作只有质量的点，我们把它称为**质点**. 一物体能否看作质点，取决于具体的研究场景，而与其本身大小无关. 在研究炮弹的射高、射程时，可以将它作质点处理；而在研究炮弹飞行中的旋转时，就不能将它看作质点.

质点是一种**理想模型**. 理想模型方法的本质是突出主要因素，忽略次要因素. 这样，既简化了问题，又使其结论具有普遍性，是物理学的基本方法.

2. 参考系　坐标系　为了描述物体的机械运动，必须选择一个物体或几个彼此间保持相对静止的物体群作为参考，研究物体相对于它们如何运动. 被选作参考的物体称为**参考系**. 同一物体的运动，在不同参考系中的描述是不同的. 这就是运动描述的相对性. 在描述运动时必须指明是相对什么参考系而言的. 通常都以地球或地球表面（某个静止物体）为参考系. 本书为了行文简洁，在以地球或地球表面（某个静止物体）为参考系时，就不再指明了.

参考系的选择以达到运动描述最简单、最方便为目标. 结果越简洁，它所显示的规律性就越强. 人们希望获得的物理规律简洁、明了，如果得到的物理定律非常复杂，我们就不会觉得已经深入了解了自然规律. 爱因斯坦相信，宇宙中有一种最终的简单性和美.

为了定量地描述物体相对参考系位置的变化，就要在参考系上建立一个适当的**坐标系**. 采用不同的坐标系，运动描述的方式和规律表现形式就不同. 但运动的性质不因坐标系的选取而变化. 最常用的是直角坐标系.

3. 位置矢量　位移　在直角坐标系中，用坐标 (x, y, z) 来确定质点的位置. 也可以用由原点指向质点的矢量 $\boldsymbol{r}$ 来描述质点的位置. $\boldsymbol{r}$ 称为**位置矢量**，简称**位矢**. 质点就位于 $\boldsymbol{r}$ 的终端. $\boldsymbol{r}$ 与 (x, y, z) 具有一一对应关系. 如图 1.1 中，质点处于 $x-y$ 平面内（本书只讨论这类情况，下同）位于 (x, y) 坐标处的质点其位置矢量为 $\boldsymbol{r}$，$\boldsymbol{r}$ 的大小

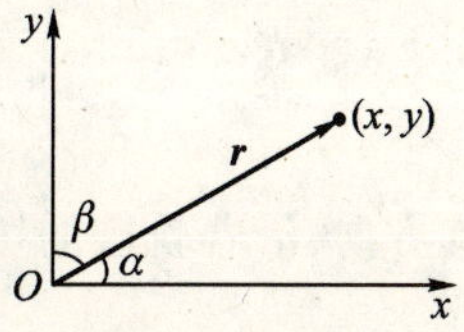

图 1.1　位置矢量

$$|\boldsymbol{r}| = \sqrt{x^2 + y^2}, \tag{1.1}$$

方向用 $\boldsymbol{r}$ 与 x 轴或 y 轴的夹角 α,β 来表示：

$$\cos\alpha=\frac{x}{r}\quad \cos\beta=\frac{y}{r},\tag{1.2}$$

位置矢量在直角坐标系中的解析式，更明确地显示 $\boldsymbol{r}$ 与 x,y 间的一一对应关系：

$$\boldsymbol{r}=x\boldsymbol{i}+y\boldsymbol{j},\tag{1.2a}$$

$\boldsymbol{i},\boldsymbol{j}$ 分别为 x,y 两坐标轴上的单位矢量.

质点运动时，其位置随时间变化，$\boldsymbol{r}$ 为时间 t 的函数，$\boldsymbol{r}=\boldsymbol{r}(t)$，它描述了质点运动的规律. 称为质点的**运动函数**，也称为质点的**运动学方程**.

位移是描述质点位置变化的物理量. 一段时间内质点的位移用连接始点至终点，由始点指向终点的矢量来表示. 图 1.2 所示，质点沿某一路径运动，初始时刻在 (x_1,y_1) 处 A 点，位置矢量为 $\boldsymbol{r}_1$，经过一段时间后到达 (x_2,y_2) 处 B 点，位置矢量为 $\boldsymbol{r}_2$. 这段时间内的位移为 $\boldsymbol{AB}$ 记为 $\Delta\boldsymbol{r}$，其大小

$$|\Delta\boldsymbol{r}|=\sqrt{(\Delta x)^2+(\Delta y)^2},$$

式中 $\Delta x=x_2-x_1,\Delta y=y_2-y_1$.

根据矢量加减法，在图上可以看出

$$\Delta\boldsymbol{r}=\boldsymbol{r}_2-\boldsymbol{r}_1.\tag{1.3}$$

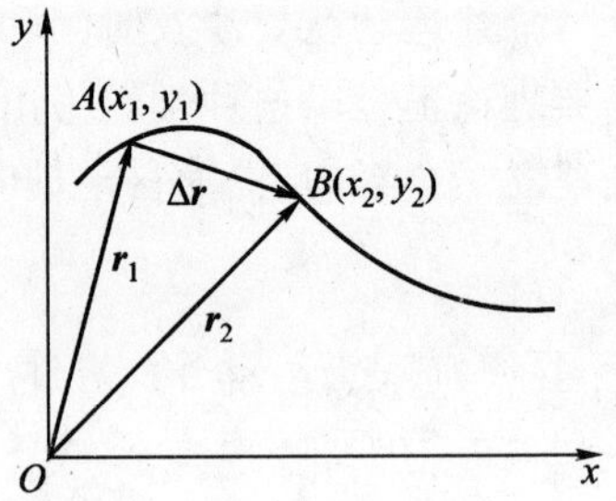

图 1.2 位移和路程

用解析式表示位移

$$\Delta\boldsymbol{r}=(\Delta x)\boldsymbol{i}+(\Delta y)\boldsymbol{j}.\tag{1.3a}$$

路程是在一段时间内质点所经过的轨迹的长度. 它是标量. 一般情况下，路程不等于位移的大小，这在曲线运动中很明显. 即使在直线运动中，也只有在单向运动的情况下两者才相等.

在国际单位制中，位置矢量、位移和路程的单位都是 m（米）.

4. 速度 速度是描述质点位置变化快慢和方向的物理量，是描述质点运动状态的一个重要参量. 质点位移 $\Delta\boldsymbol{r}$ 与完成这段位移所需要的时间 Δt 之比称为质点在该时间段内的平均速度. 记作

$$\bar{\boldsymbol{v}}=\frac{\Delta\boldsymbol{r}}{\Delta t}.$$

为了精确描述质点在某一时刻（或某一位置）运动快慢和方向，我们取 $\Delta t\to 0$ 时的平均速度的极限，称为质点在该时刻的瞬时速度，简称**速度**：

$$\boldsymbol{v}=\lim_{\Delta t\to 0}\frac{\Delta\boldsymbol{r}}{\Delta t}=\frac{\mathrm{d}\boldsymbol{r}}{\mathrm{d}t}.\tag{1.4}$$

用 v_x,v_y 表示 $\boldsymbol{v}$ 在 x,y 轴上的投影，则瞬时速度的大小

$$v=\sqrt{v_x^2+v_y^2},\tag{1.4a}$$

其方向，沿着轨迹的切线方向，可以用它与两个坐标轴的夹角来表示，如与 x 轴的夹角为

$$\alpha=\arctan\frac{v_y}{v_x}.\tag{1.4b}$$

用解析式，以式(1.2a)代入式(1.4). 由于单位矢量 $\boldsymbol{i},\boldsymbol{j}$ 不随时间改变，

$$\boldsymbol{v}=\frac{\mathrm{d}\boldsymbol{r}}{\mathrm{d}t}=\frac{\mathrm{d}}{\mathrm{d}t}(x\boldsymbol{i}+y\boldsymbol{j})=\frac{\mathrm{d}x}{\mathrm{d}t}\boldsymbol{i}+\frac{\mathrm{d}y}{\mathrm{d}t}\boldsymbol{j}$$
$$=v_x\boldsymbol{i}+v_y\boldsymbol{j}. \tag{1.4c}$$

在日常生活中,用路程与时间的比值定义平均速率. 在 $\Delta t\to 0$ 时平均速率的极限定义为瞬时速率,简称速率. 瞬时速度的大小等于瞬时速率,但平均速度的大小一般不等于平均速率.

5. 加速度　**加速度** $\boldsymbol{a}$ 是描述速度变化快慢的物理量. 由于速度是矢量,其变化包含大小和方向两个方面的变化. 所以加速度也是矢量. 定义为

$$\boldsymbol{a}=\lim_{\Delta t\to 0}\frac{\Delta\boldsymbol{v}}{\Delta t}=\frac{\mathrm{d}\boldsymbol{v}}{\mathrm{d}t}=\frac{\mathrm{d}^2\boldsymbol{r}}{\mathrm{d}t^2}. \tag{1.5}$$

用 a_x,a_y 表示加速度在 x,y 轴上的投影,则加速度的大小

$$a=\sqrt{a_x^2+a_y^2}, \tag{1.5a}$$

$\boldsymbol{a}$ 的方向用其与 x 轴或 y 轴的夹角 α,β 表示. 如 $\boldsymbol{a}$ 与 x 轴的夹角 $\alpha=\arctan\dfrac{a_y}{a_x}$.

用矢量解析式表示加速度,将式(1.4c)代入式(1.5)

$$\boldsymbol{a}=\frac{\mathrm{d}\boldsymbol{v}}{\mathrm{d}t}=\frac{\mathrm{d}v_x}{\mathrm{d}t}\boldsymbol{i}+\frac{\mathrm{d}v_y}{\mathrm{d}t}\boldsymbol{j}=\frac{\mathrm{d}^2x}{\mathrm{d}t^2}\boldsymbol{i}+\frac{\mathrm{d}^2y}{\mathrm{d}t^2}\boldsymbol{j}$$
$$=a_x\boldsymbol{i}+a_y\boldsymbol{j}.$$

当 $\boldsymbol{a}=\boldsymbol{0}$ 时,速度没有变化,说明质点运动的快慢与方向均保持不变,为匀速运动. 当 $\boldsymbol{a}=\boldsymbol{a}_0$ = 常矢量,加速度保持不变,但质点仍可作曲线运动. 如在地面抛出一物,它在运动过程中加速度始终为重力加速度,但却沿抛物线运动. 只有在 $\boldsymbol{a}$ 与初速度 $\boldsymbol{v}_0$ 方向一致时,才作匀加速直线运动.

6. 圆周运动加速度　质点作匀速圆周运动时,虽然速度的大小不变,图 1.3 中 $v_A=v_B=v$,但运动方向时刻都在变化. 可见匀速圆周运动是一种变速运动,存在加速度,其大小 $a=|\boldsymbol{a}|=\lim\limits_{\Delta t\to 0}\dfrac{|\Delta\boldsymbol{v}|}{\Delta t}$. 图中,将 $\boldsymbol{v}_A$ 平移至 B 处,不难看出

$$\frac{|\Delta\boldsymbol{r}|}{R}=\frac{|\Delta\boldsymbol{v}|}{v},$$

$$|\Delta\boldsymbol{v}|=v\frac{|\Delta\boldsymbol{r}|}{R},$$

$$\frac{|\Delta\boldsymbol{v}|}{\Delta t}=\frac{v}{R}\frac{|\Delta\boldsymbol{r}|}{\Delta t},$$

则

$$a=|\boldsymbol{a}|=\lim_{\Delta t\to 0}\frac{|\Delta\boldsymbol{v}|}{\Delta t}=\frac{v}{R}\lim_{\Delta t\to 0}\frac{|\Delta\boldsymbol{r}|}{\Delta t}=\frac{v^2}{R}.$$

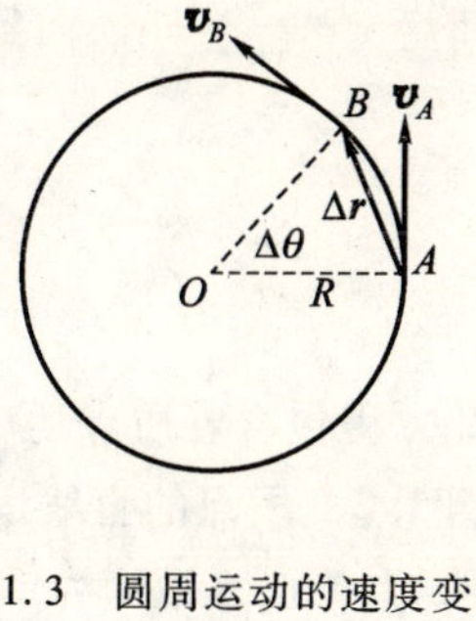

图 1.3　圆周运动的速度变化

当 $\Delta t\to 0$ 时,$\Delta\boldsymbol{v}$ 与 $\boldsymbol{v}_A$,$\boldsymbol{v}_B$ 垂直,即沿着半径,指向圆心. 所以称为向心加速度,也称为**法向加速度**,记作

$$a_{\mathrm{n}}=\frac{v^2}{R}. \tag{1.6}$$

由于法向加速度的方向时刻改变,因而匀速圆周运动甚至也不是匀加速运动.

质点作变速圆周运动时，速度的大小也在变化. 除了法向加速度，还有沿切线方向的切向加速度 a_t. 可以证明

$$a_t = \frac{dv}{dt}. \tag{1.6a}$$

它描述速度大小变化的快慢. 总加速度

$$\boldsymbol{a} = \boldsymbol{a}_n + \boldsymbol{a}_t, \tag{1.6b}$$

$$a = |\boldsymbol{a}| = \sqrt{a_n^2 + a_t^2}. \tag{1.6c}$$

例 1.1　运动学方程包含的信息　已知质点在 Oxy 平面内作曲线运动，其运动学方程为

$$x = a\cos \omega t, \quad y = b\sin \omega t,$$

求质点运动的轨迹、速度及加速度.

解：运动学方程两边平方相加，利用 $\cos^2\alpha + \sin^2\alpha = 1$ 可得

$$\frac{x^2}{a^2} + \frac{y^2}{b^2} = 1.$$

质点的轨迹为一长短半轴分别为 a, b 的椭圆（图 1.4）. 质点的速度

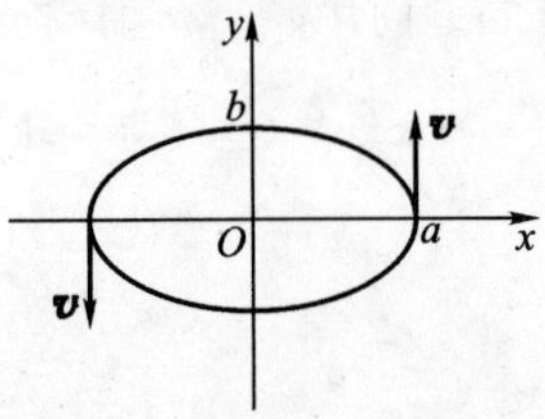

图 1.4　例 1.1 图

$$v_x = \frac{dx}{dt} = -a\omega\sin \omega t,$$

$$v_y = \frac{dy}{dt} = b\omega\cos \omega t.$$

当 $t=0$ 时，$y=0, x=a, v_y = b\omega > 0$. 可判断质点沿椭圆逆时针绕行. 质点的加速度

$$a_x = \frac{dv_x}{dt} = -a\omega^2\cos \omega t,$$

$$a_y = \frac{dv_y}{dt} = -b\omega^2\sin \omega t.$$

由运动学方程可求得质点运动的轨迹和速度、加速度. 当 $t=0$ 时，$x_0 = a, y_0 = 0$，经过一定时间后 $x = x_0, y = y_0$，回到原处. 其最小值称为周期 T，代入运动学方程

$$x = a\cos \omega T = a,$$

$$\omega T = 2\pi,$$

$$T = \frac{2\pi}{\omega}.$$

运动学方程包含着质点运动的丰富信息. 可以说，知道了运动学方程也就掌握了质点运动.

例 1.2　质点的直线运动　已知质点沿 Oy 轴作直线运动，其运动方程为 $y = 4.5t^2 - 2t^3$（y 以 m 为单位，t 以 s 为单位）. 求质点运动的情况.

解：(1) 通过运动学方程求质点在任一时刻的速度、加速度：

$$v = \frac{dy}{dt} = 9t - 6t^2, \quad a = \frac{dv}{dt} = 9 - 12t.$$

可见质点作变加速直线运动.

(2) 质点运动的详细情况　分别令 v 大于 0、小于 0 和等于 0，可得 t 的范围：

$$v=9t-6t^2\begin{cases}>0, & 0<t<1.5\ \mathrm{s}\\ =0, & t=1.5\ \mathrm{s}\\ <0, & t>1.5\ \mathrm{s}\end{cases}$$

同样可得

$$a=9-12t\begin{cases}>0, & 0<t<0.75\ \mathrm{s}\\ =0, & t=0.75\ \mathrm{s}\\ <0, & t>0.75\ \mathrm{s}\end{cases}$$

将二者综合,可以看出质点运动的情况:

(1) 当 $t<1.5$ s 时,$v>0$,质点沿 y 轴正方向向上运动;在 $t<0.75$ s 阶段,$a>0$,质点加速上升.

(2) 在 0.75 ~ 1.5 s 阶段,虽然 v 仍大于零,但 $a<0$,即质点沿 y 轴正向减速上升,到 $t=1.5$ s 时,$v=0$.

(3) 当 $t>1.5$ s 时,$v<0$,$a<0$,质点沿 y 轴负向加速运动.

如果已知质点的速度和加速度,也可求出运动方程,此时需要用微分的逆运算——积分.运算过程如下.

在匀速直线运动中,v 为一常量,由 $\frac{\mathrm{d}x}{\mathrm{d}t}=v$,可得 $\mathrm{d}x=v\mathrm{d}t$,取 $t=0$ 时刻质点的位置为 x_0,由积分 $\int_{x_0}^{x}\mathrm{d}x=\int_0^t v\mathrm{d}t=v\int_0^t\mathrm{d}t$ 可得

$$x-x_0=vt \text{ 或 } x=x_0+vt,$$

即由速度得运动学方程.

在匀变速直线运动中,a 为常量,由 $\frac{\mathrm{d}v}{\mathrm{d}t}=a$ 可得 $\mathrm{d}v=a\mathrm{d}t$,设 $t=0$ 时质点速度为 v_0,由积分 $\int_{v_0}^{v}\mathrm{d}v=a\int_0^t\mathrm{d}t$ 可得

$$v-v_0=at \text{ 或 } v=v_0+at,$$

此式即为速度与时间的关系式.将式中 v 用 $\frac{\mathrm{d}x}{\mathrm{d}t}$ 代替,等式两边同时乘以 $\mathrm{d}t$,再积分,即 $\int_{x_0}^{x}\mathrm{d}x\cdot\frac{\mathrm{d}t}{\mathrm{d}t}=\int_0^t(v_0+at)\mathrm{d}t$ 可得

$$x-x_0=v_0t+\frac{1}{2}at^2 \text{ 或 } x=x_0+v_0t+\frac{1}{2}at^2,$$

此式即匀变速直线运动中的运动学方程.将 $x-x_0$ 用 s 代换,就是路程与时间关系式 $s=v_0t+\frac{1}{2}at^2$,将 s 式与 v 式联立,则可得到速度与路程的关系式 $v^2-v_0^2=2as$.

x,v,a 与 t 关系可以用 $x-t$ 图、$v-t$ 图及 $a-t$ 图表示.由 $v=\frac{\mathrm{d}x}{\mathrm{d}t}$,$a=\frac{\mathrm{d}v}{\mathrm{d}t}$ 可知,$x-t$ 图、$v-t$ 图上的切线斜率等于速度、加速度.

由 $x-x_0=\int_0^t v\mathrm{d}t$ 可知,$v-t$ 图中 $v-t$ 图线及 $t=0$,$t=t$ 所围面积在数值上等于 0—t 时间内质点的位移.

例 1.3 抛体运动 一物体与水平面成 θ 角抛出.已知物体在最高点时,速度为 8 m/s,落地点距抛出点为 20 m,求物体上升的最大高度.

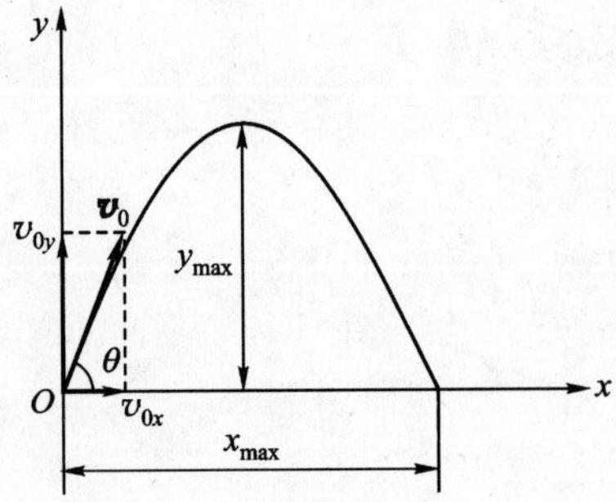

图 1.5 抛体运动

解:将物体视为质点.物体作斜上抛运动,可分解为水平方向的匀速直线运动和竖直方向的匀变速直线运动(竖直上抛).

选抛出点为原点,建立坐标系如图 1.5 所示.在水平方向

$$x = v_{0x}t,$$

竖直方向

$$y = v_{0y}t - \frac{1}{2}gt^2,\ v_y = v_{0y} - gt.$$

在最高点时 $v_{y_{max}} = 0$,只有水平速度分量 $v_{0x} = 8\ \text{m/s}$,设物体上升到最高点的时间为 t',则有 $y_{max} = v_{0y}t' - \frac{1}{2}gt'^2$,及 $v_{y_{max}} = v_{0y} - gt'$,考虑到 $x_{max} = v_{0x}(2t')$,可解出

$$y_{max} = \frac{gx_{max}^2}{8v_{0x}^2} = \frac{9.8 \times 20^2}{8 \times 8^2}\ \text{m} = 7.7\ \text{m}.$$

1.2 相对论时空观:同时的相对性 长度收缩 时间延缓

1. 光速不变原理 运动描述的相对性告诉我们,在不同参考系中,对同一物体的运动描述是不同的.例如,火车在笔直的铁道上,相对地面以 v_1 速度运行,车厢里以速度 v_2 沿火车运动方向相对车厢向前运动的物体,在地面上的人看来其速度为 $v = v_1 + v_2$.这几乎是不争的事实.然而当人们考察光的运动时却发现一个不可思议的现象,光速与参考系无关.确切地说是,在任何惯性参考系①中测得的光在真空中的速度是一个恒量,而与光源速度无关.人们将这一事实称为**光速不变原理**.它是爱因斯坦赖以建立狭义相对论的两条基本原理之一.以此为出发点,可以导出与通常感受完全不同的时空观念.

狭义相对论的另一基本原理是**相对性原理**,即一切物理规律在任何惯性参考系中都是相同的.

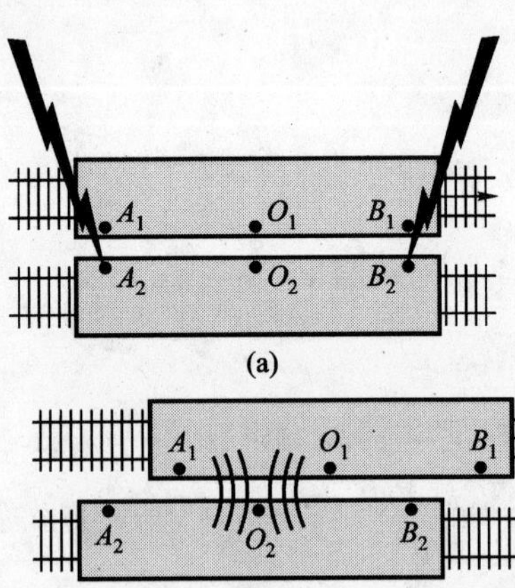

图 1.6 "同时"的相对性

2. 同时的相对性 如图 1.6,设一列火车相对站台以速度 v 向右行驶.当车厢首尾两点 A_1、B_1 与停在站台上的另一节车厢首尾 A_2、B_2 两点重合时,在此两点发出一个闪光(光脉冲).停在站台上车厢里的

① 惯性参考系是用牛顿第一定律定义的一种参考系.在这种参考系中观察,一个不受力作用的物体将保持静止或匀速直线运动状态不变.相对一个惯性参考系作匀速直线运动的参考系都是惯性参考系.事实证明,太阳系是一个很好的惯性参考系.地球是一个较好的近似惯性参考系.

人看到这两个光脉冲同时到达 A_2、B_2 间的中点 O_2,于是他认为这两个光脉冲是同时发出的.这里的“同时”是对停在站台上车厢里的人来说,或者说是在地面参考系中对两事件的描述.为什么行文如此烦琐,难道在其他参考系就不同时了吗?果真如此.在行驶着的车厢中的人看来,由于光速与参考系无关,光脉冲也以同样的速度相对此车厢传播.由于车厢向右行驶,B_1 处发出的光脉冲先到达 A_1、B_1 间的中点 O_1,A_1 发出的光脉冲则要稍后才到达.于是在行驶着的车厢参考系描述,B_1 发出光脉冲在前,A_1 发出光脉冲在后.不难理解,在一列向左行驶的车厢中看来则正好相反.可见“同时”这个概念,因参考系而异.这就是**同时的相对性**.

3. 长度收缩　测量一个相对静止的物体长度,只要用尺读出两端的坐标,取其差就行了.但要测量一个运动着的物体的长度就不怎么简单了.那么让它停下来测量不就行了吗?不行,这样测得的长度还是相对观察者静止时的长度.为了测量相对观察者运动的物体长度,只有同时记下物体两端的坐标.由于“同时”是相对的,不同参考系中记下物体两端坐标差就不同,所以在不同参考系中测得物体长度是不同的.

设有两个惯性系 S 和 S′.S′系相对 S 系以速度 v 沿 x 轴运动.在 S′系中沿 x'轴方向放一把尺,在 S′系中测得其长度为 l_0.在 S 系中测量其长度为 l,如上所述 $l\neq l_0$,可以证明

$$l = l_0\sqrt{1-\frac{v^2}{c^2}}, \tag{1.7}$$

式中 c 为光在真空中传播速度.$c=2.9979\times10^8\ \mathrm{m\cdot s^{-1}}$.由于 $l<l_0$,因此相对观察者运动的物体长度缩短了.l_0 即相对静止时的物体长度称为**原长**.长度收缩是相对的,图 1-7 中 S′系中的人测量放至 S 系中的物体长度也缩短了.这种缩短与物质结构无关,不同于热胀冷缩等物理变化,而是时空观的结论.需要指出,长度缩短仅发生在运动方向.上述 y 方向物体的尺度不变.

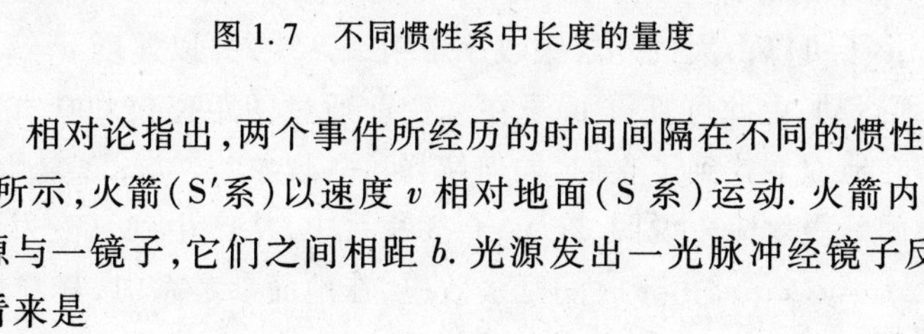

图 1.7　不同惯性系中长度的量度

4. 时间延缓　相对论指出,两个事件所经历的时间间隔在不同的惯性系中量度的结果不相同.如图 1.8 所示,火箭(S′系)以速度 v 相对地面(S 系)运动.火箭内在与运动垂直的方向上放置一光源与一镜子,它们之间相距 b.光源发出一光脉冲经镜子反射回来.往返时间间隔在火箭上看来是

$$\Delta t_0=\frac{2b}{c},$$

在地面观察者看来,由于火箭在飞行,光线走的是锯齿形的路径.光脉冲来回一次的时间

$$\Delta t=\frac{2l}{c}=\frac{2}{c}\sqrt{b^2+(v\Delta t)^2},$$

解出 Δt,

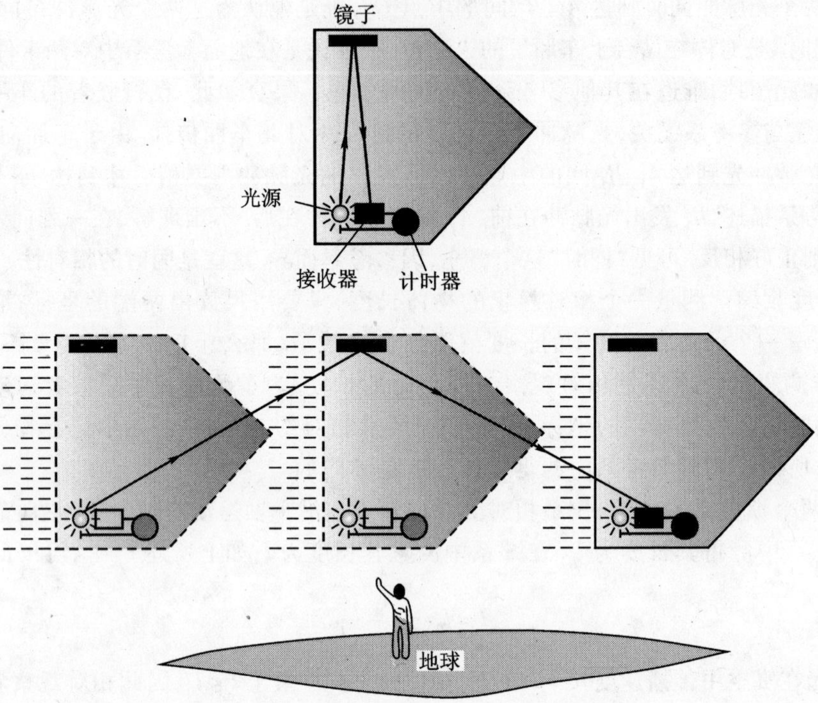

图 1.8 时间延缓

$$\Delta t=\frac{2b/c}{\sqrt{1-\frac{v^2}{c^2}}}=\frac{\Delta t_0}{\sqrt{1-\frac{v^2}{c^2}}}. \quad (1.8)$$

$\Delta t>\Delta t_0$,因此称为**时间延缓**.这两事件在火箭参考系中是在同一地点发生的,而在地面参考系中则发生在不同地点.在同一地点发生的两事件时间间隔称为**原时**.上述结论可表述为两事件的时间间隔以原时为最短,它也是光速不变的结果,与过程的具体机制、计时器的属性无关.

例 1.4 运动 μ 子的寿命 μ 子是一种不稳定的粒子.在相对其静止的参考系中,μ 子的寿命约 2.2 μs.μ 子可以由大气外层吸收宇宙射线产生.并以速度 $v=2.994\times10^8\ \mathrm{m\cdot s^{-1}}=0.998c$ 相对地面运动,由此可算得 μ 子在衰变前通过的距离仅 600 m 左右.似乎到不了地面,然而实验却在地面上找到了它们,如何解释这一现象?

解:这可用时间延缓效应来说明.在 μ 子参考系中,从产生到衰变发生在同一地点,因而其寿命为原时 $\Delta t_0=2.2\ \mu\mathrm{s}$.由于时间延缓效应,在地面参考系中,其寿命为

$$\Delta t=\frac{\Delta t_0}{\sqrt{1-\frac{v^2}{c^2}}}=\frac{2.2}{\sqrt{1-0.998^2}}\ \mu\mathrm{s}=34.8\ \mu\mathrm{s}.$$

在此时间内,μ 子运动的距离达

$$s=v\Delta t=0.998c\times34.8\ \mu\mathrm{s}=1.04\times10^4\ \mathrm{m},$$

因此就可能到达地面.

同时相对性、长度收缩、时间延缓都是相对论基本原理的直接结果，是相对论时空观的重要结论，从式(1.7)、(1.8)可以看出，当 $v \ll c$ 时 $l \approx l_0$、$\Delta t \approx \Delta t_0$. 长度收缩、时间延缓都可以不计，这就回到我们通常的认识，长度和时间间隔与参考系无关，也就是所谓绝对时空观.

1.3 全球定位系统

1. GPS 全球定位系统(global positing system，简称 GPS)是高精度卫星定位系统. 能为用户提供三维位置(x,y,z)、速度(v_x,v_y,v_z)和时间(t)信息，实现全球实时定位.

GPS 定位原理是通过测定卫星发送的信号传到用户的时间间隔 Δt，来求得用户与卫星的相对距离 $r = c\Delta t$.

选择两颗卫星，测出它们发出的信号到用户的时间差，算出用户到这两颗卫星的距离差 $\Delta r = r_2 - r_1$. 由于以两卫星为焦点的一对双曲面上所有点到这两颗卫星的距离差为常量，所以两颗卫星信号就能确定用户处于一组双曲面上. 选用四颗卫星便可得到三组双曲面. 两组曲面交于一线，它与第三组双曲面的交点便是用户的位置. 所有运算由用户接收器中的软件完成.

GPS 系统由空间卫星网、地面测控站和用户设备三部分组成.

卫星网由一组系导航卫星组成. 全球任何地点的用户都能与 5 到 8 颗卫星保持信息联系. 每颗卫星上有 4 台原子钟，进行精确定时. 定时精度达 1 μs.

地面测控站用于跟踪和监视全部导航卫星，处理收到的数据，对卫星发射信号进行管理，并对卫星上的原子钟与地面原子钟进行精确的同步校正.

用户设备包括天线、接收器、数据处理装置及控制显示装置. 每时每刻从 4 颗导航卫星上获得信号，通过实时处理. 确是自己的位置、速度和时间信息.

2. GPS 时 GPS 用时间测距法进行定位，因而时间的测量误差直接影响定位精度. 1 μs 时间误差，会产生 $10^{-6}\ \mathrm{s} \times 3 \times 10^8\ \mathrm{m \cdot s^{-1}} = 300\ \mathrm{m}$ 的定位误差. 时钟是 GPS 的关键设备，因此卫星上都采用高精度的原子钟. 用于民用的铷原子钟频率稳定度优于 5×10^{-13}，用于军用的铯原子钟频率稳定度达 10^{-15}. 此外，还要校正各种因素引起的时间差异.

导航卫星与地面站的钟保持同步，从而建立起来的时间系统称为 GPS 时. 运动参考系中时间延缓引起的时间差异在 GPS 时中必须予以考虑. 地心惯性参考系中原子钟的周期 T_0 是为原时，相应频率 $\nu_0 = \dfrac{1}{T_0}$. 卫星相对地心系运动速度为 v_1，其上的原子钟周期

$$T_1 = \frac{T_0}{\sqrt{1 - \left(\dfrac{v_1}{c}\right)^2}},$$

频率

$$\nu_1 = \frac{1}{T_1} = \nu_0 \sqrt{1 - \left(\frac{v_1}{c}\right)^2}.$$

地面站因地球自转，相对于地心系的速度为 v_2，其上原子钟的周期为

$$T_2 = \frac{T_0}{\sqrt{1 - \left(\dfrac{v_2}{c}\right)^2}},$$

频率

$$\nu_2 = \nu_0 \sqrt{1 - \left(\frac{v_2}{c}\right)^2}.$$

在地面站,这两个钟的频率相对误差为

$$\frac{\Delta\nu}{\nu_2}=\frac{\nu_1-\nu_2}{\nu_2}\approx\frac{v_2^2-v_1^2}{2c^2}.$$

若导航卫星速度 $v_1=3.86\ \mathrm{km/s}$,纬度 45° 处地面站速度 $v_2=0.33\ \mathrm{km/s}$,光速取 $c=3\times10^5\ \mathrm{km/s}$,

$$\frac{\Delta\nu}{\nu_2}=-0.82\times10^{-10}.$$

时间延缓效应使导航卫星上的原子钟比地面站原子钟每秒慢 0.082 ns. 导航卫星绕地球一周 12 小时,将慢 3.5×10^3 ns. 会引起约 1 km 的定位误差. 这是不允许的.

根据光速不变原理,可使一个惯性系中各静止的钟同步,但无法使不同惯性系中各自静止的钟同步. 因此要使导航卫星上的原子钟与地面原子钟同步是不可能的. 此外地球、太阳和月亮的引力作用及卫星按椭圆轨道运行等因素均会产生时间偏差,所有这些都采用补偿办法加以调节. 以实现精确的 GPS 时.

GPS 是美国于 1973 年开始研制的,1994 年全面建成. 主体部分由 24 颗地面同步卫星组成. 欧盟于 1999 年提出的伽利略计划,并已于 2005 年和 2006 年各发射一颗卫星,2008 年再发射另外两颗卫星. 计划到 2012 年共发射 30 颗卫星. 这个系统将比目前普遍使用的 GPS 系统更加精确. 中国也参加了这个计划. 2000 年以来,我国开始自行研发北斗卫星导航系统,它由 5 颗静止的轨道卫星和 30 颗非静止的轨道卫星组成. 这个系统有望于 2008 年前后满足中国及周边地区用户对卫星导航系统的需求. 并逐步扩展为全球卫星导航系统. 2007 年 4 月 14 日已成功地将一颗北斗导航卫星送入太空,标志着北斗导航系统进入了新的建设阶段.

小　　结

一、教学要求

1. 掌握描述质点运动的物理量,位矢、速度、加速度及运动学方程,以及它们之间的关系. 能由运动学方程求质点运动的轨迹、速度和加速度. 理解质点作圆周运动的加速度.

2. 了解相对论时空观的主要结论:同时的相对性、长度收缩、时间延缓.

二、知识结构框图

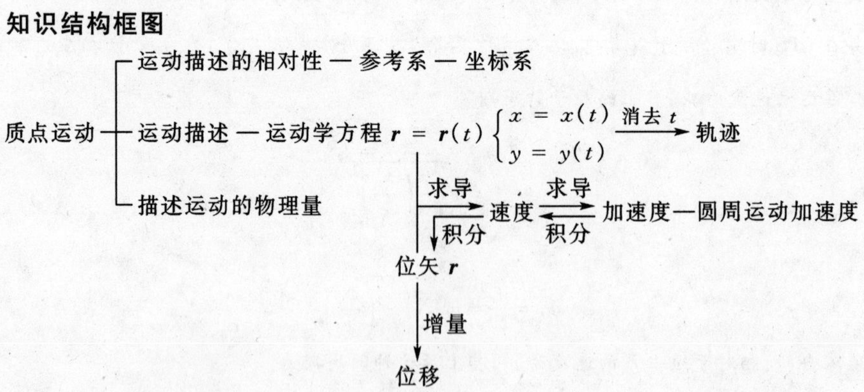

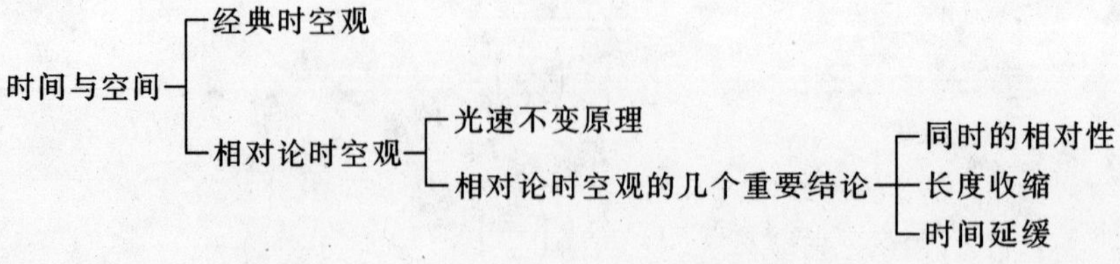

三、内容提要

1. 质点运动的描述

(1) 位置矢量 $\boldsymbol{r}$　用由坐标系原点指向质点所在处的矢量描述质点在坐标系中的位置.

运动学方程 $\boldsymbol{r}=\boldsymbol{r}(t)$　位置矢量随时间变化的函数关系.

(2) 位移 $\Delta\boldsymbol{r}$　描述质点位置变化效果的物理量. 位移等于终点和始点位置矢量之差.

$$\Delta\boldsymbol{r}=\boldsymbol{r}_2-\boldsymbol{r}_1.$$

注意位移的大小 $|\Delta\boldsymbol{r}|=|\boldsymbol{r}_2-\boldsymbol{r}_1|$,$\Delta r$ 表示终、始两位置矢量大小的差 $\Delta r=r_2-r_1$. 矢量大小的差不等于矢量差的大小. $\Delta r\neq|\Delta\boldsymbol{r}|$.

(3) 速度 $\boldsymbol{v}$　描述质点运动快慢和方向的物理量:

$$\boldsymbol{v}=\frac{\mathrm{d}\boldsymbol{r}}{\mathrm{d}t}.$$

(4) 加速度 $\boldsymbol{a}$　描述质点速度变化的快慢的物理量:

$$\boldsymbol{a}=\frac{\mathrm{d}\boldsymbol{v}}{\mathrm{d}t}=\frac{\mathrm{d}^2\boldsymbol{r}}{\mathrm{d}t^2}.$$

圆周运动的加速度:

法向加速度反映速度方向变化的快慢,沿着半径指向圆心,$a_{\mathrm{n}}=\dfrac{v^2}{R}$.

切向加速度反映速度大小变化的快慢. 沿轨迹的切线方向,$a_{\mathrm{t}}=\dfrac{\mathrm{d}v}{\mathrm{d}t}$.

总加速度　$\boldsymbol{a}=\boldsymbol{a}_{\mathrm{n}}+\boldsymbol{a}_{\mathrm{t}}$.

2. 相对论时空观

(1) 相对论基本原理

1) 光速不变原理

2) 相对性原理

(2) 三个重要结论

1) 同时的相对性　在一个参考系中同时发生的两件事在另一个相对其作匀速运动的参考系中不一定同时.

2) 长度收缩　相对静止的观察者测得的尺的长度 l_0 最长,称为原长. 沿着尺的方向以速度 v 运动的观察者测得的尺的长度 $l<l_0$:

$$l=l_0\sqrt{1-\left(\frac{v}{c}\right)^2}.$$

3) 时间延缓　在一个参考系中,同一地点发生的两事件的时间间隔 Δt_0 为最短,称为原时. 其他相对它以速度 v 运动的参考系中,此两事件的时间间隔 $\Delta t>\Delta t_0$:

$$\Delta t=\frac{\Delta t_0}{\sqrt{1-\left(\frac{v}{c}\right)^2}}.$$

(3) 相对论是宏观物体高速运动领域(速度与光速可比)的物理学理论. 经典物理理论是在 $v\ll c$ 条件下相对论理论的极限.

练 习 题

思考题

1.1 一个物体具有向东的速度,可否同时具有向西的加速度?

1.2 汽车里程表测量的是标量还是矢量? 速度表呢?

1.3 你能否举例说明一个物体走了很多路程而位移却为零?

1.4 对于跳远运动员来说,什么因素最重要? 跳高呢?

1.5 一个抛体在它轨迹的哪一位置速度最小?

1.6 什么是绝对时空观? 什么是相对论时空观?

1.7 你直接看见的物体的最高速率是多少?

1.8 商业班机以相对于地面约 250 m/s 的平均速率飞行,飞行后乘客是否要调节手表以对时间延缓修正?

1.9 设想你在快速的宇宙飞船中经过地球向月球驶去,你所测量的地月距离与书本中所给的相比,有什么不同?

1.10 如果你在一飞船上以 $0.5c$ 的速度远离一颗星,星光将以多大的速度经过你身边?

计算题

1.11 一人从 O 点出发,走到离 O 点东 3 m,南 5 m 的 A 点,又从 A 点走到 A 点西 1 m,北 6 m 的 B 点,写出 A 点和 B 点的位置矢量.

1.12 已知质点运动学方程为 $x=8+t-2t^2$(x 以 m 为单位,t 以 s 为单位),求(1) 质点在第 2 秒末时的速度和加速度;(2) 质点在第 2 秒内的位移;(3) 质点作何运动?

1.13 一人驾车以 50 km/h 的速度在黄灯时到达路口,他知道灯在 2 s 后要变红,他该冲过路口还是刹车? 如题 1.13 图,设他的车刹车时最大加速度为 $-6.0\ \mathrm{m/s^2}$,还知道该车从 50 km/h 加速到 70 km/h 需要 7 s,忽略反应时间.

***1.14** 如题 1.14 图,滑雪运动员以 40 m/s 的速度离开水平跑道. 试求滑雪运动员落在 $\theta=30°$ 斜坡上的位置(设斜坡足够长).

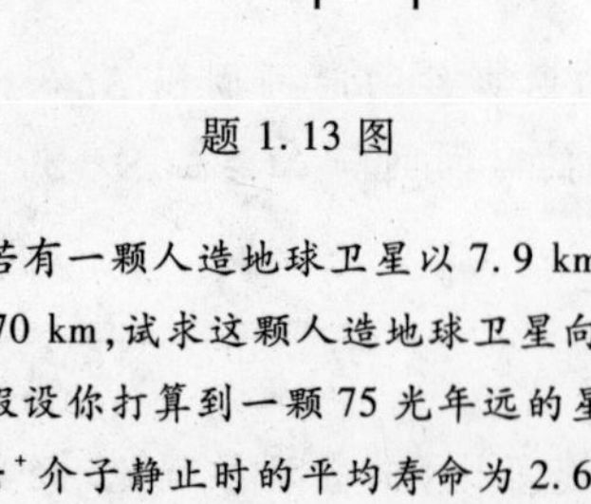

题 1.13 图

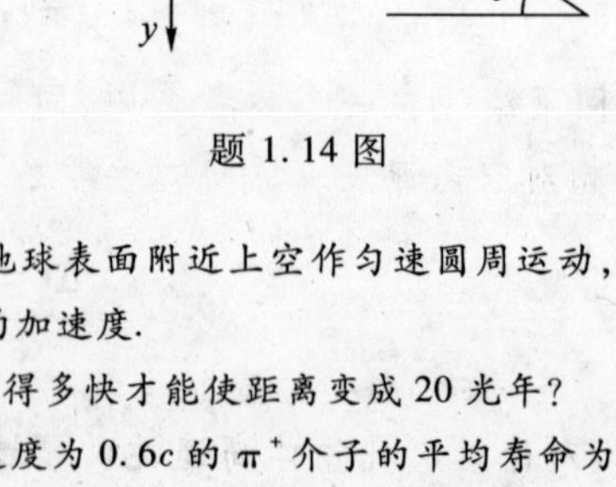

题 1.14 图

1.15 若有一颗人造地球卫星以 7.9 km/s 的速率在地球表面附近上空作匀速圆周运动,已知地球的半径约为 6370 km,试求这颗人造地球卫星向着地球中心的加速度.

1.16 假设你打算到一颗 75 光年远的星球上去,要走得多快才能使距离变成 20 光年?

1.17 π^+ 介子静止时的平均寿命为 2.6×10^{-8} s,问速度为 $0.6c$ 的 π^+ 介子的平均寿命为多少? 在它生存期内走的距离为多少?

第二章　能量、动量和角动量

在自然界不断的变化和运动之中，存在着某些不变的因素，相应有一些物理量在错综复杂的运动中保持不变或者说守恒. 寻找守恒量，发现守恒定律成为科学思想、科学方法的一个重要方面.

在物理学中守恒定律十分重要，它适用面广，涉及物理学的不同领域. 人们不必了解过程的具体细节，根据守恒定律就能预言过程的基本特征和结果. 将守恒定律作为解决实际问题的工具，能简化分析和计算，有着广泛的应用.

本章讨论三个最基本的守恒定律：能量守恒定律、动量守恒定律和角动量守恒定律.

2.1　变力的功

1. 变力的功　质点在恒力 F 作用下，沿直线产生位移 s 过程中的功

$$A = Fs\cos\theta, \tag{2.1}$$

式中 θ 是力与位移的夹角. 当 $\theta < \pi/2$ 时，$A > 0$，力 F 做正功；当 $\theta > \pi/2$ 时，$A < 0$，力 F 做负功，或者说物体克服力 F 做功；$\theta = \pi/2$ 时，$A = 0$，力作用在质点上，在力的方向上没有位移，不做功. 为了计算变力或者质点作曲线运动时的功，可以把运动看成由一系列小位移 Δs_1，Δs_2，…组成（图 2.1），对每一小段曲线可以视为直线，变力可近似为恒力. 在第 i 个小位移 Δs_i 上，力为 F_i，力与位移夹角为 θ_i，在这段小位移上，力的功（称为元功）

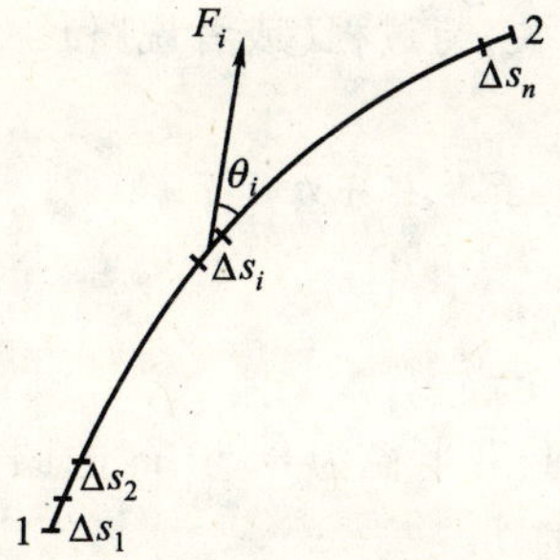

图 2.1　变力作用下的曲线运动

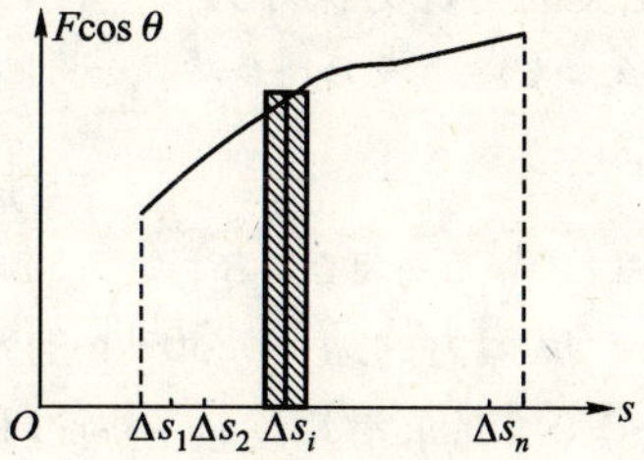

图 2.2　示功图

$$\Delta A_i = F_i \Delta s_i \cos\theta_i.$$

各小段的功相加就得出整段运动中力对质点的功：

$$A = \sum \Delta A_i = \sum F_i \cos\theta_i \Delta s_i. \tag{2.2}$$

以 $F\cos\theta$ 为纵坐标，路径长度 s 为横坐标，画出 $F\cos\theta$ 对 s 的关系曲线（图 2.2），在 s 轴

上标出第 i 段小位移 Δs_i，其相应的纵坐标为 $F_i\cos\theta_i$，图中相应的小长条面积在数值上为 $F_i\cos\theta_i\Delta s_i$，即这一小段上的功，所以整个图线下所围面积在数值上等于力在整个运动过程中的功，这种图称为**示功图**.

上述功的表示是一种近似，严格地说 Δs_i 应趋向于零，这样，有限路程 s 上要分为无限多个小位移（称元位移），功是无限多个元功之和的极限，根据积分的定义，有

$$A=\lim\sum\Delta A_i=\lim\sum F_i\cos\theta_i\Delta s_i=\int_s F\cos\theta\,\mathrm{d}s, \tag{2.3}$$

积分号下的 s 表示，积分沿路径 s 进行. 元功 $\mathrm{d}A=F\cos\theta\mathrm{d}s$.

2. 弹性力的功 如图 2.3(a)所示，水平放置的弹簧的一端固定，另一端系一质点于光滑水平面上. 取弹簧无伸缩时质点的位置为坐标原点，沿弹簧取为 x 轴，将弹簧拉开使质点在 x 方向运动，求质点从位置 x_1 移到 x_2 过程中弹簧弹性力所做的功. 设弹簧的弹性力满足胡克定律，即弹性力 $F=k\Delta l$，k 称为弹簧的劲度系数，其单位为 N/m. Δl 为弹簧形变量，上述情况下 $\Delta l=x$. 图 2.3(b)为示功图，由图可见，当质点由 x_1 运动至 x_2 时，弹力的功

$$A=-\left(\frac{1}{2}kx_2^2-\frac{1}{2}kx_1^2\right). \tag{2.4}$$

在弹簧伸长过程中，弹性力方向与运动方向相反，弹性力做负功，而 $x_2>x_1$，所以上式括号外加负号.

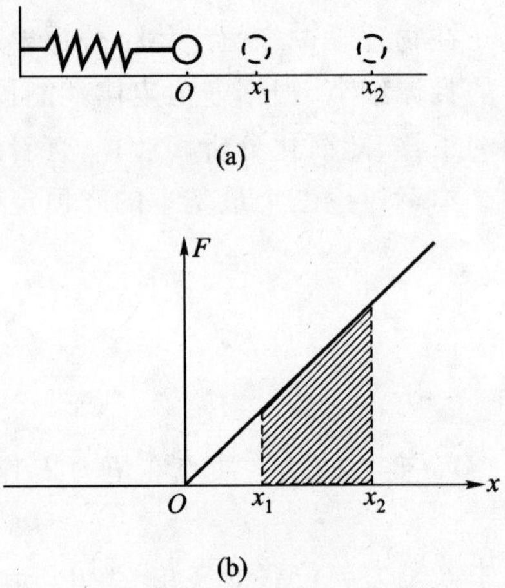

图 2.3 弹性力的功

用积分法，$\cos\theta=\cos\pi=-1$，

$$\begin{aligned}A&=\int_s F\cos\theta\mathrm{d}s\\&=\int_{x_1}^{x_2}-kx\mathrm{d}x\\&=-\left(\frac{1}{2}kx_2^2-\frac{1}{2}kx_1^2\right).\end{aligned}$$

式(2.4)指出，弹性力的功只与始末状态 x_1，x_2 有关，与过程（或者说路径）无关，像这种功与路径无关的力称为**保守力**.

功与路径无关，也就是沿闭合路径一周时力所做的功为零，于是，保守力的功

$$\oint_s F_c\cos\theta\,\mathrm{d}s=0. \tag{2.5}$$

积分号上的圈表示 s 为一闭合路径，式(2.5)为保守力 F_c 的表示式.

例 2.1 摩擦力的功 0.40 kg 的滑块在水平面上沿半径为 0.50 m 的圆周轨道运动，摩擦因数 $\mu=0.20$，求滑块运动一周过程中摩擦力做的功.

解：水平面作用于滑块上的弹力 F_N 与滑块的重力平衡：

$$F_N=mg,$$

摩擦力

$$F_f=\mu F_N=\mu mg.$$

摩擦力的方向沿着轨道的切线方向与滑块速度方向相反，在圆周轨道上取很小的位移 Δl，在此过程中的功 $\Delta A_i=F_{fi}\cos\theta_i\Delta l_i$，总功

$$A = \sum F_{fi}\cos\theta_i \Delta l_i = \sum -\mu mg\Delta l_i$$
$$= -\mu mg\sum\Delta l_i = -2\mu mg\pi R = -2.5\ \text{J}.$$

摩擦力沿闭合路径一周做功不为零,这是一种非保守力.

2.2 势　　能

1. 弹性势能　式(2.4)指出,弹性力的功等于$\frac{1}{2}kx^2$的初、末值的差,或者说是$\frac{1}{2}kx^2$增量的负值.这同重力做功A与mgh的关系十分相似.中学物理指出,质量为m的质点由高度h_1移至高度h_2过程中重力的功$A = mgh_1 - mgh_2 = -(mgh_2 - mgh_1)$,即重力的功等于$mgh$增量的负值,$mgh$称为重力势能.比照重力势能,我们将$\frac{1}{2}kx^2$称为**弹性势能**,记作

$$E_p = \frac{1}{2}kx^2. \tag{2.6}$$

于是式(2.4)可写为

$$A = -(E_{p2} - E_{p1}). \tag{2.7}$$

例 2.2　竖直悬挂的弹簧　如图 2.4,竖直悬挂的弹簧,下端连一质量为m的质点,弹簧满足胡克定律.求弹簧在平衡位置及由此再向下伸长l处时的弹性势能.

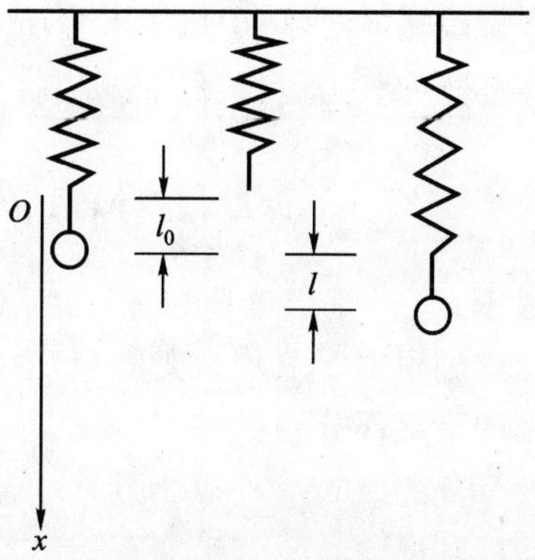

图 2.4　例 2.2 图

解:设E_{p1}、E_{p2}分别为弹簧处于平衡位置与由此伸长l时的弹性势能.$E_p = \frac{1}{2}kx^2$,x为形变量,在平衡位置处已有伸长l_0:

$$mg = kl_0.$$

则

$$E_{p1} = \frac{1}{2}kl_0^2 = \frac{1}{2}k\left(\frac{mg}{k}\right)^2 = \frac{(mg)^2}{2k},$$

$$E_{p2} = \frac{1}{2}k(l + l_0)^2 = \frac{1}{2}k\left(l + \frac{mg}{k}\right)^2.$$

如果认为平衡位置处弹性势能为零并由此认为再伸长l时弹性势能为$\frac{1}{2}kl^2$,则是错误的.那么,这是否意味着弹性势能的零势能位置不能随便取呢?请大家想一想.

2. 势能的一般概念　在中学物理中我们讲到了重力势能,这里又讨论了弹性势能,下面通过对它们的再讨论,提升出关于势能的几个一般概念.

首先,势能同相互作用密切联系着,没有重力便无所谓重力势能,因此重力势能属于有重力相互作用的两个物体即地球和物体(称为系统)所共有.平时说物体的重力势能,只是一种简略的说法,凡是势能都是相互作用的物体系统所共有.

第二,并非任何一种相互作用都对应有一种势能.只有在保守力作用的系统中,谈势能

才有意义. 弹性力的功与路径无关,弹性力是保守力,便引出了弹性势能. 重力也存在同样的性质,只要从高度 h_1 处运动到 h_2 处,无论过程如何,重力的功总为

$$A = -(mgh_2 - mgh_1), \tag{2.8}$$

将此式与式(2.4)比较,可将它们概括为

$$A_c = -(E_{p2} - E_{p1}), \tag{2.9}$$

它与式(2.7)相同,保守力的功 A_c 等于相应势能增量的负值,这对所有保守力作用的系统都成立.

第三,式(2.8)中的 h 是相对重力势能为零处的高度. 在楼顶上做实验,可取楼顶处重力势能为零,h 为相对楼顶的高度. 在地下室做实验,也可取地下室底面处的重力势能为零,h 为相对底面的高度. 因此,某处势能的值是相对零势能而言的,零势能位置取得不同,其值也不同. 势能的数值只有相对意义. 至于零势能的位置,原则上讲可以任选,不过一般地讲,零势能位置不同时,势能的表示式也不同. 例如对弹性势能来说,只有取形变量 x 为零时的弹性势能为零,它的表示式才是 $E_p = \frac{1}{2}kx^2$. 重力势能是个例外,不论零势能取在何处,它都表示为 $E_p = mgh$.

3. 静电势能　如图 2.5,点电荷 q_2 处于点电荷 q_1 的电场中,设 q_1 不动,将 q_2 从 1 处沿 $1a2$ 移至 2 处,我们来求在此过程中的电场力的功. 根据习惯,这里微小位移用 $\mathrm{d}l$ 表示:

$$A = \int F\cos\theta\,\mathrm{d}l$$

$$= \int k\frac{q_1q_2}{r^2}\cos\theta\,\mathrm{d}l.$$

由于 q_1、q_2 是点电荷,F 可由库仑定律求得. 在整个运动过程中,r、θ 均为变量. 上述积分经计算(参阅后面的小字部分)得

$$A = -\left(k\frac{q_1q_2}{r_2} - k\frac{q_1q_2}{r_1}\right). \tag{2.10}$$

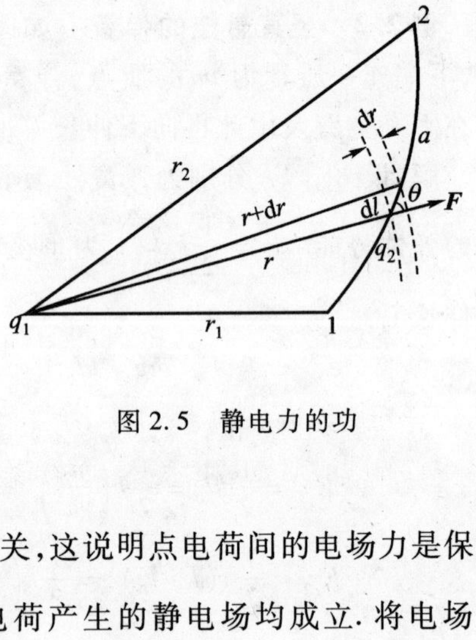

图 2.5　静电力的功

这一结果与路径无关,只与 $k\frac{q_1q_2}{r}$的初始值和终了值有关,这说明点电荷间的电场力是保守力. 这个结论对静电力具有普遍意义,对任何形状的电荷产生的静电场均成立. 将电场力 $F = qE$ 代入式(2.5)得 $q\oint E\cos\theta\,\mathrm{d}l = 0$,即

$$\oint E\cos\theta\,\mathrm{d}l = 0. \tag{2.11}$$

比较式(2.10)与式(2.9),可引入两点电荷的静电势能,简称电势能,其表示式为

$$U_e = k\frac{q_1q_2}{r}. \tag{2.12}$$

显然,此式表示 $r\to\infty$ 时,$U_e = 0$,即取两点电荷相隔很远时的电势能为零,在电学中通常将常量 k 写为$\frac{1}{4\pi\varepsilon_0}$,由

$$k = 9\times 10^{9}\,\mathrm{N\cdot m^2\cdot C^{-2}},$$

得

$$\varepsilon_0 = 8.85\times 10^{-12}\,\mathrm{C^2\cdot N^{-1}\cdot m^{-2}},$$

ε_0 为真空中的介电常量或真空电容率.

在图 2.5 中,在 dl 始端处 q_1 离 q_2 距离为 r,在 dl 的终端处为 $r+\mathrm{d}r$,由图可见 $\mathrm{d}r=\mathrm{d}l\cos\theta$,则

$$\begin{aligned} A &= \int k\frac{q_1q_2}{r^2}\cos\theta\,\mathrm{d}l \\ &= \int_{r_1}^{r_2} k\frac{q_1q_2}{r^2}\mathrm{d}r \\ &= -\left(k\frac{q_1q_2}{r_2}-k\frac{q_1q_2}{r_1}\right). \end{aligned}$$

4. 引力势能 万有引力 $F=G\dfrac{m_1m_2}{r^2}$ 在形式上与库仑定律公式完全相同,因此质点间的引力势能 U_g 表示式也与点电荷静电势能 U_e 表示式相似. 考虑到质点间引力与异号电荷作用力相仿,式(2.12)中,q 包含正负号,异号电荷 q_1、q_2 相乘后出现负号,而 m_1、m_2 总是正的,因此在 U_g 式前应加一负号:

$$U_g = -G\frac{m_1m_2}{r}. \tag{2.13}$$

2.3 能量转化和守恒定律

1. 功能原理 中学里我们学过一个物体(质点)的动能定理,它指出,作用在质点上合外力的功 A 等于质点动能的增加,记作

$$A = E_{k2}-E_{k1},$$

E_{k1}、E_{k2} 分别为质点初、末状态的动能.

把讨论的对象加以扩展,考虑 n 个质点所组成的系统,对每个质点运用动能定理:

$$\left.\begin{aligned} A_1 &= E_{k2}^{(1)}-E_{k1}^{(1)} \\ A_2 &= E_{k2}^{(2)}-E_{k1}^{(2)} \\ &\cdots\cdots\cdots\cdots \\ A_j &= E_{k2}^{(j)}-E_{k1}^{(j)} \\ &\cdots\cdots\cdots\cdots \\ A_n &= E_{k2}^{(n)}-E_{k1}^{(n)} \end{aligned}\right\} \tag{2.14}$$

A_j 为作用在第 j 个质点上合外力的功,$E_{k1}^{(j)}$、$E_{k2}^{(j)}$ 分别表示第 j 个质点初、末状态的能量,将式(2.14)的等号两边相加,得

$$\sum_{j=1}^{n}A_j = \sum_{j=1}^{n}E_{k2}^{(j)}-\sum_{j=1}^{n}E_{k1}^{(j)}.$$

$\sum A_j$ 为作用在系统内所有质点上的力所做功之和,记为 A;$\sum E_k^{(j)}$ 为系统内所有质点动能之

和称为系统动能，记为 E_k，上式可简化为

$$A=E_{k2}-E_{k1}. \tag{2.15}$$

从单个质点看，作用在其上的力都是外力. 从系统角度看，这些力可以分为两类，一类是系统外的物体施加的，称为**系统外力**，系统外力做功的代数和记为 A_e. 其余为系统内各质点的相互作用，称为**系统内力**，它们做的功的代数和记为 A_i. 系统内力又区分为保守内力和非保守内力，它们的功分别记为 A_{ic} 和 A_{in}，于是式(2.15)可写为

$$A_e+A_{ic}+A_{in}=E_{k2}-E_{k1}. \tag{2.16}$$

而保守内力的功的代数和等于相应势能增量的负值，即

$$A_{ic}=-(E_{p2}-E_{p1}),$$

E_p 为系统内各种势能的和，称为系统势能，将上式代入式(2.16)，得

$$A_e+A_{in}=(E_{k2}+E_{p2})-(E_{k1}+E_{p1}),$$

$$A_e+A_{in}=E_2-E_1, \tag{2.17}$$

$E=E_k+E_p$ 即系统机械能. 式(2.17)表明，系统外力做功的代数和与非保守内力做功的代数和之总和等于系统机械能的增量，这就是**功能原理**.

2. 机械能守恒定律　由式(2.17)可见，当 $A_e=0$，$A_{in}=0$ 时，$E_2=E_1$，即在外力和非保守内力做功的代数和为零的过程中，动能和势能可以相互转化，但机械能总量保持不变，这就是**机械能守恒**. 机械能守恒的条件也可表述为外力的功为零，系统内不存在非保守力，这种系统称为**保守系统**.

例 2.3　斜面上的弹簧　如图 2.6 所示，一质量为 m 的物体在与水平面成 30°的光滑斜面上系于一劲度系数为 k 的弹簧的一端，弹簧的另一端固定在斜面顶端，物体在斜面上运动，它在平衡位置处动能为 E_{k0}，弹簧质量不计，求弹簧伸长为 x 时物体的动能 E_k.

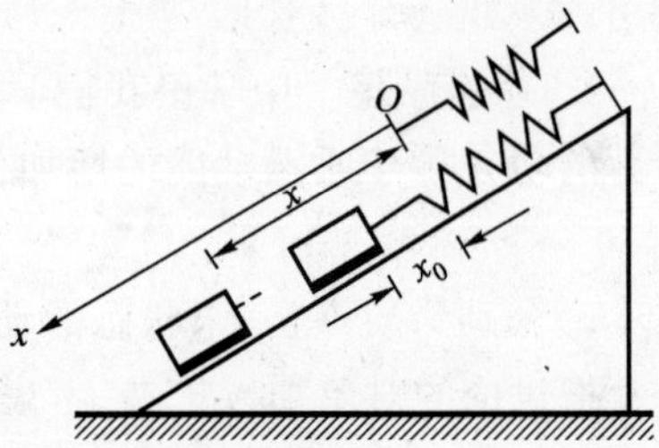

图 2.6　例 2.3 图

解：以物体、弹簧、地球为系统，斜面对物体的作用力不做功，系统内没有非保守力作用，系统的机械能守恒.

取弹簧未形变时弹性势能为零，平衡位置处重力势能为零，此处系统的机械能

$$E_1=E_{k0}+\frac{1}{2}kx_0^2,$$

$$kx_0=mg\sin 30°.$$

当弹簧伸长 x 时，机械能

$$E_2=E_k+\frac{1}{2}kx^2-mg(x-x_0)\sin 30°,$$

$$E_1=E_2,$$

$$E_{k0}+\frac{1}{2}kx_0^2=E_k+\frac{1}{2}kx^2-mg(x-x_0)\sin 30°,$$

$$E_k=E_{k0}-\frac{1}{2}kx^2+\frac{1}{2}mgx-\frac{(mg)^2}{8k}.$$

3. 能量转化和守恒定律　外力总可以通过系统的扩展把它归结为内力，因而机械能守

恒的条件可一般地说成不存在非保守力.摩擦力是非保守力,这种力的功与路径有关,没有相应的"势能"概念,摩擦力的功既没有化为势能,又没有化为动能,它到哪里去了呢?习惯用守恒思维的人不认为这部分能量会平白无故地消失了,他们发现物体在摩擦力作用下会变热,后来人们证明"热"确实是一种能量,即分子无规则运动的动能.这样非保守力摩擦力做功没有导致能量的减少,只是把一部分机械能转化成另一种形式的能量——"热能".

电阻通电后发热,这里的热能是哪里来的呢?它也不会平白无故地创生出来,这是电流做功的结果.电流做功,需要消耗电源的电能,原来热能由电能转化而来.爆竹爆炸后碎片四飞,其动能来自何方?这就引出了化学能的概念,动物跳跃的能量哪里来?于是又有了生物能的概念.

能量可以从一种形式转化为另一种形式,但不能创生,也不会消失,这就是**能量转化和守恒定律**.

不同形式的运动,有相应的不同形式的能量.能量守恒说明运动永恒,运动的转化用能量转化来衡量.能量的改变通过做功来完成,功是能量变化的量度.能量的实用价值在于做功,做功要有能量的转化,电流通过电阻做功,靠电能转变成热能来实现.燃气机推动活塞做功,靠热能转变成机械能来实现.

2.4 质能关系

上面的讨论是在宏观低速领域内展开的,当进入高速领域时,必须引入全新的观点,这里介绍质能关系.

1. 质速关系 为了说明质能关系,我们先分析一个具体问题,电子加速器将电子从静止加速到 2.6×10^8 m/s 过程中做了多少功?已知电子质量 $m=9.1\times10^{-31}$ kg,大家不难得出加速器所做的功

$$A=E_k=\frac{1}{2}mv^2=3.1\times10^{-14}\ \text{J}.$$

然而,这却是一个错误的结果.实验指出,在上述过程中,加速器给电子传递的能量是 8×10^{-14} J,而不是 3.1×10^{-14} J!问题在哪里呢?

原来,动能 $E_k=\frac{1}{2}mv^2$ 是在牛顿力学的基础上导出的,那是在与光速相比速度低得多的情况下大量实验事实的总结,在高速时它们不再适用.这个例子中,$v=2.6\times10^8$ m/s $=0.87\,c$(c 为光速),再用经典理论来处理就不合适了,这时要用相对论力学进行分析.

相对论指出,物体的质量与运动速度有关,物体静止时的质量称为静止质量 m_0,以速度 v 运动时的质量

$$m=\frac{m_0}{\sqrt{1-\frac{v^2}{c^2}}},\tag{2.18}$$

此式表明,物体的速度越大,质量就越大;速度趋于光速,物体的质量就趋于无限大,因此物

体的速度不可能逾越光速,光速 c 为物体的极限速度. 光子的运动速度为 c,其静止质量为零. 式(2.18)称为**质速关系**.

2. 质能关系

相对论指出,能量和质量密切相关,质量为 m 的物体具有的总能量为

$$E = mc^2, \tag{2.19}$$

式(2.19)称**质能关系**.

物体静止时的能量 $E_0 = m_0c^2$ 称为静止能,总能量减去静止能即为物体由于运动而具有的动能:

$$E_k = E - E_0 = mc^2 - m_0c^2 = m_0c^2\left(\frac{1}{\sqrt{1-\frac{v^2}{c^2}}} - 1\right),$$

用此式计算上述电子加速器所做的功,得 $A = E_k \approx 8 \times 10^{-14}$ J,与实验结果相符.

当 $v \ll c$ 时,运用近似计算公式

$$\frac{1}{\sqrt{1+x}} \approx 1 - \frac{x}{2} \quad (|x| \ll 1),$$

有

$$E_k = m_0c^2\left(\frac{1}{\sqrt{1-\frac{v^2}{c^2}}} - 1\right) = m_0c^2\left(\frac{1}{2}\cdot\frac{v^2}{c^2}\right) = \frac{1}{2}m_0v^2 \approx \frac{1}{2}mv^2,$$

又回到了我们熟悉的动能表示式. 不仅是这一关系,整个经典理论都是相对论在低速情况下的近似结果.

当物体的动能为零时,其能量并不为零,仍有静止能 m_0c^2. 由于 c^2 很大,即使 m_0 很小,其静止能也可能较大. 1 kg 的物质,其静止能等于 $E_0 = m_0c^2 = 1 \times 9 \times 10^{16}$ J $= 9 \times 10^{16}$ J,这相当于50 000 户每天耗电 10 kW · h 的家庭 100 多年的用电量. 早在 1905 年,爱因斯坦就预言,物体的静止能在一定条件下可以转化为其他形式的能量释放出来.

这里有三种能量,**总能量**、**静止能**和**动能**. 对于一个不与外界交换能量的系统,总能量是守恒的,无论它经历何种过程,过程前后的总能量不变,而系统的静止能与动能都可能发生变化.

质能关系指出,当物体质量发生变化时,其能量必然发生相应变化. 由此打开了核能的大门. 实验指出,在重核裂变成若干碎片(裂变)与轻核聚变成较重核(聚变)的反应中,反应后的总质量比反应前的总质量小,即发生了"质量亏损",这说明必有相应的能量释放出来,这就是核反应能量,若质量亏损为 Δm,由式(2.19),释放的能量

$$\Delta E = \Delta mc^2. \tag{2.20}$$

2.5 动量守恒定律

1. 动量守恒定律 宇宙太空充满着神秘,自古以来就是人类向往与探索的对象. 20 世纪以来,由于科学技术的发展,梦想终于实现. 先是将人造卫星送入太空,再是载人航天器登

月，现在已有众多的航天器在天空中翱翔. 读者至少在电视上看到过火箭升空的壮丽场面，随着升空的号令，原先静止在架上的火箭，箭尾喷出大量气体，箭体訇然升空，这里又有什么量是守恒的吗？回答是肯定的，这就是作为矢量的**动量**. 物体质量 m 与速度矢量 $\boldsymbol{v}$ 的乘积称为物体的动量 $\boldsymbol{p}$：

$$\boldsymbol{p}=m\boldsymbol{v}, \tag{2.21}$$

其大小为 mv，其方向与运动方向一致. 动量是一个矢量. 动量的单位为 kg · m/s. 在同一条直线上，方向只有两种可能，常用正负来表示，在火箭升空问题中，我们取向上为正. 箭身的动量为 p，喷出气体的动量为 p'，原先火箭在箭架上静止，动量为零，在喷出气体前后整个火箭的动量守恒，则

$$0=p+p'.$$

由于气体向下喷出，$p'<0$，因此必有箭身的动量 $p>0$，即火箭获得向上的动量腾空而起.

守恒总有一定的条件，系统动量守恒的条件是系统不受外力的作用. 在外力比内部相互作用小得多而可以忽略时，动量近似地守恒. 上述例子中，讨论的对象是火箭，包括箭身和燃料受到的合外力为零. 一般情况下，系统内有若干个物体，当物体系统所受外力的矢量和为零时，系统的总动量保持不变，这就是动量守恒定律. 当 n 个物体质量分别为 $m_1, m_2, \cdots, m_i, \cdots, m_n$，速度为 $\boldsymbol{v}_1, \boldsymbol{v}_2, \cdots, \boldsymbol{v}_i, \cdots, \boldsymbol{v}_n$，则

$$m_1\boldsymbol{v}_1+m_2\boldsymbol{v}_2+\cdots+m_i\boldsymbol{v}_i+\cdots+m_n\boldsymbol{v}_n=\sum_{i=1}^{n}m_i\boldsymbol{v}_i=\text{常量}. \tag{2.22}$$

2. 碰撞 做相对运动的两物体靠近到一定程度，其相互作用力骤然增大，这种过程称为碰撞.

碰撞过程中相互作用很短暂又随时间而变化，弄清这种作用很困难. 由于相碰过程中相互作用力往往比系统所受外力如重力、摩擦力大得多，因而可以近似认为动量守恒，动量守恒定律是解决碰撞问题的有效手段.

碰撞过程一般动能不守恒，如果动能在碰撞前后也相等，则称为**完全弹性碰撞**，否则称为**非完全弹性碰撞**，如果碰撞后两物体粘在一起具有共同的速度，则称为**完全非弹性碰撞**.

例 2.4 完全弹性碰撞 两质量分别为 m_1, m_2 的质点以速度 v_{10}, v_{20} 在同一直线上运动，求它们作完全弹性碰撞后的速度 v_1, v_2.

解：根据完全弹性碰撞的意义，有

$$m_1v_{10}+m_2v_{20}=m_1v_1+m_2v_2,$$

$$\frac{1}{2}m_1v_{10}^2+\frac{1}{2}m_2v_{20}^2=\frac{1}{2}m_1v_1^2+\frac{1}{2}m_2v_2^2,$$

解方程得

$$v_1=v_{10}-\frac{2m_2}{m_1+m_2}(v_{10}-v_{20}), \tag{1}$$

$$v_2=v_{20}-\frac{2m_1}{m_1+m_2}(v_{20}-v_{10}). \tag{2}$$

讨论：结果是完全对称的，当 $m_1=m_2$ 时，

$$v_1=v_{20}\quad v_2=v_{10},$$

它们交换速度.

当 m_2 开始时是静止的,即 $v_{20}=0$ 时,则

$$v_1 = v_{10} - \frac{2m_2}{m_1+m_2}v_{10}, \tag{3}$$

$$v_2 = \frac{2m_1}{m_1+m_2}v_{10}, \tag{4}$$

若 $m_2 >> m_1$,则

$$v_1 \approx -v_{10} \quad v_2 = 0, \tag{5}$$

即 m_2 不动,m_1 被弹回,譬如乒乓球去碰铅球就是这种情况.

例 2.5 中子的发现 1932 年查德威克用一种未知的中性粒子射线分别打击氮核$^{14}_{7}N$和氢核$^{1}_{1}H$,从实验中测定两者被打击后的速度之比 $v_H/v_N \approx 7.5$,求此中性粒子的质量.

解:设未知中性粒子质量为 m,入射速度为 v,氢核和氮核质量分别为 m_H,m_N,由例 2.4 式(4)得

$$v_H = \frac{2m}{m+m_H}v,$$

$$v_N = \frac{2m}{m+m_N}v,$$

$$\frac{v_H}{v_N} = \frac{m+m_N}{m+m_H},$$

由于$\frac{m_N}{m_H}=14$,已知$\frac{v_H}{v_N}=7.5$,代入上式得

$$m \approx m_H.$$

1928 年德国物理学家博特和贝克尔等人用 α 粒子轰击一系列元素,在对铍元素轰击时获得一种穿透能力极强的中性射线,他们认为这是一种很硬的 γ 射线. 后来约 · 居里夫妇用这种射线去轰击含氢的石蜡,打出了速度很高的质子(氢核). 1932 年查德威克重复了同样的实验,并用动量守恒关系分析,认为由于 γ 射线由光子组成,其静止质量为零,用它去碰撞质子,犹如乒乓球去撞击铅球,无法使后者获得很高的速度,因此这种射线不可能是 γ 射线,而是一种不带电的未知粒子束,这种中性粒子的质量与质子的质量相近. 1919 年,卢瑟福在讨论原子核结构时提出原子核中包含带电质子和不带电的中性粒子——中子,并预言中子的质量约等于质子质量,查德威克对实验进行分析后认为实验中的中性粒子就是中子. 由于这项成就,查德威克获 1935 年诺贝尔物理学奖.

例 2.6 放射性衰变 放射性元素的原子核自发地发出射线,变为另一种元素的原子核的现象称为放射性衰变. 假定某一放射性核$^{A}_{Z}X$(Z 为元素原子序数,A 为质量数)发出 β 射线(电子束)后衰变成$^{A}_{Z+1}Y$ 核,由实验测得 Y 核和电子的动量值分别为 $p_Y = 1.4\times10^{-22}\,kg\cdot m/s$,$p_e = 1.2\times10^{-22}\,kg\cdot m/s$,云雾室照片显示两者不在一条直线上,它们的径迹夹角为 150°,试对此进行分析.

解:将 Y 核的动量 $\boldsymbol{p}_Y$ 和电子的动量 $\boldsymbol{p}_e$ 按题意用矢量图表示(见图 2.7). 衰变前,X 核静止,动量为零. 由于动量守恒,衰变后系统的总动量仍为零,而不在同一直线上的两个动量 $\boldsymbol{p}_Y$ 与 $\boldsymbol{p}_e$ 之和不可能为零,由此可以肯定,必定还有一个动量 $\boldsymbol{p}_\nu$ 存在,使

$$\boldsymbol{p}_Y + \boldsymbol{p}_e + \boldsymbol{p}_\nu = \boldsymbol{0}.$$

这指出，此过程中还存在第三个粒子，由上式不难在矢量图上画出 $\boldsymbol{p}_\nu$，并求得

$$p_\nu = 6.4 \times 10^{-23}\,\mathrm{kg \cdot m/s},$$

其方向用 α 表示：

$$\alpha = 63°.$$

这个粒子就是反中微子 $\tilde{\nu}$，衰变反应式应写为

$${}^A_Z\mathrm{X} \to {}^A_{Z+1}\mathrm{Y} + \mathrm{e} + \tilde{\nu}.$$

据此，泡利于 1930 年提出中微子假设，1956 年这一假设得到实验证实.

在碰撞问题中，我们只注意碰撞的初态与末态. 而将相互作用的细节留在"黑盒子"中，不去细究. 从初态求末态，或由初、末态来获取相互作用的信息. 不同的碰撞可能涉及不同的专门领域，但它们的基本思路是一致的.

3. 牛顿定律 两质点初动量为 $\boldsymbol{p}_{10}, \boldsymbol{p}_{20}$ 相互作用后变为 $\boldsymbol{p}_1, \boldsymbol{p}_2$，由动量守恒

$$\boldsymbol{p}_{10} + \boldsymbol{p}_{20} = \boldsymbol{p}_1 + \boldsymbol{p}_2,$$

$$\boldsymbol{p}_1 - \boldsymbol{p}_{10} = -(\boldsymbol{p}_2 - \boldsymbol{p}_{20}),$$

用增量表示

$$\Delta \boldsymbol{p}_1 = -\Delta \boldsymbol{p}_2.$$

两相互作用的质点，动量的增量大小相等方向相反，也可以认为一个质点将动量传给另一个质点. 若相互作用时间为 Δt，考虑单位时间内动量的变化

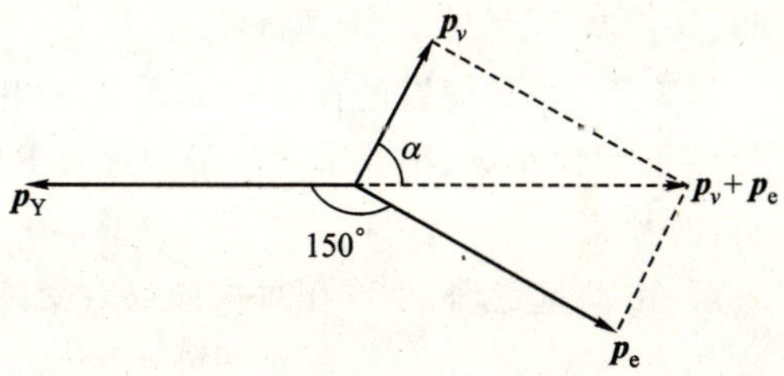

图 2.7 例 2.6 图

$$\frac{\Delta \boldsymbol{p}_1}{\Delta t} = -\frac{\Delta \boldsymbol{p}_2}{\Delta t},$$

将单位时间内一个质点传给另一质点的动量定义为作用力 $\boldsymbol{F}$，则上式可写为

$$\boldsymbol{F}_{21} = -\boldsymbol{F}_{12},$$

$\boldsymbol{F}_{21}, \boldsymbol{F}_{12}$ 分别为质点 2 对质点 1 和质点 1 对质点 2 的作用力. 上式表明两者大小相等方向相反，处于同一直线上，这就是牛顿第三定律.

用微分代替增量

$$\boldsymbol{F} = \frac{\mathrm{d}\boldsymbol{p}}{\mathrm{d}t}, \tag{2.23}$$

当质量不变时，

$$\boldsymbol{F} = \frac{\mathrm{d}\boldsymbol{p}}{\mathrm{d}t} = \frac{\mathrm{d}(m\boldsymbol{v})}{\mathrm{d}t} = m\frac{\mathrm{d}\boldsymbol{v}}{\mathrm{d}t} = m\boldsymbol{a},$$

这就是牛顿第二定律常见的形式. 用式(2.23)的形式来表述的第二定律比 $\boldsymbol{F} = m\boldsymbol{a}$ 适用范围更广.

在运动学中参考系可根据方便任意选用. 当问题涉及运动和力，即运用牛顿定律时，参考系不能任意选择，使牛顿定律成立的参考系称为**惯性系**.

4. 冲量 由式(2.23)得

$$\boldsymbol{F}\mathrm{d}t = \mathrm{d}\boldsymbol{p}.$$

相互作用的时间从 0 至 t，动量由 $\boldsymbol{p}_1$ 变为 $\boldsymbol{p}_2$，对上式积分：

$$\int_0^t \boldsymbol{F} \mathrm{d}t = \boldsymbol{p}_2 - \boldsymbol{p}_1.$$

$\int_0^t \boldsymbol{F} \mathrm{d}t$ 称为力 $\boldsymbol{F}$ 在0至 t 时间内的**冲量**,上式称为**动量定理**,它指出作用在质点上的冲量等于质点动量的增量. 通常 $\boldsymbol{F}$ 是个变力,若有一个恒力 $\overline{\boldsymbol{F}}$ 作用同样的时间 t 后产生同样的动量变化,即 $\overline{\boldsymbol{F}}$ 与 $\boldsymbol{F}$ 的冲量相等,则 $\overline{\boldsymbol{F}}$ 称为 $\boldsymbol{F}$ 的平均冲力:

$$\overline{\boldsymbol{F}} t = \int_0^t \boldsymbol{F} \mathrm{d}t = \boldsymbol{p}_2 - \boldsymbol{p}_1. \tag{2.24}$$

动量定理常用来分析作用时间短促的过程. 玻璃杯掉在水泥地上易碎,从同一高度掉在草地上不易碎就是因为两者动量变化一样,但相互作用时间前者短,后者较长,因而前者相互作用力大而后者较小. 又如船舷常包一些橡胶,这样船在靠码头时,即使发生相撞,能延长作用时间,从而减小冲力,这就是缓冲.

例 2.7 小球对壁的撞击 如图 2.8,相距为 l 的两板之间放一质量为 m 的弹性小球,小球垂直于板以速度 v 来回运动,求小球对一板的平均冲力.

解:由动量定理,小球在每次撞壁时受到的冲量为

$$p_2 - p_1 = 2mv.$$

两次碰撞所需时间

$$t = \frac{2l}{v}.$$

这段时间内的平均冲力为

$$\overline{F} = \frac{2mv}{t} = \frac{mv^2}{l}.$$

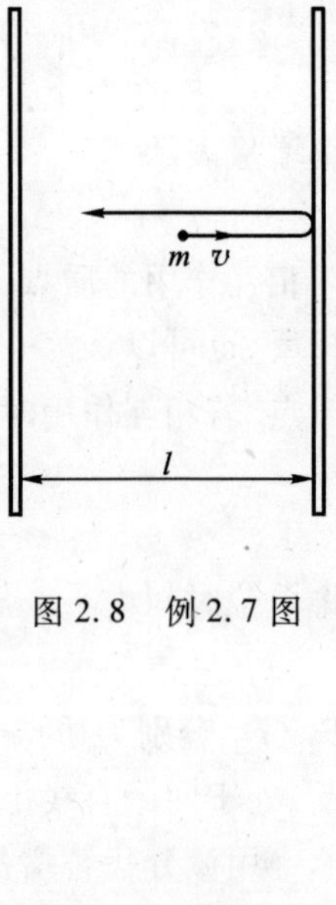

图 2.8 例 2.7 图

如果两板间有许多小球交替撞击两板,那么它们对板的平均冲撞力,等于所有小球的平均冲力之和,由此提供一种气体压强的简化模型.

2.6 角动量守恒定律

太阳对地球有巨大的引力作用,然而地球长年累月地绕太阳旋转而没有被太阳吸引过去,这是为什么? 地球上为何会有四季变化? 这些都要用另一条守恒定律,角动量守恒定律来解释.

通常引入角动量来描述旋转运动,当质量为 m 的质点沿圆心 O,半径为 r 的圆周以速度 v 运动时,这时质点**角动量**大小定义为

$$L = mvr = mr^2\omega, \tag{2.25}$$

式中 ω 为角速度. 角动量的单位为 $\mathrm{kg \cdot m^2/s}$. 与动量相似,角动量也是一个矢量,对作圆周运动的质点,其角动量的方向垂直于圆周所在平面,这有两种可能的方向. 我们按右手定则来定义角动量方向,即使右手四指沿质点运动方向,则拇指的指向为角动量 $\boldsymbol{L}$ 的方向(图 2.9).

质点作匀速圆周运动，其角动量保持不变，这时质点受到的合外力沿半径指向圆心．一般说，如果质点与某点 O 之间相互作用总在两者的连线上，这种力称为**有心力**，质点在有心力作用下，或者说作用在质点 m 上的力对 O 的力矩为零则角动量守恒．

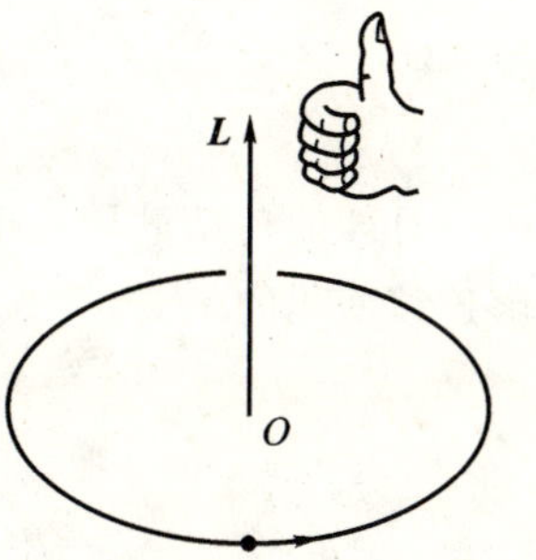

图 2.9 角动量的方向

太阳对地球的引力是一种有心力（通过日地连线），因而地球的角动量守恒．只要地球开始围绕太阳转动，就有初始角动量，为保持角动量守恒，地球就不可能被太阳吸引过去，否则地球最终落到太阳上总角动量变为零，这违反了角动量守恒．

在一般情况下，一质点对某点 O 的角动量是这样来定义的：

$$L = mvr\sin\theta,$$

r 为质点离 O 点的距离，θ 为 r 与速度间的夹角，其方向垂直于 O 点和运动方向构成的平面，同样用右手定则来选定角动量的方向．

例 2.8 氢原子的角动量 氢原子的玻尔模型指出，当电子在玻尔半径 a_0 的圆轨道上时，其角速度 $\omega = 4.13\times10^{16}\ \mathrm{s^{-1}}$，求其角动量 L.

解：已知电子的质量 $m_e = 9.1\times10^{-31}\ \mathrm{kg}$，$a_0 = 0.53\times10^{-10}\ \mathrm{m}$，所以

$$\begin{aligned} L &= m_e a_0^2 \omega \\ &= 9.1\times10^{-31}\times(0.53\times10^{-10})^2\times4.13\times10^{16}\ \mathrm{kg\cdot m^2/s} \\ &= 1.05\times10^{-34}\ \mathrm{kg\cdot m^2/s}. \end{aligned}$$

在微观领域中，普朗克常量 $h = 6.626\times10^{-34}\ \mathrm{J\cdot s}$ 是一个重要的常量，上面所得的 $1.05\times10^{-34}\ \mathrm{kg\cdot m^2/s}$ 正好等于普朗克常量的 $1/2\pi$，记为 $\hbar = \dfrac{h}{2\pi}$，于是上述结果可写成

$$L = \hbar.$$

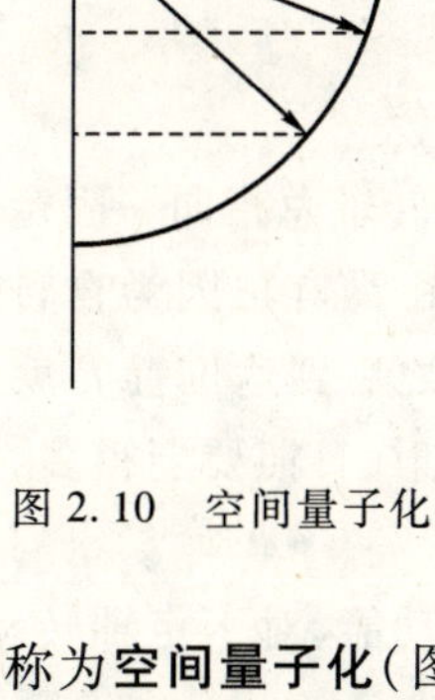

图 2.10 空间量子化

量子力学理论指出，氢原子中电子运动的角动量 L 只能取一些分立的值：

$$L = \sqrt{l(l+1)}\,\hbar,\quad l = 0,1,2,3,\cdots$$

这说明氢原子中电子运动的角动量不能够连续变化，称为**角动量量子化**.

量子理论还指出，电子绕核运动时的另一个特性是它在空间的取向也是不能连续变化的．用角动量的语言说，角动量矢量只能在空间取某些方向，也就是以某参考方向（如外磁场方向）看，电子角动量在其上的投影 L_z 只能取下式规定的值：

$$L_z = m\hbar,\quad m = 0,\ \pm1,\ \pm2,\cdots$$

这称为**空间量子化**（图 2.10）.

例 2.9 月球的角动量 求月球绕地球运动时的角动量，已知月球质量 $m_{月} = 7.36\times10^{22}\ \mathrm{kg}$，地－月平均距离 $r = 3.8\times10^8\ \mathrm{m}$.

解：月球绕地球运动的周期为 $T = 27.3\ \mathrm{d} = 27.3\times8.64\times10^4\ \mathrm{s}$，所以月球的角动量为

$$L = mrv = mr\frac{2\pi r}{T}$$
$$= 2\pi mr^2/T = 2.83 \times 10^{34}\,\mathrm{kg \cdot m^2/s}$$

月球的角动量与 h 相差 68 个数量级，所以在宏观领域内，角动量事实上可以认为是能够连续变化的.

2.7 刚 体

1. 刚体 上面讨论的对象是质点，这是忽略物体大小和形状而建立起来的一种理想模型. 如果物体上各点运动情况相同，即作平动，则物体上各点运动没有差异，因而也可视为质点. 如果要考虑转动，如各种机轮、电机转子的运动，则必须考虑各点运动的差别. 这时，物体的大小和形状不能忽略不计了. 在许多场合，形变并不重要，忽略物体形变建立起来的理想模型称为**刚体**，刚体可视为由许多质量元（质元）组成的特殊质点系，在运动中刚体上任两个质元的距离保持不变.

2. 刚体定轴转动的角动量 在各式各样的生产设备中，各部件的运动大多是绕一固定轴的转动，这种运动称为**定轴转动**. 刚体定轴转动时，各质元在垂直转轴的平面（称转动平面）内作圆周运动，轴与转动平面的交点即其圆心. 设某一质元的质量为 Δm_i，它离开转轴的距离为 r_i，各质元作圆周运动的角速度（也就是刚体的转速）ω 都相同. 刚体中所有质元角动量 L_i 之和称为**刚体的角动量** L，由于各质元角动量方向相同，所以有

$$L = \sum L_i = \sum \Delta m_i r_i^2 \omega = \left(\sum \Delta m_i r_i^2\right)\omega = I\omega, \tag{2.26}$$

其方向沿转轴，指向与转动方向成右手关系的方向，式中

$$I = \sum \Delta m_i r_i^2, \tag{2.27}$$

称为刚体的**转动惯量**，它与刚体的质量，质量分布及转轴的位置有关.

如果作用在刚体上的力都通过转轴时，此力的力矩为零，这时刚体上所有的质元受到的外力是有心力，整个刚体的角动量守恒.

例 2.10 冬夏的区别 试讨论地球上形成冬夏差别的原因.

解：旋转中的地球，基本上不受外力矩的作用，由于角动量守恒，其转轴总指向一固定的方向，即指向北极星. 地球的自转轴与公转平面的垂线成 23.5°的角（图 2.11），因为自转轴方向在空间固定，地球在图 2.11 中 A 的位置时，北极偏向太阳，6 个月之后到达位置 B 就背向太阳. 在 A 处阳光几乎与北半球地面垂直，这是夏季. 在 B 处阳光斜射，日照要弱得多，北半球到了冬季，这就形成了季节的差异.

3. 刚体转动动能 刚体转动时各质元动能之和称为刚体的转动动能，对于定轴转动，第 i 个质元 Δm_i，离转轴距离为 r_i，运动速度为 v_i，则刚体转动动能

$$E_\mathrm{k} = \sum \Delta E_{\mathrm{k}i} = \sum \frac{1}{2}(\Delta m_i) v_i^2$$
$$= \frac{1}{2}\left(\sum \Delta m_i r_i^2\right)\omega^2 = \frac{1}{2}I\omega^2, \tag{2.28}$$

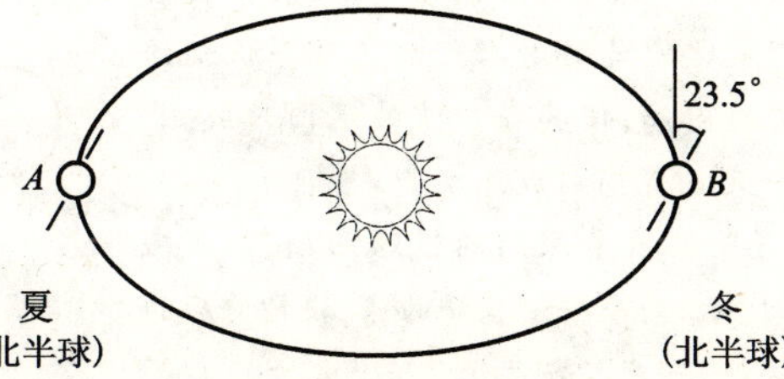

图 2.11 例 2.10 图

上式推导中使用了质元运动速度 v_i 与转速 ω 的关系 $v_i = r_i\omega$.

转动定律 图 2.12 为一作定轴转动的刚体垂直于转轴的截面图，O 为转轴，$OA = R$，在此截面内过 A 点作用一个大小不变，方向恒垂直于 OA 的力 F，它对转轴的力矩 $M = FR$. 可以证明，动能定理，即外力的功 A 等于动能的增加对刚体也是成立的，因此有

$$A = \frac{1}{2}I\omega_2^2 - \frac{1}{2}I\omega_1^2,$$

对微小过程可写为

$$\mathrm{d}A = \mathrm{d}\left(\frac{1}{2}I\omega^2\right) = I\omega\mathrm{d}\omega.$$

而 $\mathrm{d}A = F\mathrm{d}s = FR\mathrm{d}\theta = M\mathrm{d}\theta$，所以有

$$M\mathrm{d}\theta = I\omega\mathrm{d}\omega,$$

两边除以 $\mathrm{d}t$，则有

$$M\frac{\mathrm{d}\theta}{\mathrm{d}t} = I\omega\frac{\mathrm{d}\omega}{\mathrm{d}t},$$

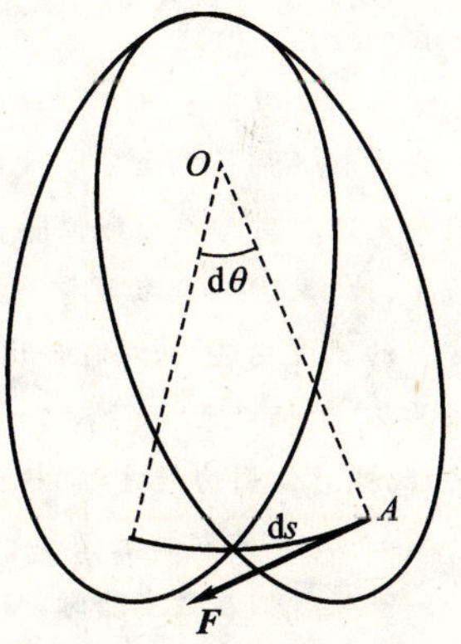

图 2.12 定轴转动

式中 $\omega = \frac{\mathrm{d}\theta}{\mathrm{d}t}$ 即刚体转动角速度，令 $\beta = \frac{\mathrm{d}\omega}{\mathrm{d}t}$，称为刚体**角加速度**，则有

$$M = I\beta, \tag{2.29}$$

上式称为转动定律. 将力矩 M、转动惯量 I、角加速度 β 分别与外力 F、质量 m 及加速度 a 类比，不难看出式(2.29)与牛顿第二定律有着类比对应关系.

2.8 对称性与守恒定律

物理学中有许多定理、定律. 有些，如力学中的胡克定律，电学中的欧姆定律是经验性的，只适用于一定的物质材料，一定的范围，是一些具体的规律. 有些则适用于一个广泛的领域，如牛顿定律、麦克斯韦电磁场理论，它们是这个领域的基本规律. 更有一些定律横跨所有的物理学领域，普遍适用，守恒定律就是这样的定律，它们被认为是自然界最基本的定律.

运用守恒定律不必考虑引起过程的具体机制就能以极大的可靠性和普遍性预言自然界哪些过程是可能发生的，哪些过程是不能发生的，因而也就成为了解复杂过程，探索未知世界的有力工具. 当然与自然界所有规律一样，它们的正确性必须经受实践检验. 如果有新的实验事实指出一些过程不满足某个守恒定

律，这时要么对该守恒定律加以修正扩充使其保留下来，要么将它扬弃．能量守恒定律、动量守恒定律便是随着人们对自然界认识的深化，通过逐步扩大能量、动量的内涵，使其在广泛的范围内成立．而宇称守恒定律，则被修正在一定的范围内成立．

守恒定律的广泛适用性，说明其有着深刻的根源，让我们以碰撞为例来作一说明．如图 2.13 所示，两个质量相等的球，碰撞前后的速度 v_{10}、v_{20} 和 v_1、v_2 沿两球的连线．若碰撞前的速度 v_{10}、v_{20} 大小相等方向相反，即 $v_{20}=-v_{10}$，它们相对球心连线的中垂线是对称的．从对称性考虑，碰撞后的速度 v_1、v_2 也应仍在此连线上，且 $v_2=-v_1$．这实际上就是动量守恒的结果．如果两球碰撞前的速度不在两球心的连线上，但仍有 $v_{10}=-v_{20}$，这时相对连线的中垂线不再对称，但对连线的中点仍对称，可推测 v_1、v_2 可以不在一直线上，但仍有 $v_1=-v_2$，这也是动量守恒的结果．这个例子中，只需考虑对称性就能导致动量守恒的结论．

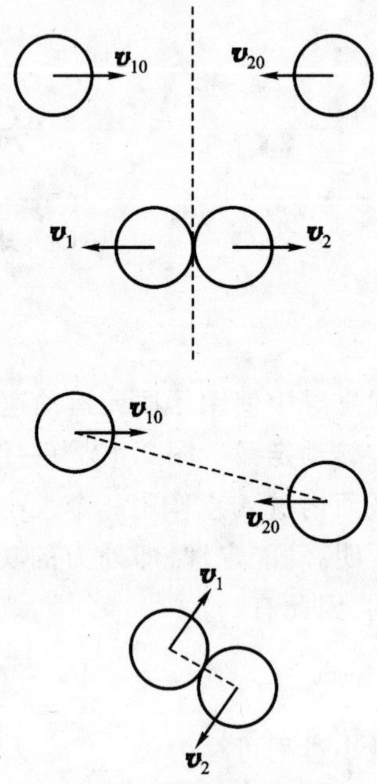

图 2.13　碰撞中的对称

德国女数学家 A · E · 诺特尔经过长期研究，在 1918 年指出，每一种对称性都有一个守恒量与之对应，这就是著名的**诺特尔定理**．这条定理把对称性与守恒联系在一起，这种联系不仅深刻而且非常有用．此前，19 世纪物理学遵循从实验事实到总结成理论、建立数学方程的轨迹发展．从对称性出发，建立数学方程，再预言实验事实则成为 20 世纪以来物理学的一种重要方法．在对称性的基础上提出引力理论，建立引力场方程，推出了时空弯曲、宇宙爆炸等事实．可笑的是在诺特尔发现其定理时，因为她是一位妇女，有关方面还在为是否要授予她讲席而踌躇争论．

如果我们在做实验时，将整套仪器（连同影响实验的外部因素）平移到另一处，实验将以完全相同的方式进行，这说明物理定律没有因平移而变化，这叫物理定律的**空间平移对称性**．它表明空间处处均匀，所以又称**空间均匀性**，它导致动量守恒定律．如果把仪器转过一个角度，实验仍以同样方式进行，这说明定律没有因转动而变化，这叫物理定律的**空间各向同性**，又称**空间旋转对称性**，它导致角动量守恒定律．再如在不同的时候去做实验，还是遵守同样的规律，这叫**时间平移对称性**，它导致能量守恒定律．不然的话，我们可以在某一时间用较小的能量代价将水抽运到高处，选择另一有利时间使它泻落而获得较多的能量，于是便不断获得能量盈余，这显然是不可能的．在此，我们不能对对称性与守恒律作更深的阐述．表 2.1 对前面学过的三条守恒定律作了一些总结．

表 2.1　对称性与守恒律

对称性	守恒量	守恒律
空间平移	动量	运用物理定律可以任意选取坐标原点
时间平移	能量	运用物理定律可选取任意时刻作时间零点
旋转	角动量	运用物理定律可以任意选取转轴方向

在近代物理中，对称性常作为解决问题的出发点．爱因斯坦提出："为什么我们不能从对称性出发，建

立符合对称原则的基本方程，并由此得到和方程符合的实验结果.”在以后的实践中，爱因斯坦的这一方法经常十分有效.

2.9 空间技术

探索宇宙的奥秘，奔向遥远的星空，是人类自古以来的梦想. 经过多少次的尝试与失败，这一梦想终于在20世纪变成了现实，1957年前苏联发射了第一颗人造地球卫星，开启了航天事业的新纪元.

人类的航天活动固然有好奇心驱使的因素，而丰富的空间资源对人类更有巨大的吸引力. 地球表面的曲率，使一个2 km的高塔所覆盖的面积(无线电波能直接传播到的范围)半径只有160 km. 如果用碳纤维复合材料，投资上百亿美元可能建造一座40 km的高塔，其覆盖半径也只有710 km. 高远位置是一种资源，人造地球卫星提供了地面及地面附近无可比拟的高远位置. 一颗低轨道(一般低轨道卫星的高度为500～1 500 km)卫星，覆盖半径达1 500～2 000 km. 利用高远位置可进行许多地球上办不到的事，如全球通信，高效高速的对地观测等.

宇宙高空处于微重力、高真空、高洁净、超低温、弱磁场等特殊的环境. 在微重力环境中，可以实施无容器加工工艺，这是减少杂质的最有效办法. 像氧化锆、氧化铪的熔点高达2 700～2 900 ℃，在地球上没有耐这样高温的容器来进行熔炼，而在太空中就可利用悬浮技术进行熔炼. 高真空、高洁净为制造高纯度材料提供了理想的条件. 在太空的特殊环境下，经历遗传变异后能育出高产、优质品种.

外层空间有着丰富的能源. 太阳能是最理想的能源，但地球上只有一半时间有日照，且光照随时间而变，受气候的影响；风力和重力限制了大型太阳能电池或反射镜的制造；大气和地面的污染，使设备的清洗变得昂贵. 所以尽管地球接收到的太阳能很巨大，而目前在地球上还难以将它作为主要能源. 但是，自美国工程师 P. Glaser 于1968年提出空间太阳能发电的构想后，大规模利用太阳能逐步提到议事日程上来. 其基本构想是在地球的外层空间或月球上建立太阳能卫星发电基地，将太阳能转换成电能，然后通过微波或激光将电能传输到地面的接收装置，再把微波能束转变成电能供人类使用. 20世纪80年代初美国能源部和航天航空局设计提出了一种方案：发射一颗低轨道空间太阳能卫星，其发电系统由60块太阳能面板组成，每块长10 km，宽5 km，发电 5×10^6 kW，总发电量为 3×10^8 kW.

外层空间的物质资源也比地球丰富. 对从月球上运回的土壤和岩石的分析化验表明，月球物质经简单加工就可利用. 硅可用来制造太阳能电池，月球土壤中硅的含量高达20%. 月球岩石中还含有铝、铁、钛、镁、锰、铬等元素. 在更远的星球上还有适合人类生存的环境，有望拓展人类的生存空间. 现代航天理论的奠基人齐奥尔科夫斯基说过：“地球是人类的摇篮，但人类不能永远生活在摇篮里！”空间技术，又称航天技术，是研究如何把航天器送入外层空间，探索、开发利用太空及地球之外天体的综合性工程技术.

1. 空间技术的三大支柱 航天器、运载器和地面测控技术是空间技术的三大支柱.

航天器是指在外层空间飞行的飞行器，如人造卫星，载人飞船、航天站、航天飞船、星际控测器、空间运输系统等. 航天器由专门系统和通用系统两部分组成. 前者用于完成不同的飞行任务,如科学卫星上的探测仪器,通信卫星上的转发器、通信天线等. 后者包括结构系统、温度控制系统、能源系统、跟踪系统、遥测遥控系统、无线电通信系统等.

运载器将航天器送入外层空间,提供动力源,也就是常说的多级火箭. 每级火箭都包括结构、发射机和制导三部分. 我国是目前能自行设计、制造、发射大型运载火箭的少数国家之一. 航天飞机兼有航天器和运载器两种功能,可以反复使用.

地面测控技术研究并实现对运行中的航天器进行遥测监控和管理. 如了解系统的工作情况,航天器内的环境状况,飞行器的轨道、姿态,在地面上建立测控台站,经常保持与航天器的联络.

2. 宇宙速度 航天器上天,首先必须克服地球乃至太阳的引力. 地球上的物体只有达到一定的速度,具有一定的动能才能克服引力的束缚进入太空. 在地面发射航天器,使之能绕地球运动,如人造地球卫星,所需要的速度称为第一宇宙速度.

质量为 m 的航天器以速度 v 发射,其动能

$$E_{k0}=\frac{1}{2}mv^2,$$

在地面上具有的引力势能

$$E_{p0}=-G\frac{m_e m}{R_e},$$

m_e 为地球质量,R_e 为地球半径,航天器的总机械能

$$E_0=E_{k0}+E_{p0}=\frac{1}{2}mv^2-G\frac{m_e m}{R_e}. \tag{2.30}$$

当它进入距地心为 r 的圆轨道上以速度 v' 运行时,其所需向心力就是地球对它的万有引力:

$$G\frac{m_e m}{r^2}=m\frac{v'^2}{r},$$

$$v'=\sqrt{\frac{Gm_e}{r}}.$$

这时航天器的动能为

$$E_k=\frac{1}{2}mv'^2=G\frac{m_e m}{2r},$$

它和地球组成的系统的引力势能

$$E_p=-G\frac{m_e m}{r},$$

系统总机械能

$$E=E_k+E_p=-G\frac{m_e m}{2r}. \tag{2.31}$$

由机械能守恒定律,$E=E_0$ 可得

$$\frac{1}{2}mv^2=G\frac{m_e m}{R_e}-G\frac{m_e m}{2r}. \tag{2.32}$$

可见航天器升得越高,r 越大,所需要的初始动能或者说其发射速度也越大. 在地球表面附近(大气层之外)的轨道,$r\approx R_e$,对应的发射速度 v 最小,称为**第一宇宙速度** v_1,由式(2.32),

$$\frac{1}{2}mv_1^2=\frac{1}{2}G\frac{m_e m}{R_e},$$

$$v_{\mathrm{I}} = \sqrt{G\frac{m_e}{R_e}} = 7.9 \text{ km/s}, \tag{2.33}$$

式中引力常量 $G = 6.67 \times 10^{-11} \text{N} \cdot \text{m}^2/\text{kg}^2$，地球质量 $m_e = 5.97 \times 10^{24} \text{kg}$，地球半径 $R_e = 6.378 \times 10^6 \text{m}$.

若发射速度 v 大到足以使航天器到达空中能脱离地球引力，这时系统引力势能为零，设此时航天器动能为 E_k，由式(2.30)

$$\frac{1}{2}mv^2 - G\frac{m_e m}{R_e} = E_k.$$

能脱离地球引力所需的最小发射速度(对应航天器在空中速度趋近于零)，称为**第二宇宙速度** v_{II}：

$$\frac{1}{2}mv_{\mathrm{II}}^2 - G\frac{m_e m}{R_e} = 0,$$

$$v_{\mathrm{II}} = \sqrt{\frac{2Gm_e}{R_e}} = \sqrt{2}v_{\mathrm{I}} = 11.2 \text{ km/s}. \tag{2.34}$$

在地球表面发射航天器，使之不但能脱离地球引力，还能脱离太阳引力所需要的最小速度称为**第三宇宙速度** v_{III}，经计算可得

$$v_{\mathrm{III}} = 16.7 \text{ km/s}. \tag{2.35}$$

地球上以超过 v_{III} 的速度发射航天器，就能先摆脱地球的引力，再摆脱太阳的引力，飞向更遥远的宇宙深处.

3. 多级火箭 当一个系统向后射出一质量时，由于动量守恒，剩下部分就会获得与该质量部分大小相等方向相反的动量而向前运动，亦即获得向前的速度. 如果不断向后射出质量，剩下部分就会不断向前加速，火箭就是利用这个原理推进的. 在火箭内装有大量燃料，燃烧后产生高温高压气体，不断通过火箭尾部向后高速喷出.

先不考虑地球引力，将质量为 m 的火箭喷出的燃料气体看成由许多质量为 $m'(m' \ll m)$，相对火箭速度为 u 的小团组成. 当第一小团以速度 u 向后喷出时，火箭就获得向前的动量而具有速度 v_1，则 $(m-m')v_1 \approx mv_1 = m'u$，$v_1 \approx \frac{m'u}{m}$. 以后每喷出一小团气体，火箭就会获得速度增量 $\Delta v \approx \frac{m'u}{m}$. 若火箭开始时的速度为零，燃料全部喷完后火箭的最终速度为

$$v_f = \sum \Delta v = \sum \frac{m'}{m}u.$$

由于燃料是连续喷出的，火箭的加速是平稳的. 若火箭开始时的质量为 m_i 燃料烧完后火箭剩下的质量为 m_f，可以证明

$$v_f = u\ln\frac{m_i}{m_f}. \tag{2.36}$$

这就是著名的齐奥尔科夫斯基公式. 它指出，要使火箭获得尽可能大的速度 v_f，就必须尽可能大地增大火箭初末质量比 m_i/m_f 和燃料的喷射速度 u. 受火箭结构和燃料性能的限制，u 有一定的限度. 通常质量比在 10~20 之间，常规燃料的 $u \approx 2$ km/s，非常规的液氢燃料 $u = 4$ km/s. 以 $m_i/m_f = 20$，$u = 4$ km/s，算得的 $v_f = (4 \ln 20)$ km/s $= 12$ km/s. 但由于此式导出时未考虑地球引力、空气阻力等因素，再加上各种技术原因，单级火箭的最终速度 v_f 达不到第一宇宙速度，因而无法将航天器送上天.

通常的运载火箭由多个单级火箭经串联、并联或串并联(称为捆绑式)组合而成. 串联式的多级火箭是这样工作的：第一级火箭点火发动使火箭起飞，等该级燃料烧完后自行脱落，以增大后面的火箭质量比. 然后第二级火箭自动点火继续加速，到燃料烧尽再自行脱落. 这样一级级地相继点火，若各级火箭工作时速度为 $u_1, u_2, u_3, \cdots$，质量比为 $N_1, N_2, N_3, \cdots$，则最后获得的速度为

$$v_f = u_1\ln N_1 + u_2\ln N_2 + u_3\ln N_3 + \cdots. \tag{2.37}$$

美国发射阿波罗登月飞船的运载火箭“土星 5 号”为三级火箭，其 $u_1 = 2.9$ km/s，$u_2 = u_3 = 4$ km/s，$N_1 = 16$，

$N_2=14, N_3=12$，则

$$v_f=(2.9\ \ln16+4\ \ln14+4\ \ln12)\ \text{km/s}=28.5\ \text{km/s},$$

火箭实际获得的速度要小于此值，但已大于第二宇宙速度.

4. 人造地球卫星 迄今人类开发、利用空间资源的主要手段是人造地球卫星，人造卫星的发射和应用是现代空间技术的主要内容. 1957 年以来，人类已发射了四千多个各种航天器，其中 90% 以上是人造卫星. 这方面的技术是衡量一个国家科学技术现代化程度的重要标志. 我国于 1970 年 4 月 24 日成功地发射了第一颗人造卫星，成为继苏联、美、法和日本之后第五个自行发射卫星的国家. 此后，1975 年 11 月 26 日又成功地发射了返回型遥感卫星，成为世界上第三个掌握此项技术的国家. 1984 年、1988 年又分别发射了地球同步卫星和太阳同步卫星. 1997 年 5 月 12 日将东方红 3 号同步通信卫星送入预定轨道. 1997 年 6 月 10 日又将风云 2 号同步气象卫星送入轨道. 图 2.14 为我国发射的几种卫星. 1999 年 11 月“神舟”号载人航天工程试验飞船升空并返回，2003 年、2005 年和 2008 年神舟 5 号、6 号和 7 号发射成功实现了载人宇宙航行.

卫星由运载火箭送入运行轨道，发射后的飞行过程大致如下：在地面附近，由于大气稠密，飞行阻力很大，为尽快离开大气层，通常采用垂直向上发射，几分钟后火箭达到了相当大的速度，当第一级火箭脱离时，已进入稠密大气层之外. 当第二级火箭脱离时，火箭已有足够速度，继续依靠惯性飞行升高，并在地面控制站操纵下，逐渐偏离原先竖直方向，直至与地面成平行方向. 在火箭到达与预定轨道相切位置时，第三级火箭点火加速使卫星达到在轨道上运行所需要的速度，进入轨道，火箭完成了运载任务，卫星与其脱离单独运行.

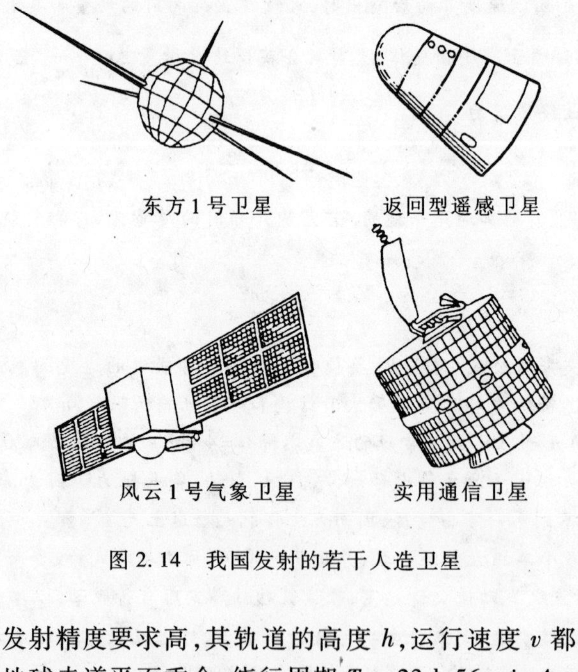

图 2.14 我国发射的若干人造卫星

地球同步卫星的发射精度要求高，其轨道的高度 h，运行速度 v 都是严格确定的. 地球同步卫星轨道平面与地球赤道平面重合，绕行周期 $T_e=23\ \text{h}\ 56\ \text{min}\ 4\ \text{s}=86\ 164\ \text{s}$，这样每隔 24 h，卫星与地球一起转过一圈加上地球公转 360° 的 1/365，从地面上看同步卫星好像固定在赤道某点的上方. 地球同步卫星运行时的向心力由地球引力提供，即

$$G\frac{m_e m}{(R_e+h)^2}=m\frac{v^2}{R_e+h},$$

其周期

$$T_e=\frac{2\pi(R_e+h)}{v}.$$

将 T_e、G、R_e、m_e 值代入，解上两式得

$$h=\left(\frac{Gm_eT_e^2}{4\pi^2}\right)^{1/3}-R_e=35\ 786\ \text{km},$$

$$v=\sqrt{\frac{Gm_e}{R_e+h}}=3.075\ \text{km/s}.$$

人造卫星运行轨道，可分为低轨道（轨道高度为 500 ~ 1 500 km）卫星、中高轨道卫星、地球同步卫星、太阳同步卫星，大椭圆轨道卫星和极地轨道卫星等．按用途，可分为科学卫星、天文卫星、技术试验卫星和应用卫星．应用卫星直接为国民经济和军事目的服务，是数量最大，种类最多的一类卫星．具体分又有通信卫星、观测卫星和导航卫星、侦察卫星、导弹预警卫星等，下面对通信卫星作一简单介绍．

通信是信息时代十分重要的社会活动，其中相当一部分通过无线电波传递来实现．远距离通信一般使用短波和微波波段．短波采用天波传播方式（通过大气外层的电离层反射来进行传播，见 6.5 节），受昼夜、季节等因素影响，因而不稳定．目前主要使用微波无线电．微波采用空间波传播方式，远距离传播需要设中继站，投资大，施工困难，建设周期长，信号只能沿一条直线传输．通信卫星的出现使以上问题迎刃而解．微波能穿透电离层，利用卫星作为中继站，地面站向卫星发射微波通信信号，卫星收到后将它放大发射回地球，在地面上卫星所覆盖的地区内的卫星地面站都能收到此信号．

通信卫星分运动通信卫星和静止通信卫星两种，目前大多使用静止通信卫星，就是地球同步卫星．一颗同步卫星在赤道上空可覆盖全球 1/3 多一点的地区，利用三颗分别相隔 120°的这种卫星，就能实现全球通信（图 2.15）．

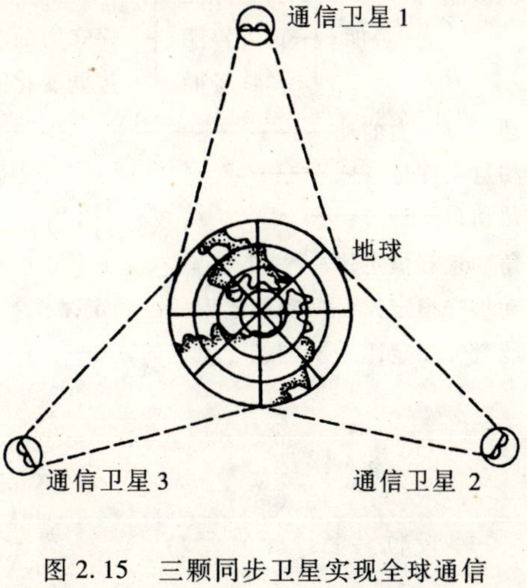

图 2.15　三颗同步卫星实现全球通信

5. 飞向更加遥远的太空　人类不仅放了卫星，还登上了月球，并奔向更加遥远的星空. 1969 年美国阿波罗飞船登上月球，2007 年我国嫦娥 1 号卫星顺利进入绕月轨道. 1972 年，美国先锋 11 号飞过土星，没有发现“土星人”. 1975 年，海盗 1 号历经 11 个月行程 68 000 亿公里在火星着陆，它没有送来“火星人”的问候. 1997 年，旅行者 1 号和 2 号载着“地球之音”的信息，飞离太阳系，在茫茫宇宙中寻找“宇宙人”. 2000 年 6 月，美国航空航天局称，科学家找到了可以证明火星上有水的有力证据，火星上可能有流动的地下水，而火星上有水的话，便有可能存在生命. 这一发现如经证实的话，将是人类火星探测史上重要的里程碑，对整个探寻地外生命的计划具有深远影响.

为了走向更遥远的星球，人们考虑在地球轨道上建设空间站作为前往其他星球的中转站. 空间站实质上是一种供宇航员长时间居住的大型轨道航天器，可以运转几年甚至几十年. 未来星际飞行器将在空间站上装配、发射. 空间站还有许多实用价值，如进行科学实验，长期进行对地观测和天文观测. 目前已发射的空间站有美国的“天空实验室”，前苏联的“礼炮号”、“和平号”及欧洲空间局的“太空实验室”等. “和平号”于 2001 年 3 月成功坠落. 中国“长征 5 号”计划于 2014 年发射月球车、大卫星和空间站.

小　　结

一、教学要求

1. 理解变力的功，保守力做功的特征，势能和动量的概念. 了解角动量的概念.

2. 掌握功能原理、机械能守恒定律和动量守恒定律. 能用它们来分析简单力学问题. 了解角动量守恒定律.

3. 理解刚体转动动能，了解刚体转动定理.

二、知识结构框图

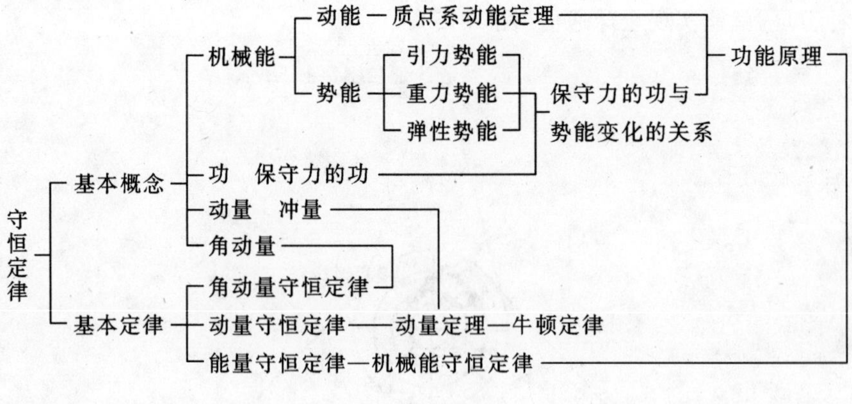

三、内容提要

1. 变力的功

在力 $\boldsymbol{F}_i$ 作用下，质点经一小段位移 $\Delta\boldsymbol{s}_i$ 时的元功

$$\Delta A_i = F_i \Delta s_i \cos\theta,$$

θ 为在这段上力与位移的夹角.

2. 势能与保守力的功

保守力的功 A_c 等于相应势能增量的负值：

$$A_c = -(E_{p2} - E_{p1}).$$

弹簧弹性势能　取弹簧未形变时弹性势能为零时，

$$E_p = \frac{1}{2}kx^2,$$

x 为形变量.

重力势能　$E_p = mgh$，h 为相对零势能处的高度.

引力势能　取质点 m_1、m_2 相距无穷远时引力势能为零，

$$E_p = -G\frac{m_1 m_2}{r},$$

r 为 m_1、m_2 间距离.

静电势能　取点电荷 q_1、q_2 相距无穷远时静电势能为零，

$$E_p = \frac{1}{4\pi\varepsilon_0}\frac{q_1 q_2}{r}.$$

3. 功能原理

质点系外力做功的代数和 A_e 与非保守内力做功 A_{in} 的代数和之总和等于系统机械能的增量：

$$A_e + A_{in} = E_2 - E_1.$$

4. 机械能守恒

守恒条件　外力和非保守内力做功的代数和为零.

5. 质速关系和质能关系

质速关系　物体以速度 v 运动时的质量

$$m = \frac{m_0}{\sqrt{1 - \left(\frac{v}{c}\right)^2}},$$

m_0 为物体相对静止时的质量.

质能关系　物体以速度 v 运动时的质量为 m，相应的能量

$$E = mc^2.$$

静止能　$E_0 = m_0 c^2$.

动能　$E_k = E - E_0 = (m - m_0)c^2$.

6. 动量守恒定律

守恒条件　作用在系统上的外力矢量和为零.

7. 牛顿第二定律

质点动量的变化率等于作用在质点上的合外力

$$\boldsymbol{F} = \frac{d\boldsymbol{p}}{dt}.$$

动量 $\boldsymbol{p}=m\boldsymbol{v}$,$\boldsymbol{F}\mathrm{d}t$ 为力在 $\mathrm{d}t$ 时间内的冲量.

8. 角动量守恒定律

守恒条件 作用在质点上的力矩为零.

9. 刚体

刚体动能

$$E_{\mathrm{k}}=\frac{1}{2}I\omega^2,$$

I 为刚体对定轴的转动惯量,ω 为刚体定轴转动角速度.

练 习 题

讨论题

2.1 试说明在匀强电场中移动电荷时电场力所做的功与路径无关.

2.2 试举出机械能守恒而动量不守恒的实例.

2.3 试给出同一质点的动量 p 和动能 E_{k} 的关系式.

2.4 三颗同样的子弹以相同的速度,分别水平地射到放于光滑水平面的相同木块上,发生三种结果:(1)钻进木块;(2)穿过木块;(3)反向回弹,设碰撞过程均为正碰(碰撞前后,两者都沿同一直线运动),问木块获得的动量,在哪种情况下最大,哪种情况下最小?

2.5 题 2.5 图所示两种情况,分别各有什么量守恒?为什么?

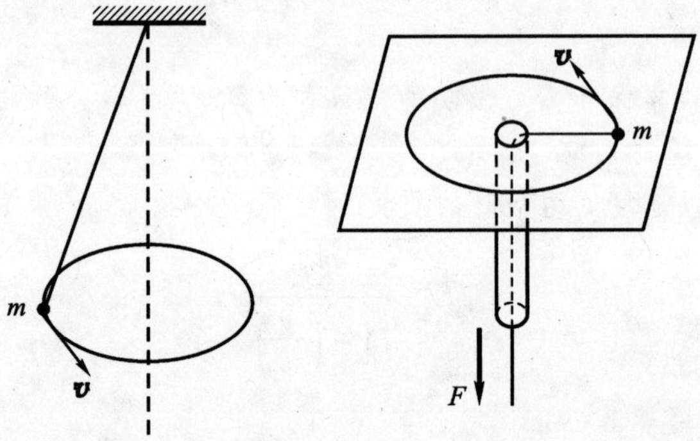

题 2.5 图

2.6 作匀速圆周运动的质点,绕其圆心的角动量的大小、方向中哪个是不变的?如果沿顺时针方向作圆周运动的质点的速率在变化,角动量的大小、方向哪个是不变的?

2.7 一位自旋滑冰者,迅速伸展其双臂(忽略伸展双臂时的摩擦力)他的动能守恒吗?他的机械能守恒吗?他的角动量守恒吗?

2.8 为什么用你的手指使旋转着的篮球平衡比使没有旋转着的篮球平衡容易?

2.9 你是如何接住对方猛投过来的篮球的?试解释之.

2.10 一个物体可否具有机械能而无动量?可否具有动量而机械能为零?试举例说明.

2.11 两个质量和速度都相等的黏土球相向碰撞后粘在一起,试问此过程中动量是否守恒?为什么?

选择题

*2.12 用铁锤将一铁钉击入木板，铁钉受到的阻力与其进入木板内的深度成正比，设铁锤两次击打时的速度相同，因而对铁钉所做的功也相同，已知第一次把铁钉击入木板内 1 cm，则第二次继续击入的深度为（ ）

(A) 1/2 cm (B) 1 cm (C) $\sqrt{2}$ cm (D) $(\sqrt{2}-1)$ cm

2.13 一竖直悬挂的轻弹簧下系一小球，平衡时弹簧伸长量为 d，现用手将小球托住，使弹簧不伸长，然后将其释放，不计一切摩擦，则弹簧的最大伸长量为（ ）

(A) d (B) $\sqrt{2}\,d$ (C) $2\,d$ (D) 无法判定

2.14 下列说法中哪一个正确？（ ）

(A) 物体的动量不变，动能也不变 (B) 物体的动能不变，动量也不变

(C) 物体的动量变化，动能也一定变化 (D) 物体的动能变化，动量却不一定变化

2.15 一个不稳定的原子核，其质量为 m，开始时是静止的，当它分裂出一个质量为 m'，速度为 v_0 的粒子后，原子核的其余部分沿相反方向反冲，其反冲速度大小为（ ）

(A) $\dfrac{m'v_0}{m-m'}$ (B) $\dfrac{m'v_0}{m}$ (C) $\dfrac{m+m'}{m'}v_0$ (D) $\dfrac{m'}{m+m'}v_0$

2.16 一木块静止在地面上，一子弹水平地射穿木块，若木块与地面的摩擦力可忽略，则在子弹射穿木块过程中（ ）

(A) 子弹的动量守恒

(B) 子弹、木块系统的动量守恒

(C) 子弹动能的减少等于木块动能的增加

(D) 子弹、木块系统的动量和机械能都守恒

2.17 花样滑冰运动员绕通过自身的竖直轴旋转，开始时两臂伸开，转动惯量为 I_0，角速度为 ω_0；然后将两手臂合拢，使转动惯量变为 $2I_0/3$，则转动角速度 ω 变为（ ）

(A) $\dfrac{2}{3}\omega_0$ (B) $\dfrac{2}{\sqrt{3}}\omega_0$ (C) $\dfrac{3}{2}\omega_0$ (D) $\dfrac{\sqrt{3}}{2}\omega_0$

2.18 一个爆竹升至最高点炸裂成几块，爆炸过程中（ ）

(A) 机械能守恒

(B) 动量精确守恒

(C) 动量近似守恒

(D) 动能不守恒，机械能总量不变

2.19 芭蕾舞演员绕通过自身的竖直轴旋转，先是两臂伸直，然后合拢，其旋转速度将会增大，这是因为（ ）

(A) 演员必定受到一个外力的推动

(B) 演员的转动惯量 I 变小了，由于 $I\omega$ 不变，因而角速度 ω 变大

(C) 演员的 I 变小了，由于 $\dfrac{1}{2}I\omega^2$ 不变，因而 ω 变大

(D) 不会出现这种情况

填空题

2.20 两物块 1 和 2 的质量分别为 m 和 $m/2$，物块 1 以一定的动能 E_{k0} 与静止的物块 2 作完全非弹性碰撞，碰撞后两物块的速率 $v=$________，它们的总动能 $E_k=$__________.

2.21 如题 2.21 图所示，质量分别为 $2m$、$2m$ 和 m 的三个小球 A、B 和 C，都处在一光滑平面的同一直线上，球 A 以速度 v_0 与静止小球 B 作完全弹性碰撞，则球 B 的碰后速度 v_B = ________，接着球 B 又与静止的球 C 作完全非弹性碰撞，则碰后两球的速度 v = ________.

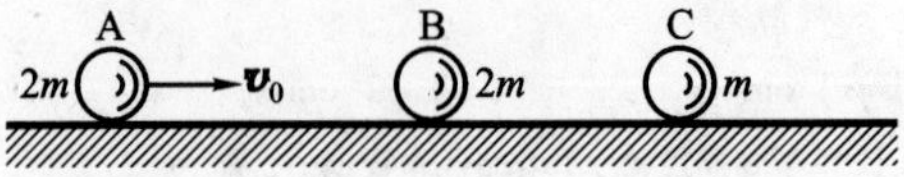

题 2.21 图

2.22 一弹簧形变时弹力满足胡克定律，当它从伸长量 $x=0.01$ m 伸长至 $x=0.02$ m 过程中，弹力的功 A = ________.

2.23 一质点质量 $m=0.020$ kg，作半径为 1.0 m，速率 0.30 m/s 的匀速圆周运动，其角动量等于 ________.

计算题

2.24 一沿 x 轴运动的物体，所受变力 $F(x)$ 如题 2.24 图所示，求在该过程中，力 F 对物体所做的功 A.

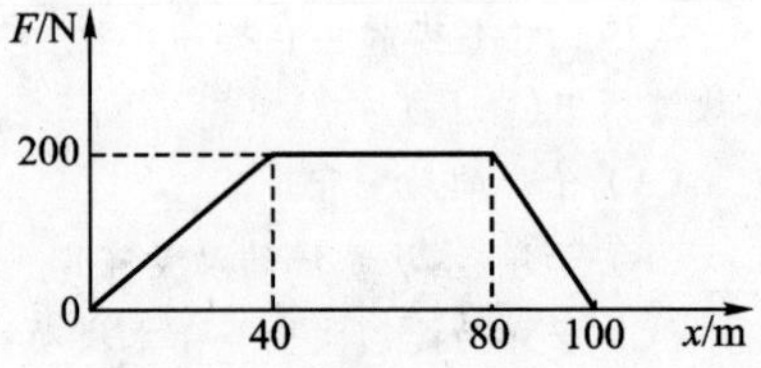

题 2.24 图

2.25 质量为 2.0×10^{-3} kg 的子弹，在枪筒（沿 x 轴）中前进时受到的合力大小为

$$F=F(x)=a-bx,$$

其中 $a=400$ N，$b=\frac{8\ 000}{9}$ N · m^{-1}，子弹在枪口的速度大小 $v=300$ m/s，求枪筒的长度 L.

2.26 一劲度系数为 k 的弹簧上端固定，下端挂一质量为 m 的小球，将此球托起，使弹簧处于原长，然后放手，并给小球以向下的初速度 v_0，求小球所能下降的最大距离.

2.27 质量为 m 的小球在水平面内以速率 v 作匀速圆周运动，试求小球在经过(1) 1/4 圆周；(2) 1/2 圆周；(3) 3/4 圆周；(4) 整个圆周的过程中动量的变化，并作图表示相应的冲量.

2.28 一质量为 2.5 g 的乒乓球以速度 $v_1=10$ m/s 飞来，用板推挡后，又以 $v_2=20$ m/s 的速度飞出，设推挡前后运动方向相反，(1) 求乒乓球得到的冲量；(2) 如撞击时间为 0.01 s，求板施于球上的平均冲力.

***2.29** 如题 2.29 图所示，质量为 1.99 kg 的木块，系在一弹簧的末端，静止在光滑的平面，弹簧的劲度系数为 200 N/m，一质量为 10 g 的子弹射进木块后，把弹簧压缩了 0.050 m，求子弹射入的速率.

***2.30** 如题 2.30 图所示，质量为 1.0 kg 的钢球，系在长为 0.80 m 的绳子一端，绳的另一端固定，把绳拉至水平，再由静止释放，在其最低点与质量为 0.50 kg 的钢块作完全弹性碰撞，问碰撞后钢球能达到多高.

题 2.29 图

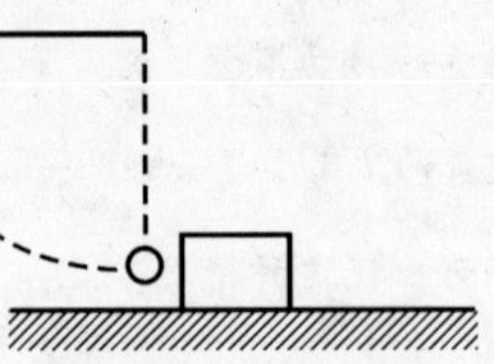

题 2.30 图

2.31 一静止容器炸裂成三块碎片，其中两块质量相等，并以相同速率 30 m/s 沿互相垂直的方向飞

行,第三块具有3倍于其他任何一块的质量,求第三块速度的大小和方向.

2.32 确定地球因每日自转引起的角动量(通常将它称为 L_s)的大小.假设地球的质量分布均匀,大小为 6.0×10^{24} kg,地球半径为 6 400 km.球的转动惯量可用公式 $I=\dfrac{2}{5}mR^2$(m 为球的质量,R 为半径)计算.

2.33 三个完全相同的转轮绕一公共水平轴旋转,它们的角速度大小相同,但其中一个轮的转动方向与另外两个相反,今沿轴的方向把三者紧固在一起,它们获得相同的角速度,此时系统的动能与原来三轮的总动能的比值为多少?

第三章 内能和熵

与温度有关的现象称为热现象，许多生产过程，如金属冶炼、机件铸造、化工、半导体工艺等过程都伴随着热现象.

物体是由大量分子、原子组成的，它们处于永恒的无规则运动之中，这种无规则运动的总体称为**热运动**. 热现象是热运动的宏观表现，温度则反映热运动的剧烈程度. 宏观的机械运动称为有序运动. 分子热运动称为无序运动，热运动越剧烈，其无序程度越高.

在讨论包括热现象在内的能量转化规律时，我们引入内能的概念，在讨论宏观过程的方向性规律时，我们引入熵的概念，相应介绍热力学的两条定律：热力学第一定律和热力学第二定律.

3.1 系统 状态与过程

1. 系统 在讨论热力学问题时，常选择一部分物质作为研究对象，称为**热力学系统**，简称**系统**，系统之外与系统有联系的物质称为外界.

与外界没有能量和物质交换的系统称为**孤立系**；有能量和物质交换的系统称为**开系**；有能量交换而无物质交换的系统称为**闭系**.

2. 状态的描述 要研究系统的性质及其变化规律，首先要对系统的状态加以描述，用一些物理量从整体上对系统状态加以描述的方法叫宏观描述. 用来表征系统属性的物理量称为**宏观量**，通常称状态参量，如用化学组成、体积、压强、温度等对气体的整体属性加以描述. 宏观量一般能为人们观察到，可以用仪器进行测量.

任何宏观物体都由分子、原子等微观粒子组成，如果给出了系统中所有微观粒子在某时刻的运动状态，也就给出了该系统在该时刻的微观态. 通过对微观粒子运动状态的说明来描述系统的方法称为微观描述，描述各个微观粒子运动状态的物理量如分子质量、速度、能量等称为**微观量**. 微观量不能被直接观察到，一般也不能直接测量.

宏观物质包含的微观粒子的数目甚大，典型的数量级为 10^{23}，要给出每个粒子微观量的瞬时值是无法实现的，并且对研究系统与外界相互作用而言也没有实际价值. 由于宏观物体所发生的各种现象都是大量微观粒子运动的集体表现，因而大量粒子微观量的统计平均值是有意义的，它表现为一种宏观量，如分子热运动剧烈程度表现为物体的温度，温度与分子平均平动动能有关. 热力学方法采用宏观描述方法，从实验确定的基本规律来研究系统的热运动. 统计物理学则从物质的微观结构出发，按每个微观粒子遵循的力学规律，用统计方法来讨论系统的运动，两者相互补充构成热运动研究的基本方法.

3. 平衡态 在不受外界影响（不做功、不传热）的条件下，系统所有可观测的宏观性质都不随时间变化的状态称为**平衡态**,它是热力学系统宏观状态中简单而又重要的特殊情况.一般状态则是非平衡态.处于平衡态时,系统的状态可用一组状态参量来描述.例如:对一定质量的气体系统,其状态可以用压强 p、体积 V 和温度 T 来描述.本书主要讨论平衡态,为了方便常简称为状态.

系统达到平衡态时,其宏观性质不随时间变化,但并不意味着系统所有宏观状态参量一定要处处相同.例如,由于重力影响,大容器中处于平衡态的气体在不同高度处的压强和密度并不相同,只有这种差别可忽略时,方可认为系统的宏观状态参量处处相同.

并非宏观性质不随时间变化的状态都是平衡态,例如:一根金属杆两端与有一定温差的两个恒温热源(温度保持恒定的热源)接触,到达稳定时,金属杆从高温端到低温端的温度逐渐降低而不随时间变化.但这不是平衡态,其稳定是靠外界热源的作用来维持的,不符合平衡态条件.事实上一旦两个热源撤走,杆上各处温度将逐渐趋于一致,在此过程中杆的宏观性质随时间而改变.

分子运动是永恒不停的,通过分子间碰撞,微观态不断地改变.即使在平衡状态下,分子运动和碰撞也不会停止.在同一平衡态下,其微观态不断转换,因此一个宏观态下对应着许多不同的微观态.不同的宏观态对应的微观态数目不同,可以证明平衡态对应的微观态数目要比非平衡态对应的微观态数目大得多.

自然界中的事物总是互相关联的,一个完全不受外界影响的系统实际上是不存在的.平衡态只是一种理想状况,是一定条件下实际情况的简化.例如保温瓶中的水,经历的时间长了,外界影响就会明显地表现出来,但在短时间内,这种影响可以忽略,因而可以看作处于平衡态.

4. 平衡过程 处于平衡态的热力学系统与外界发生能量交换后,平衡态被破坏,成为非平衡态,处于非平衡态的系统停止与外界交换能量后将逐渐过渡到一个新的平衡态.如取汽缸内被封闭的气体为系统,当活塞压缩汽缸内气体时,靠近活塞的气层密度会增大,汽缸内密度出现不均匀,偏离了原来的平衡态.当压缩停止后,亦即外界不再向系统施加影响时,由于分子热运动和碰撞的结果,汽缸内气体密度差异逐渐减少,直至各处均匀一致.此后,气体的状态保持不变,系统便处于新的平衡态.系统在无外界影响的情况下,由非平衡态过渡到平衡态所需要的时间称为**弛豫时间**.

系统从某一平衡态开始,相继经历一系列的非平衡态,最后达到一个新的平衡态,这种过程叫做非平衡过程.实际过程都是非平衡过程,非平衡过程的中间状态由于没有确定的状态参量值,而难以描写.如果过程进行得相当缓慢,以至将过程分解成许多步,每一步经历的时间都比系统的弛豫时间大很多,那么系统内的不平衡性就能很快消除,可以认为过程的每一步都会迅即达到平衡态.每个中间状态都无限接近平衡状态的过程称为**平衡过程**,亦称**准静态过程**,显然这是一种理想过程.

线度不太大的实际系统的弛豫时间都不太长,在一般情况下,只要变化不太激烈,实际过程都可近似地当作平衡态来处理.例如,汽缸活塞的速度约为 10 m/s,而汽缸内密度、压强趋于均匀的过程以声速(约 340 m/s)进行.此时弛豫时间仅为活塞来回运动一次所需时间的数十分之一,因而相对于弛豫时间可认为活塞运动得相当缓慢,此时汽缸所经历的过程可以当作平衡过程处理."缓慢"是相对的,是对弛豫时间而言的.

讨论热现象时涉及许多物理量，有的量只与状态有关称为**状态量**，如温度、压强以及后面要讨论的内能、熵等. 有的则与过程有关，如功、热量，称为**过程量**.

5. 理想气体物态方程 描述物体宏观性质的状态参量之间有一定关系，它们之间不是独立的，可以用一个方程联系起来，这个方程叫此物态方程. 运用物态方程，我们可以由一些量求得另一些量，也可以由此知道状态变化时，某个量的变化规律.

理想气体是指完全遵守玻意耳定律、盖吕萨克定律和查理定律这三条经验定律的气体，它是一种理想模型. 从分子运动观点看，理想气体是这样一种气体，其分子大小可以忽略；它的分子之间除碰撞外不存在相互作用；分子间的碰撞、分子与容器壁之间的碰撞都是完全弹性碰撞，碰撞过程中能量守恒. 在通常情况下，只要压强不太高（与大气压相比），温度不太低（与室温相比），实际气体都可视为理想气体.

一定质量气体的平衡态可以用压强 p、体积 V 和温度 T 这三个状态参量来描述.

处于平衡态时，整个气体有同一组 p、V、T 值，可以用一组确定数值的参量来描述，在 $p-V$ 图上，每个平衡态可用一点来表示. 平衡过程由一系列平衡态组成，在 $p-V$ 图上，表示为一根曲线.

根据气体的三个经验定律，对一定质量的某种理想气体，在平衡态时，p、V、T 三者满足

$$\frac{pV}{T} = C, \tag{3.1}$$

C 为一常量.

压强 p 的单位为帕（Pa），1 Pa = 1 N/m^2，过去在工程上常用标准大气压（atm），1 atm = 1.013×10^5 Pa，T 的单位为开尔文（K），V 的单位为立方米（m^3）.

气体在压强 $p_0=1.013\times10^5$ Pa、温度 $T_0=273$ K 时的状态称为标准状态（p_0 称为 1 个标准大气压，记为 1 atm）. 在标准状态下，根据阿伏伽德罗定律，1 mol 理想气体体积 $V_0=22.4\times10^{-3}\,\mathrm{m}^3$，因此，对 1 mol 理想气体，常量 C 为一特定值，记作 R：

$$R=\frac{p_0V_0}{T_0}=\frac{1.013\times10^5\times22.4\times10^{-3}}{273}\,\mathrm{J/(mol\cdot K)}$$
$$=8.31\ \mathrm{J/(mol\cdot K)}$$

R 称为**普适气体常量**，可由任一状态下的 PV/T 值求得.

气体物质的量为 ν（单位为 mol）时，常量 C 为

$$\frac{p_0\nu V_0}{T_0}=\nu R,$$

于是式（3.1）成为

$$pV=\nu RT, \tag{3.2}$$

式（3.2）称为**理想气体的物态方程**.

若气体质量为 m，摩尔质量为 M，则 $\nu=\dfrac{m}{M}$，式（3.2）可写成

$$pV=\frac{m}{M}RT. \tag{3.3}$$

若气体分子数为 N，则 $\nu=\dfrac{N}{N_A}$，N_A 为阿伏伽德罗常量，$N_A=6.022\times10^{23}\,\mathrm{mol}^{-1}$，所以有

$$pV = \frac{N}{N_A}RT,$$

$$p = \frac{N}{V}\frac{R}{N_A}T = nkT. \tag{3.4}$$

式中 $n=\frac{N}{V}$为单位体积内的分子数,称为分子数密度;$k=\frac{R}{N_A}=1.38\times10^{-23}$ J/K,称为**玻尔兹曼常量**.

6. 理想气体的压强与温度 气体作用在容器壁上的压强是大量气体分子与器壁碰撞的结果.对理想气体,分子与器壁的碰撞可以认为是完全弹性的.考察具有 N 个分子,各分子质量均为 m 的理想气体.一个分子以速度 v 垂直容器壁运动,与器壁作完全弹性碰撞后,以相反方向的速度 $-v$ 弹回来,碰撞前后分子动量的增量为

$$\Delta p = (-mv) - mv = -2mv.$$

作用在分子上的力 F' 为

$$F' = \frac{\Delta p}{\Delta t} = -\frac{2mv}{\Delta t},$$

Δt 为力作用的时间,其反作用力即分子作用在器壁上的力 F 为

$$F = \frac{2mv}{\Delta t}.$$

在 Δt 时间内与器壁上面积 S 碰撞的分子均处于体积为 $V'=Sd$ 的圆柱内(图 3.1),其中 $d=v\Delta t$,为分子在 Δt 时间内运动的距离,处于此体积内的分子数

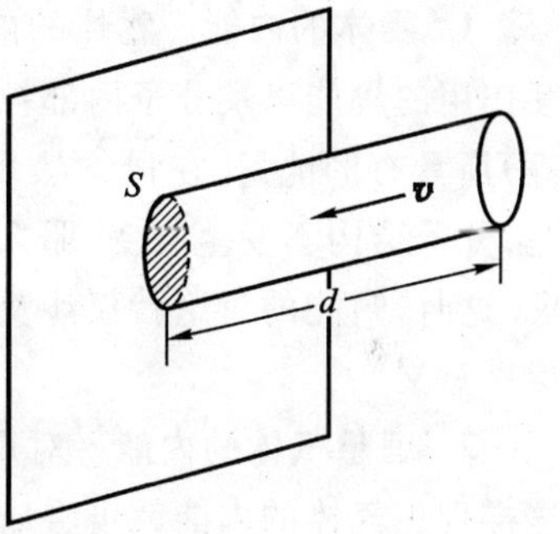

图 3.1 气体压强

$$N' = nV' = nSd = nSv\Delta t,$$

n 为单位体积内的分子数.

当然并非所有分子都朝着容器壁运动,即使向器壁运动的分子,其运动方向也不一定与器壁垂直.由于分子运动的结果并不改变容器内的气体密度,从实际效果看,可以假设沿着三个相互垂直方向运动的分子数平均各占 1/3.这一假设只对大量分子成立,如果容器内只有少量分子,就会出现较大的偏差.这种对大量分子平均而言才成立的规律称为**统计规律**.根据这一假设,只有 $N'/3$ 个分子沿与面积 S 垂直的方向运动,而其中一半朝着器壁,另一半则离开器壁.这样,在任一瞬间有 $N'/6$ 个分子是朝着容器壁垂直运动的,如果每个分子平均来说都对器壁施以力 F,则气体分子在 Δt 时间内作用在面积 S 上的总的力为

$$F_s = \frac{N'}{6}F = \frac{1}{6}nSv\Delta t\frac{2mv}{\Delta t} = \frac{1}{3}nmv^2S.$$

实际上气体分子的速度并非都为 v,它可以从很大到很小,按一定规律分布,处理这类问题需要用统计方法.根据统计理论,可得到与上式相似的结果,只要将 v^2 用 $\bar{v^2}$ 代替就可以了.

$$\bar{v^2} = (v_1^2 + v_2^2 + \cdots + v_N^2)/N,$$

分子速率平方的平均值,称为**均方速率**,于是

$$F_s = \frac{1}{3}nm\bar{v^2}S.$$

压强

$$p = \frac{F_s}{S} = \frac{1}{3}nm\bar{v^2} = \frac{2}{3}n\frac{m\bar{v^2}}{2} = \frac{2}{3}n\bar{w}, \tag{3.5}$$

这就是**理想气体的压强公式**,式中 $\bar{w}=\frac{1}{2}m\bar{v^2}$ 为**分子平均平动动能**.

由式(3.4)和(3.5),

$$nkT = \frac{3}{2}m\bar{v}^2,$$

$$\bar{w} = \frac{3}{2}kT. \tag{3.6}$$

上式指出，理想气体的分子平均平动动能与热力学温度成正比，因此，我们说温度是分子平均平动动能的量度.

3.2 内 能

1. 物体的内能 物体的**内能**是指组成物体全部分子的各种运动方式的动能、分子间相互作用的势能以及分子内部粒子(包括原子、原子内部的原子核与电子、原子核内的核子等等)所具有的能量. 在讨论热现象时，如果不涉及化学变化和原子内部及原子核内部的变化，分子结构不发生改变，那么分子内部各种粒子的能量不变，它作为一个常量，可以不予考虑. 这时，内能的讨论就仅涉及分子的动能和分子间相互作用的势能，本章讨论的内能，均指后一意义.

2. 理想气体的内能 对理想气体而言，由于忽略分子间相互作用，所以分子势能为零，这样理想气体的内能就可看成是分子运动各种动能的总和.

由于分子结构的多样性，分子运动可以有平动、转动和振动等形式. 分子动理论证明，系统的热力学温度 T 正比于分子平均平动动能，若以 $\bar{w}$ 表示分子平均平动动能，则有[参见式(3.6)]

$$T \propto \bar{w}.$$

气体分子平均平动动能不同，气体的温度不同，气体的内能与温度有关. 然而在同样温度下，单原子分子作质点处理时，只有平动，气体内能就是所有分子平动动能之和；刚性多原子分子，除了平动还可以转动，其内能是所有分子平动动能和转动动能的总和. 所以在同样温度下，多原子分子构成的气体内能要比单原子分子的大. 对于非刚性分子，分子中原子间距可以改变时，分子还有振动，因而内能中还包括振动能量.

分子可能具有多少运动形式以及有关状况可以用自由度概念来描述，决定一个运动物体位置所需要的独立坐标数目，称为物体的**自由度**，常用 i 表示. 对一个质点，在空间自由运动时，描述它的位置需要三个独立坐标，单原子分子可看作质点，其 $i=3$. 对双原子分子，决定两个质点的位置需要六个坐标，当它们间的距离固定时，有一个方程联系着 6 个坐标，因而独立坐标数为 5，将原子视为质点，刚性双原子分子的自由度 $i=5$. 对多原子分子，不考虑内部原子间的振动时，可视为一个刚体，对刚体而言，只要定出其上任意不在一条直线上的三个点的位置，便可完全确定整个刚体在空间的位置. 三个点需要 9 个坐标，但每两点间距离由一个方程来描述，所以只有 6 个坐标是独立的，因而刚性多原子分子的自由度 $i=6$. 在多数情况下，分子振动能量可以不予考虑，本书后面的有关讨论都视为刚性分子.

综上所述，一定量理想气体的内能 E 应由其温度 T 和分子的自由度 i 决定，其具体形式由分子运动理论推得为

$$E = \nu \frac{i}{2} RT, \tag{3.7}$$

式中 ν 为理想气体物质的量，R 为普适气体常量，T 为热力学温度. 对于理想气体，在一定条件下自由度 i 为固定值，于是内能便是温度的单值函数. 对于实际气体，由于还存在分子间相互作用势能，它与分子间的距离有关. 一定量的气体体积不同，分子间距离也不同，因而实际气体内能还与另一个状态量 V 有关.

作为式(3.7)的特例，我们来推导单原子分子理想气体的内能表示式，由式(3.6)，单原子分子的平均动能 $\bar{w} = \frac{3}{2}kT$，物质的量为 ν 的理想气体具有的分子数 $N = \nu N_A$，N_A 为阿伏伽德罗常量，于是内能

$$E = N\bar{w} = \nu N_A \frac{3}{2}kT = \nu \frac{3}{2}RT.$$

对单原子分子 $i=3$，上式即是式(3.7).

3.3 热力学第一定律

1. 做功改变内能 能量的变化可通过做功来实现，外界对系统做功，能引起内能的变化，大家熟悉的摩擦生热，就是机械功引起内能变化的最常见例子. 搅拌液体，使其温度升高也是机械功引起内能变化. 实际上任何形式的功都会使内能变化，放于水中的“热得快”通电时，液体温度会升高，是电流通过“热得快”的电热丝时所做的功，使“热得快”变热，引起水的内能变化的结果. 上述例子都是外界对系统做正功使系统内能增加的情况，如果外界对系统做负功，即系统对外做功，系统的内能就会减少. 将外界做功记为 $A_{外}$，变化前后的内能记为 E_1, E_2，实验指出

$$A_{外} = E_2 - E_1. \tag{3.8}$$

将 $A_{外}$ 理解为可正可负的量，上式包括了内能增加或减少两种情况

2. 传递热量改变内能 做功并非是使系统内能变化的唯一方式. 一壶冷水放在火炉上，其温度会逐渐升高，这种改变系统内能的方式称为传递热量，它以系统和外界存在温度差为条件. 系统和外界温度不同，它们的分子无规则运动的平均平动动能不同. 当它们相互接触时通过分子相互作用，如碰撞，使平均平动动能大的分子把无规则运动能量传给平均平动动能小的分子，这种无规则运动能量的传递在宏观上表现为内能的改变. 外界向系统传递的热量为 Q，使系统内能从 E_1 变到 E_2，实验指出

$$Q = E_2 - E_1. \tag{3.9}$$

这里 Q、E 使用同一单位均为 J，过去曾用卡(cal)作为热量单位，现已废除，

$$1\ \text{cal} = 4.18\ \text{J},$$

1 000 cal 称为千卡或大卡，在工程技术中有的场合还用到.

向系统传递热量，使系统内能增加，如果系统向外界传递热量，用 Q 为负值来表示，将使系统内能减少，即当 $Q<0$ 时 $E_2 < E_1$，将 Q 理解为可正可负，式(3.9)包括了内能增加或减少两种情况.

3. 热力学第一定律 如上所述，从使系统内能变化的效果看，做功和传递热量是等

价的.

一般情况下,做功和传递热量同时存在,实验证明,只要输入系统的热量与该系统做功之和一定,系统的内能增加也一定.若在过程中,系统对外做功为 A(因而外界对系统做功为 $-A$),系统从外界吸收的热量为 Q,系统的内能的增量为 ΔE,则

$$Q + (-A) = \Delta E, \tag{3.10}$$

通常写作

$$Q = \Delta E + A. \tag{3.11}$$

当 $Q<0$ 时,系统从外界吸收的热量为负值,表示系统向外界释放热量,当 $A<0$ 时,系统对外做功为负值,表示外界对系统做功,图 3.2 给出这个符号规则的图示.

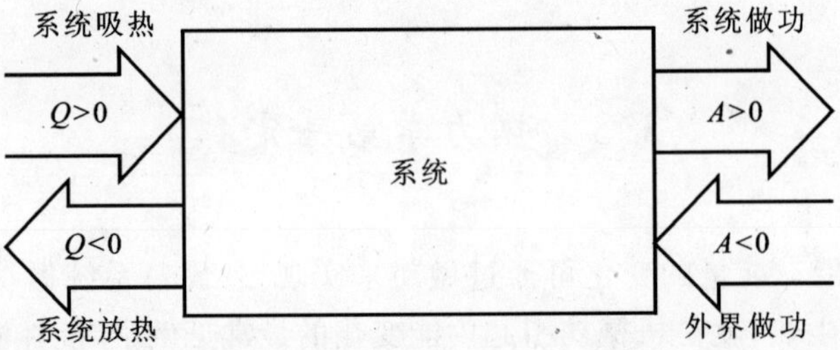

图 3.2 A 与 Q 的符号规则

式(3.11)表明,在任一过程中,系统从外界吸收的热量等于系统内能的增加与系统对外做功的总和,这一规律称为**热力学第一定律**,它实际上是包括热现象在内的能量守恒定律.

例 3.1 高聚物的拉伸放热现象 实验表明,拉伸橡皮筋等一类高弹性的高聚物(由成千上万个原子连接成巨大分子所构成的物质)时,其体积和内能基本不变,试说明此拉伸过程为放热过程.

解:以橡皮筋为系统,外界以力拉它时对其做功,则

$$A<0,$$

而内能变化 $\Delta E=0$,由热力学第一定律

$$Q=\Delta E+A<0,$$

因此在被拉伸过程中,橡皮筋会放热.

4. 热功转化 由热力学第一定律,当外界对系统做功,由式(3.11)可知系统的内能就会增加,如果功是以消耗机械能为代价的机械功,这实际上是机械能转化为内能的过程,通常把这种过程称为功转化成热.同样,系统以其内能减少为代价,可以对外做功,这种过程称为热功转化.如果功是机械功,这就是内能转变为机械能的过程,蒸汽机等热机就是根据这一原理工作的.不过稍后我们将看到,内能转化为机械能的过程与机械能转化为内能的过程截然不同,后者是没有制约的,而前者是有条件的.

3.4 热力学第一定律的应用

1. 气体体积变化时的功 在一严密装配的、摩擦可以忽略的汽缸内,一定量的气体其体积的变化是与活塞运动联系在一起的,如图 3.3(a)所示.考虑气体作准静态膨胀,气体作用于活塞上的力为 pS,p 为气体压强,S 为活塞面积.由于是准静态膨胀,必有一个大小也为 pS 的外力从外面作用于活塞,气体通过活塞对产生这个外力的物体做功.当活塞移动一个微小距离 Δl 时所做的功可表示为

$$\Delta A = F\Delta l = pS\Delta l = p\Delta V, \tag{3.12}$$

其中 $\Delta V = S\Delta l$ 是气体体积的增量.在图 3.3(b)中,ΔA 可用 $p-V$ 图上带斜线的小矩形条面积来表示,式(3.12)对准静态压缩也成立,这时 ΔV 是负的,表示气体做负功,即外界对气体做功.

在体积从 V_1 变到 V_2 的整个过程中,压强 p 一般是变化的,将整个过程分成许多小段来看,在每一段上的 p 都可以看作不变,用式(3.12)来计算各小段上的功,然后把它们加起来,便是整个过程中气体所做的功:

$$A = \sum \Delta A = \sum p\Delta V.$$

在不同小段上,p 的值不一样.为了求出 A,需要知道在整个过程中各小段上的压强 p,它可以用函数 $p(V,T)$ 来表示,如对理想气体有 $p = \nu RT/V$.也可以在 $p-V$ 图上用曲线来表示,如图 3.3(b)所示.不难看出,$\sum p\Delta V$ 在数值上接近于 $p-V$ 图上曲线与 V 轴间从 V_1 到 V_2 所围面积.这里使用的方法同求变力做功时用过的方法是一致的,即

$$A = \int_{V_1}^{V_2} p\mathrm{d}V. \tag{3.13}$$

例 3.2 理想气体准静态过程中的热功转化 1 mol 双原子理想气体从状态 A 经一在 $p-V$ 图上表示为斜直线的准静态过程到达状态 B(图 3.4).A、B 状态已在图上标出,试求该过程中功、热量和内能的变化.

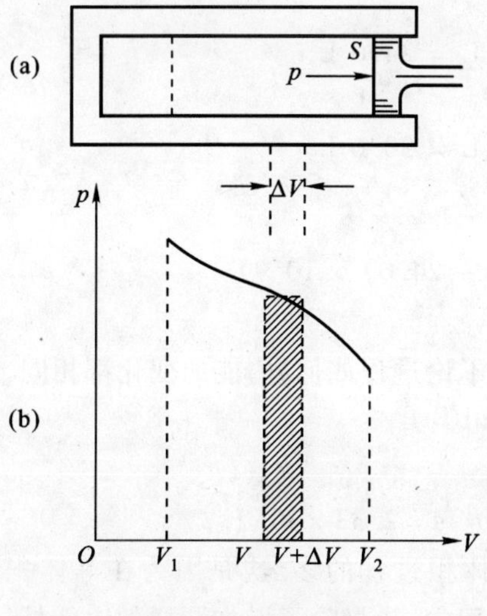

图 3.3 气体的功

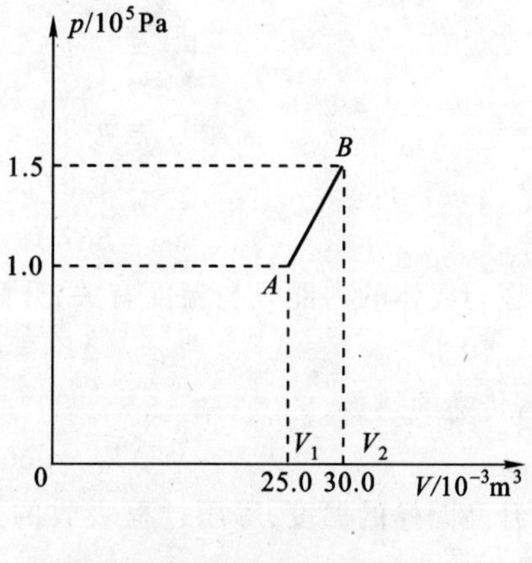

图 3.4 例 3.2 图

解:由理想气体物态方程 $pV=\nu RT$,根据给出的状态参量求出 T_A, T_B:

$$T_A = \frac{p_A V_A}{R} = \frac{1.0\times10^5\times25\times10^{-3}}{8.31}\text{K} = 301\ \text{K}.$$

$$T_B = \frac{p_B V_B}{R} = \frac{1.5\times10^5\times30\times10^{-3}}{8.31}\text{K} = 542\ \text{K}.$$

过程的功在数值上等于 $p-V$ 图上 ABV_1V_2 所围梯形的面积:

$$A = S_{ABV_1V_2} = \frac{1}{2}(1.0+1.5)\times10^5\times5.0\times10^{-3}\ \text{J}$$
$$= 6.25\times10^2\ \text{J},$$

$$\Delta E = \frac{i}{2}R(T_B - T_A) = \frac{5}{2}\times8.31\times(542-301)\ \text{J} = 5.01\times10^3\ \text{J}.$$

由热力学第一定律,有

$$Q = A + \Delta E = (6.25\times10^2 + 5.01\times10^3)\ \text{J} = 5.64\times10^3\ \text{J}.$$

例 3.3 等体积过程与等压过程的比较 1.00 mol 的氧气从 1.01×10^5 Pa 的压强开始由 20.0℃加热到 100.0℃.设在加热过程中保持体积不变,试问需供给多少热量?若压强保持不变,升高同样温度又需供给多少热量?在等压下所做的功为多少?

解:氧气分子为双原子分子,其自由度 $i=5$,在题给的条件下可以看作为理想气体,在等体积过程中体积没有变化,系统做功为零:

$$A_V = 0.$$

由热力学第一定律可知,温度由 293 K 升高到 373 K 所需热量等于其内能的增量:

$$Q_V = \Delta E_V = \nu\frac{i}{2}R\Delta T = \frac{5}{2}\times8.31\times(373-293)\ \text{J} = 1.66\times10^3\ \text{J}.$$

在等压过程中系统的功

$$A_p = p(V_2 - V_1).$$

由于在 1.01×10^5 Pa 和 273 K 时 1 mol 的气体体积为 22.4 L,等压过程满足 $V/T=$ 常量,所以有

$$V_1 = \frac{V_0}{T_0}T_1 = \frac{22.4}{273}\times293\ \text{L} = 24.0\ \text{L},$$

$$V_2 = \frac{V_0}{T_0}T_2 = \frac{22.4}{273}\times373\ \text{L} = 30.6\ \text{L},$$

$$A_p = p(V_2 - V_1)$$
$$= 1.01\times10^5\times(30.6-24.0)\times10^{-3}\ \text{J}$$
$$= 667\ \text{J}.$$

由于理想气体的内能只与温度有关,升高同样温度,不论过程如何,内能的变化都相同,因而

$$\Delta E_p = \Delta E_V = 1.66\times10^3\ \text{J}.$$

于是,传递的热量

$$Q_p = A_p + \Delta E_p = (667 + 1.66\times10^3)\ \text{J} = 2.33\times10^3\ \text{J}.$$

升高同样的温度,等压过程吸收的热量要比等体积过程的多.这是因为在等体积过程中,吸收的热量全用于增加系统的内能,而在等压过程中,热量除了增加同样的内能外,还要

用于对外做功.

例 3.4 等温过程的热量 求一定质量 m 的理想气体,在保持温度 T 不变的情况下(称为等温过程),体积从 V_1 变到 V_2 过程中吸收的热量. 该理想气体的摩尔质量为 M.

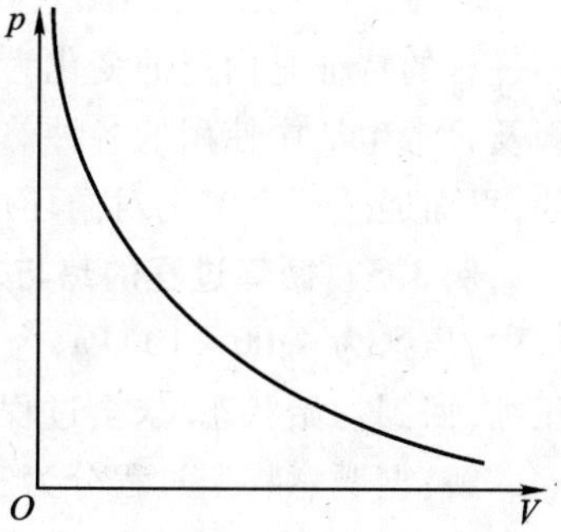

图 3.5 等温过程

解:由于温度不变,系统内能也保持不变,$E_2=E_1$,由热力学第一定律

$$Q_T=A_T.$$

等温过程中 $pV=$ 常量,因而在 $p-V$ 图上可用一双曲线表示,如图 3.5 所示,功等于双曲线下所围面积,由积分可求得

$$Q_T=A_T=\int_{V_1}^{V_2}p\mathrm{d}V=\int_{V_1}^{V_2}\nu\frac{RT}{V}\mathrm{d}V=\nu RT\ln\frac{V_2}{V_1}=\frac{m}{M}RT\ln\frac{V_2}{V_1}.$$

系统的温度没有变化,但只要 $V_1\neq V_2$,就会与外界交换热量,这时热量用于做功. 当 $V_2>V_1$ 即体积膨胀时,热量与功均为正值,系统从外界吸收热量,用于对外做功. 当 $V_1>V_2$ 即体积被压缩时,热量与功均为负值,外界对系统做功,同时系统向外界释放热量,以保持内能不变.

2. 绝热过程 系统与外界无热量交换的过程称为绝热过程. 许多实际过程都可以看作绝热过程,如急速打气的过程,内燃机点火后推动活塞的过程,乃至声音传播的过程. 由于过程进行得相当快,系统来不及与外界交换热量,可作绝热过程处理. 绝热过程 $\mathrm{d}Q=0$ (每一微元过程的热量均为零),由此

$$A+E_2-E_1=0,$$

于是

$$A=-(E_2-E_1).$$

在绝热膨胀中 $A>0$,必有 $E_2<E_1$,系统内能减少,此时系统对外做功以消耗内能来实现. 对理想气体来说,内能仅是温度的函数,绝热膨胀必然导致系统温度的降低. 如图 3.6 所示,系统从同一状态 A 出发,经过等温膨胀和绝热膨胀,分别到达 B 和 B' 状态. 由于绝热过程通过消耗内能来对外做功,而等温过程通过吸收外界热量来对外做功,并不消耗内能,所以绝热过程的终态温度 $T_{B'}$ 必低于等温膨胀过程的终态的温度 T_B,即在 $p-V$ 图上,B' 必是在 B 之下. 这样,我们可以参照过 A 状态的等温线 AB,大致画出过 A 状态的绝热线 AB'. 由图可见,过同一点的绝热线比等温线陡,可以证明过同一点的绝热线在该点的斜率的绝对值比等温线大 γ 倍,

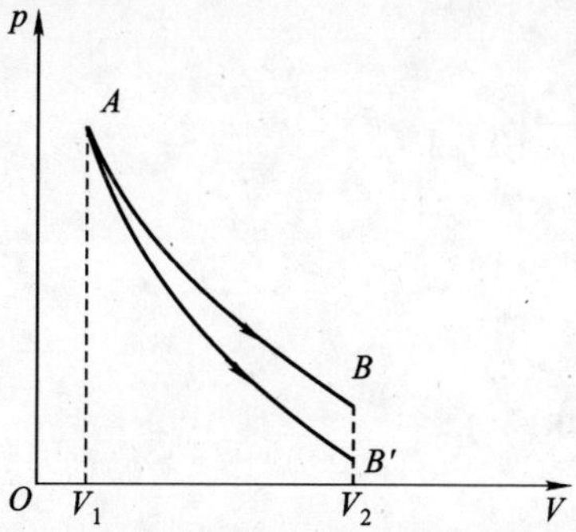

图 3.6 等温线与绝热线

$$\gamma=\frac{i+2}{i}.$$

比照等温线方程 $pV=C$,绝热线方程为 $pV^{\gamma}=C$.

3. 循环 系统经历一系列状态后又回到初始状态的过程称为循环过程，简称**循环**. 循环过程的特征是内能的变化为零，在$p-V$图上气体准静态循环过程表示为一闭合曲线. 在工程及日常生活中使用的各种热机、制冷机都是通过不断的循环动作来达到做功和制冷的目的，下面通过一个实例对循环过程进行一些讨论.

例 3.5 循环过程的热与功 2.00×10^{-3} kg 的氢(可以看作理想气体)处于 10.0L 的汽缸中，压强为 4.00×10^{5} Pa，今使之等温膨胀为 20.0L，然后等压压缩至 16.4L，最后经绝热压缩，回到初始状态. 求全过程中系统所做的功和传递的热量.

解：据题意将全过程分为三个过程，分别求出各过程的功和热量. 整个过程在 $p-V$ 图上表示出来，如图 3.7 所示. 为了方便，先将各过程的始末状态列出来，其中有的要根据物态方程来求得，按题意，物质的量 $\nu=1.00$ mol，$p_A=4.00\times10^{5}$ Pa，$V_A=10.0$ L，则有

$$T_A=\frac{p_AV_A}{R}=481\ \mathrm{K}.$$

$V_B=2.00$L，$T_B=T_A=481$ K，则

$$p_B=\frac{p_AV_A}{V_B}=2.00\times10^{5}\ \mathrm{Pa},$$

$p_C=p_B=2.00\times10^{5}$ Pa，$V_C=16.4$ L，$V_B=20.0$ L，则

$$T_C=\frac{V_C}{V_B}T_B=394\ \mathrm{K}.$$

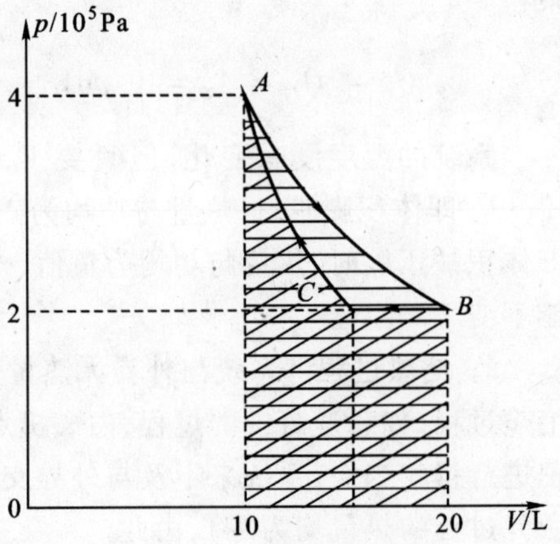

图 3.7 例 3.5 图

从状态 A 到状态 B 为等温过程，用例 3.4 的结果，则有

$$\begin{aligned}Q_1&=A_1=\nu RT_A\ln\frac{V_B}{V_A}\\&=(8.31\times481\times\ln2)\ \mathrm{J}\\&=2.77\times10^{3}\ \mathrm{J}.\end{aligned}$$

从状态 B 到状态 C 为等压过程，氢为双原子分子，自由度 $i=5$，所以有

$$\begin{aligned}A_2&=P_B(V_C-V_B)\\&=2.00\times10^{5}\times(16.4-20.0)\times10^{-3}\ \mathrm{J}\\&=-7.20\times10^{2}\ \mathrm{J},\end{aligned}$$

$$\begin{aligned}E_C-E_B&=\nu\frac{i}{2}R(T_C-T_B)\\&=\frac{5}{2}\times8.31\times(394-481)\ \mathrm{J}\\&=-1.81\times10^{3}\ \mathrm{J},\end{aligned}$$

$$Q_2=A_2+(E_C-E_B)=-2.53\times10^{3}\ \mathrm{J}.$$

从状态 C 到状态 A 为绝热过程，所以有

$$Q_3=0.$$

$$A_3=-(E_A-E_C)$$

$$= -\nu\frac{i}{2}R(T_A - T_C)$$

$$= -\frac{5}{2}\times 8.31\times(481-394)\ \text{J}$$

$$= -1.81\times 10^3\ \text{J}.$$

总功和总热量为

$$\begin{aligned} A &= A_1 + A_2 + A_3 \\ &= [2.77\times 10^3 + (-7.20\times 10^2) + (-1.81\times 10^3)]\ \text{J} \\ &= 2.4\times 10^2\ \text{J}, \\ Q &= Q_1 + Q_2 + Q_3 \\ &= [2.77\times 10^3 + (-2.53\times 10^3) + 0]\ \text{J} \\ &= 2.4\times 10^2\ \text{J}. \end{aligned}$$

这里 $A=Q$，由于全过程 $\Delta E=0$，满足热力学第一定律.

例 3.5 的循环沿顺时针方向进行，称为**正循环**，这时系统对外做功有时为正，有时为负，但总功，或者说净功为正值. 系统有时从外界吸收热量，有时向外界放出热量，但吸热大于放热. 向系统传递热量的外界称为高温热源. 吸收系统热量的外界称为低温热源. 系统从高温热源吸取热量，一部分用于对外做功，一部分以热量的形式向低温热源释放. 上述功能关系，可用图 3.8 来示意，它反映了热机的工作过程，正循环又称为热机循环. 根据热力学第一定律，循环过程中的总功也称为净功，数值上等于系统与外界交换热量的代数和：

$$A = Q_{吸} - |Q_{放}|.$$

在正循环中，人们给系统提供的是热量 $Q_{吸}$，获得的是净功 A，至于 $|Q_{放}|$ 则通常向环境释放而散失了，因此把

$$\eta = \frac{A}{Q_{吸}} = \frac{Q_{吸} - |Q_{放}|}{Q_{吸}} = 1 - \frac{|Q_{放}|}{Q_{吸}} \tag{3.14}$$

定义为**循环效率**.

在 $p-V$ 图上沿逆时针方向进行的循环称为**逆循环**. 在例 3.5 中，如过程沿 $ACBA$ 方向进行即为逆循环. 这时每个过程的性质未变，只是初末状态倒过来，因此各项计算结果仅差一负号，例如热量分别为 $Q'_1 = -2.77\times 10^3$ J，$Q'_2 = 2.53\times 10^3$ J 和 $Q'_3 = 0$，净功则为 $A = -2.4\times 10^3$ J. 这时外界对系统做功，系统从低温热源吸取热量，向高温热源放出热量，同样有 $A = Q_{吸} - |Q_{放}|$，用 A' 表示外界对系统做功，则

$$A' = -A,\ \ -A' = Q_{吸} - |Q_{放}| \quad 或 \quad |Q_{放}| = Q_{吸} + A'.$$

这表示系统在外界作用下，从低温热源吸取热量 $Q_{吸}$，连同外界的功 A' 一起以热量的形式向高温热源释放(图 3.9). 从总的效果看，实现了热量由低温热源向高温热源传递，这正是制冷机的工作要求，因而逆循环又称为制冷循环. 对于目的在于获得低温的制冷循环，人们关心的是对系统作了功之后能从低温热源取走多少热量，因此定义

$$\omega = \frac{Q_{吸}}{A'} = \frac{Q_{吸}}{|Q_{放}| - Q_{吸}} \tag{3.15}$$

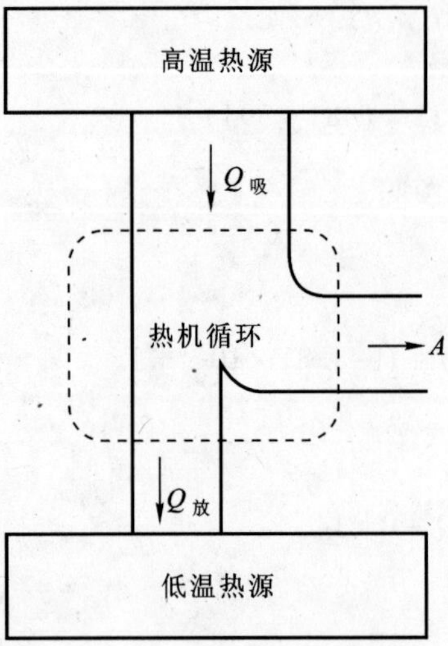

图 3.8 正循环热功转换

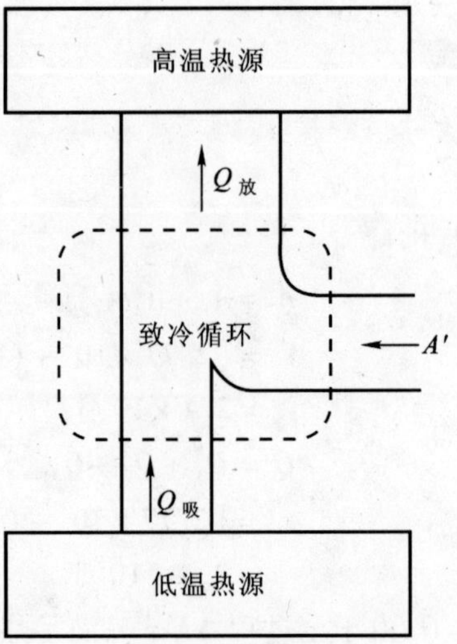

图 3.9 逆循环热量从低温热源向高温热源传递

为**制冷系数**. 由 $Q_{吸}=\omega A'$可见,对系统做同样的功,制冷系数越大,从低温热源取走的热量越多,制冷效果越好. 若一台用于制冷的空调机,其制冷系数 $\omega=3$,意味着 $Q_{吸}=3A'$,外界做 1 J 的功,能从室内吸取 3 J 的热量向室外释放. 不过,由于$|Q_{放}|=Q_{吸}+A'$,向室外放出的热量是 $(3+1)$J $=4$ J,而不是 3J,因而用空调机使室内降温,却使室外环境更热了.

4. 制冷机与热泵 利用逆循环从低温热源吸收热量,以保持或进一步降低其温度的设备,称为制冷机. 制冷机中作循环的物质称为制冷剂,在常压常温下以液态形式储存在储液罐中.

家用制冷机(如冰箱、空调器等)的结构原理图如 3.10 所示. 当液态制冷剂进入处于低压的螺旋管蒸发器时被汽化,在汽化过程中,它从低温室吸取汽化所需的汽化热,从而降低了低温室的温度. 然后,此气体经蒸发器排出进入压缩机,借助外界的功被压缩成高压气体,温度升高到室温以上,而后进入冷凝器内放出热量而被冷却至室温. 接着,回到储液罐,完成了一个循环. 循环的结果是使制冷剂从低温处(蒸发器及低温室)吸热,向高温处(冷凝器)放热.

利用逆循环向高温热源提供的热量,以保持或进一步提高其温度的设备称为热泵. 冬天时,将冷凝器部分放置在室内,而蒸发器放置室外,便可利用逆循环吸收室外热量给房间供暖,供给高温热源的热量$|Q_{放}|$与所需功 A'之比称为**供热系数**,记为 e:

$$e=\frac{|Q_{放}|}{A'}=\frac{Q_{吸}+A'}{A'}=\frac{Q_{吸}}{A'}+1=\omega+1.$$

ω 为同一台装置作制冷机时的制冷系数,前面例子中制冷系数 $\omega=3$,则供热系数为 4,只需 1 J 的电能做功便可供热 4 J,若用电加热则需要 4 J 的电能才能产生 4 J 的热量. 因而热泵供热是有效的、经济的供暖方式,同一台作逆循环的机器如空调机,既可作为制冷机,又可作为热泵,省去了分别装置的费用.

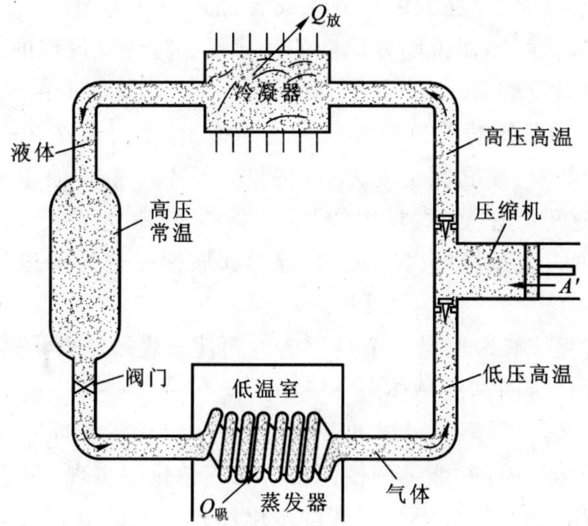

图 3.10 家用制冷机的结构原理图

3.5 热力学第二定律

1. 自发过程的方向性 从热机循环效率 $\eta=\dfrac{Q_{吸}-|Q_{放}|}{Q_{吸}}$可以看出,减少$|Q_{放}|$可以提高热机效率,如果$|Q_{放}|=0$,那么热机的效率达到100%.这时系统从高温热源吸收的热量$Q_{吸}$全部转化为有用的机械功,其实质是依靠热机的循环工作将内能全部转化为机械能.这并不违背热力学第一定律,但大量事实告诉我们这是不可能的.机械能可以在周围环境不发生变化的情况下,全部转化为内能.转动着的机轮在撤除动力后,由于轴与轴瓦的摩擦而逐渐停下来,在这一过程中机轮的机械能全部转化为轴和轮的内能.相反的过程即轴与轴瓦自动冷却,其内能转化为机轮的机械能而使机轮自动地转起来,则不可想象.这个例子说明自然界里的功热转化过程具有方向性,功转化为热经常发生,但唯一效果是热全部转化为功的过程则不可能发生.任何热机在从高温热源吸热并对外做功的同时还必定要向低温热源放热,那会对外界造成其他影响.

不仅热功转化,自然界一切实际过程都具有方向性,只能自发地向某一方向进行,相反方向则不可能自发地进行.所谓自发过程是指在没有外来影响下进行的过程.把冰放在温水里,则水温逐渐降低,冰块逐渐融化,不会出现冰块自发地越长越大,而水温越来越热的过程.又如,气体能自发地自由膨胀,不会自发地压缩;热量总是自发地从高温物体传向低温物体,不会自发地从低温物体传向高温物体.这类例子不胜枚举,事实上自然界中一切与热现象有关的实际宏观过程都是不可逆的,只能自发地向着一个方向进行.

2. 热力学第二定律 自发过程进行的方向,是热力学第一定律所不能概括的,热力学第二定律是关于自发过程方向性的规律.

各种实际过程的方向性存在着内在联系或者说是相互沟通的,可以从某一过程的方向性说明另一过程的方向性.因而说明方向性的规律不必将各种过程的方向一一列举,只要指出某一种过程的方向性就够了.

1851年开尔文总结了热功转换的方向性规律指出,不可能造出一种循环工作的热机,它只从单一热源吸取热量,使之完全变为有用的功,而不产生其他影响,这就是热力学第二定律的开尔文表述.这里要注意"循环工作"这一条件,没有这一条件,从单一热源吸取热量并使其完全转化为功的过程是可以实现的,等温膨胀便是这样的过程.不过此时外界被压缩,产生了变化.

稍前(1850年),克劳修斯用另一个过程的方向性来表述热力学第二定律.他指出,热量不能自动地从低温物体传向高温物体.

3. 能量的退化 热力学第二定律的开尔文表述指出,机械能可以全部转化为内能,而内能却不能全部转化为机械能.能量的使用价值在其转化中实现,在于能量转化过程中做的功、供的热为人类所用,能量的可用性与其可转化性是一致的.内能的转化性不如机械能或其他形式的能量,因而其可用程度低.机械能转化为内能后,只有一部分可以转化为其他形式的能量,如机械能.另一部分只能仍然取内能的形式,因而其可用程度降低了.可用程度降低标志能量的品质变坏或者说能量的退化.由于自然界的实际过程总存在着摩擦等耗散作用,因而总伴随着其他形式能量变为内能的转化过程.从热力学第一定律来看,自然界能量不会减少,从热力学第二定律来看,随着实际过程的进行,自然界能量总在退化,其可用程度总在不断降低.

3.6 熵

1. 熵的概念 从微观上看,任何热力学过程总是包含大量分子的无序运动状态的变化.功热转化是机械能、电能等转化为内能的过程,从微观看,是大量粒子的有序运动向无序运动转化的过程,这是可能的.相反的过程,无序运动自动转变为有序运动则是不可能的.因此从微观上看,功热转化的方向是沿着使大量粒子的运动从有序状态向无序状态转化的方向.再看传热,两个温度不同的物体放在一起,热量将自动地由高温物体传到低温物体,最后温度达到一致.温度是大量分子无序运动平均平动动能大小的标志,初态两物体温度不同,表明虽然两物体的分子运动都是无序的,但还能根据分子平均平动动能的大小把它们区别开来.末态时两个物体温度相等,按平均平动动能区分物体也不可能了,这是更加无序状态.大量分子运动的无序程度由于热量传递而增大了.相反的过程,即分子平均平动动能完全相同的无序状态,自动地向两个物体分子平均平动动能不同的较为有序的状态的转变过程是不可能的.从微观看,传热过程的方向沿着使大量分子运动向更加无序的方向发展.

可见,自发过程进行的方向与其说决定于过程本身,不如说决定于过程的初态和终态.初态分子运动的无序性较小;终态的分子运动无序性较大.为了描述状态的分子运动的无序程度,引入物理量**熵**,熵越大,分子运动的无序性越大,利用熵的概念,热力学第二定律可简洁地表述为自然界的自发过程总是向熵增加的方向进行.

2. 熵的表达式　那么系统处于某一状态时的熵等于多少呢？它同与这个状态相应的微观态数目 W 有关，下面用一个例子来加以说明. 如图 3.11 所示，用隔板将容器分成容积相同的 A、B 两室，先使 A 室充满气体，B 室保持真空. 为了简单起见，假设共有 4 个分子 a、b、c、d. 在隔板抽掉前，这些分子只能在 A 室内运动. 隔板抽掉后就能在整个容器中运动. 每个分子可能时而在 A 室，时而在 B 室，其分布共有 $2^4=16$ 种可能，列表于 3.1 中.

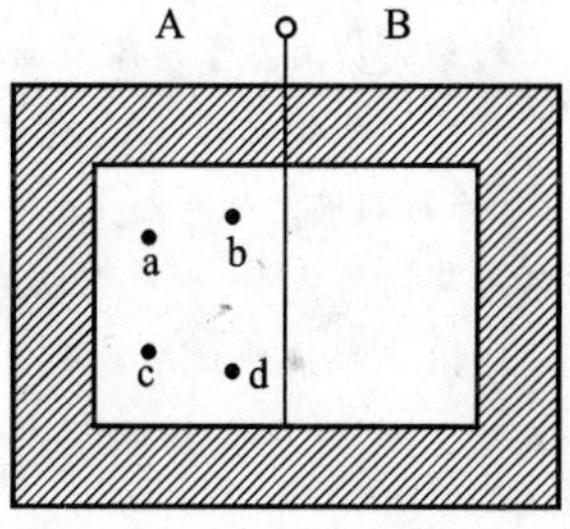

图 3.11　4 个分子的系统

从每个分子所处位置来看，表 3.1 中序号 11 ~ 16 表示不同的状态，我们说它们处于不同的微观态；但从总体或者宏观上看，它们都对应着两室具有相同密度这一种宏观状态. 从表中可以看出，一般说来一种宏观态对应若干个微观态，不同的宏观态对应的微观态数目 W 不同. 分子运动的无序程度越高，所对应的微观态数目越大. 在上述例子中，密度均匀状态的微观态数目 $W=6$ 最大，无序程度最高. 所有分子集中在 A 室或 B 室所对应的微观态数目 $W=1$ 最小，这时分子运动的无序程度最小. 上例中分子数为 4，微观态总数为 2^4，若分子数为 N，微观态数目为 2^N，一般 N 是一个很大的值，不同状态对应的微观态数目悬殊也很大. 若 $N=1\ 000$，A、B 两室分别为 400、600 个分子的状态对应的微观态数目 $W=100^{140}$，两室各为 500 个分子的状态对应的微观态数目 $W=100^{300}$，相差甚大.

表 3.1　图 3.11 中分子分布情况

序号	1	2	3	4	5	6	7	8	9	10	11	12	13	14	15	16
A 室中分子	0	abcd	a	b	c	d	bcd	acd	abd	abc	ab	ac	ad	bc	bd	cd
B 室中分子	abcd	0	bcd	acd	abd	abc	a	b	c	d	cd	bd	bc	ad	ac	ab
宏观状态	A:0 B:4	A:4 B:0	A:1　B:3				A:3　B:1				A:2　B:2					
微观态数 W	1	1	4				4				6					

假定各个可能的微观态出现的概率相等，因而系统处于相应的微观态数大的宏观态的可能性比相应的微观态数小的宏观态的可能性要大. 在上述例子中，系统处于 A:0，B:4 状态（称为状态 1）及 A:1，B:3 状态（称为状态 2）和 A:2，B:2 状态（称为状态 3）的概率之比为 1∶4∶6，状态 3 向状态 1 发展的可能性与状态 1 向状态 3 发展的可能性之比为 1∶6. 由此可见系统向更加有序的状态发展的可能性不是没有而是较小而已. 当然在分子数很大时这种可能性非常小，实际上就等于没有，这就是从统计概率意义上来理解热力学第二定律.

玻尔兹曼运用统计理论导出熵 S 的表示式：

$$S = k\ln W, \tag{3.16}$$

k 为玻尔兹曼常量，W 为宏观态所对应的微观态数目. 可以证明平衡态对应的微观态数目最大，其熵也最大，无序程度最高，任何自发过程达到平衡状态，实现了熵最大，过程也就结束了.

3. 信息熵 目前熵的概念已经超越了物理学范畴，在信息论、控制论、生物学、哲学、经济和管理等领域得到了普遍的应用，这里简单介绍信息熵的概念.

信息的作用在于消除事物的不确定性，信息质量越高，其消除的不确定性越大. 获取信息的过程是一种无序向有序转化的过程，因而人们把熵的概念引申过来，用信息熵来揭述事物的不确定程度. 信息熵越大，事物的不确定性也越大；反过来若事物完全确定，则信息熵最小，定义为零. 由于信息的获得意味着事物不确定性的减小，于是可以用接收某一信息后信息熵的减小值来描述这个信息的信息含量.

1948 年仙农把玻尔兹曼定义的熵引入信息论，他把熵看作某一随机事件中不确定的量度，用如下公式定义信息熵 H(单位：比特)：

$$H = -C\sum P_i \log_2 P_i,$$

P_i 为一随机事件中可能出现的各种独立结果的概率，C 为常数，在信息论中一般取 $C=1$，并改用以 2 为底的对数来代替自然对数. 将上式与式(3.16)比较，不难看出它们十分相似.

4. 耗散结构 在物理学中，自发过程朝着熵增加的方向，即朝着无序程度增加的方向进行. 在生物学中，生物的进化方向由简单到复杂，从低级到高级，即朝有序程度增加的方向发展. 生物个体是各种细胞按精确规律组成的高度有序的组织，每个生物细胞也十分有序，它至少有一个 DNA(脱氧核糖核酸)或 RNA(核糖核酸)分子，一个 DNA 分子由 $10^8 \sim 10^{10}$ 个原子组成，并形成十分规则的双螺旋结构. 这些，同热力学第二定律规定的系统从有序向无序方向发展是矛盾的吗?

其实，生物体是一个与外界不断交换物质与能量的开放系统. 20世纪 70 年代发展起来的耗散结构理论指出，一个远离平衡态的开放系统，在外界条件变化到某一特定阈值时，系统通过不断与外界交换物质和能量，就可能从原来的无序状态转变为有序状态，这种非平衡态下的新的稳定的有序结构称为耗散结构.

对于开放系统，熵的变化可以分为两部分，一部分是由于系统内部的变化引起的用 ΔS_i 表示；另一部分是由系统和外界交换能量或物质引起的，用 ΔS_e 表示，整个系统熵的变化：

$$\Delta S = \Delta S_i + \Delta S_e. \tag{3.17}$$

热力学第二定律指出了 ΔS_i 总是大于零的，而 ΔS_e 则可正可负. 只要外界提供足够的负熵($\Delta S_e < 0$，且 $|\Delta S_e| > \Delta S_i$)则系统的熵变化 $\Delta S < 0$，就可以从无序状态变为有序状态. 生物体不断从外界吸收营养、排出废物，就是吸收高度有序的低熵大分子物质如蛋白质、淀粉等，而排出无序的高熵小分子物质，从而使生物体的 $\Delta S < 0$. 生物体的熵减小，处于协调的有序状态而维持生命. 非平衡态是有序之源，是生命的保证，如果将生物体与环境一起考察，整个熵还是不断增大的，并不违背热力学第二定律.

3.7 能源技术

能源就是产生各种能量的资源，它是人类生存和发展必不可少的物质基础. 社会的持续发展有赖于源源不断的能源供给. 能源新技术是高新技术的重要一翼.

1. 能源的两大问题 古代人们以柴草为燃料，人力、畜力、水力和风力为动力. 产业革命使蒸汽机成为主要动力机械，煤炭成为主要能源. 19 世纪中叶，石油资源的应用，揭开了能源利用的新时代. 到 20 世纪 50 年代，世界石油、天然气耗量超过了煤炭而成为主要能源. 然而煤炭、石油和天然气仅可供再开采 40 年和 60 年. 煤炭多一些，但也只能再开采 200 余年. 虽然今后会有新的储量探明，但现代社会对能源需求甚高，能源短缺日益成为人类面临的实际问题.

直接燃烧煤炭、石油、天然气所造成的环境污染是能源问题面临的又一重大问题. 这些燃料燃烧过程中产生大量的有害物质. 其中二氧化碳和氮氧化物合成酸雨破坏土壤，使植物死亡，水源变质. 二氧化碳产生温室效应，使地球温度升高，引起冰川融化淹没大量陆地，并产生干旱、高温热浪等灾害天气，紊乱的气候破坏生态平衡.氮氧化物也是破坏臭氧层的重要因素.臭氧层的破损使地面上包括人类在内的一切生物失去对紫外线的最主要保护屏障,严重威胁所有的生命.煤炭的燃料危害更加直接,20世纪五六十年代的"伦敦之雾"就是大量使用煤炭造成的.此外,在能量转化和耗用过程中还产生噪声污染,核电遗留的放射性辐射污染,微波炉使用发生的电磁辐射污染等.能源和环境是两个密切相关的问题.寻找新能源,将能源消耗中的污染降低到最低水平是能源技术的重要课题.

新能源有两类,一类是采用现代技术研制开发的新能源,如核能.另一类是采用现代先进技术,重新开发广泛使用的古老能源,如太阳能、风能、生物能、海洋能、地热能和氢能等.本节对核能和太阳能作一简要介绍.

2. 核能 原子核由质子、中子(统称核子)组成,但是原子核的质量并不等于组成它的核子质量之和,其差值称为质量亏损.根据质能关系,核子聚集在一起组成原子核时其能量相应减少,即放出能量,其大小称为**结合能**.反之,把原子核打碎,使所有核子远离就必须提供同样数量的能量.对有 Z 个质子,N 个中子组成的原子核,其结合能

$$B = [Zm_p + Nm_n - m(Z,A)]c^2, \tag{3.18}$$

m_p、m_n、$m(Z,A)$ 分别为质子、中子和原子核的质量,$A=Z+N$,为核子数.原子核中每个核子的平均结合能 $\varepsilon=B/A$,称为**平均结合能**.核子数 A 也等于核的质量数.图 3.12 为不同核的平均结合能曲线.此图指出,平均结合能曲线在 ^{56}Fe 处为极顶,其平均结合能为 8.5 MeV.以此为界,轻核聚变成较重的核和重核裂变成中等核时,原子核会释放出多余的结合能,这就是核能的来源.

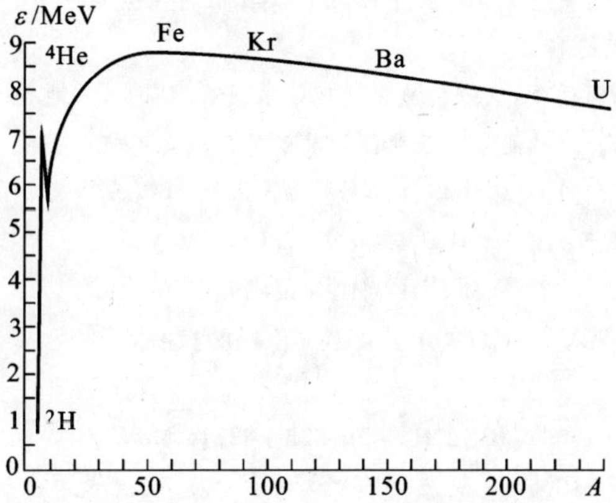

图 3.12 平均结合能曲线

由图 3.12 可见,重核的平均结合能 $\varepsilon\approx7.5$ MeV,中等核的平均结合能 $\varepsilon\approx8.5$ MeV.质量数 A 约为 200 的重核裂变为两个质量差不多,譬如质量数均为 100 的中等核时,一次裂变就有 $2\times100(8.5-7.5)$ MeV = 200 MeV 的结合能释放出来.例如 ^{235}U 在中子轰击下,分裂为两个质量较轻的原子核,其中一种概率较大的裂变反应为

$$n + {}^{235}_{92}U \rightarrow {}^{144}_{56}Ba + {}^{89}_{36}Kr + 3n \tag{3.19}$$

已知

中子质量 $m_n = 1.008\,665$ u;

^{235}U 质量 $m(^{235}U) = 235.043\,925$ u;

^{144}Ba 质量 $m(^{144}Ba) = 143.922\,673$ u;

^{89}Kr 质量 $m(^{89}Kr) = 88.917\,563$ u;

原子质量单位

$$1u = 1.661\times10^{-24}\ g.$$

此裂变反应放出的核能

$$B = \{m_n + m(^{235}U) - [m(^{144}Ba) + m(^{89}Kr) + 3m_n]\}c^2 = 173.6\ MeV$$

对于一个原子,这是相当大的值,但在宏观上衡量,它还相当小,只有 2.78×10^{-11} J. 然而一定数量的 ^{235}U 持续裂变的结果,就不一样了. 1 g 的 ^{235}U 的原子数为

$$\frac{1\ g}{235\ g/mol}\times6.022\times10^{23}/mol = 2.56\times10^{21}.$$

全部裂变后释放的总能量为

$$2.56\times10^{21}\times173.6\ MeV\times1.60\times10^{-13}\ J/MeV = 7.08\times10^{10}\ J,$$

约为 1.97×10^4 kW · h,相当于 2.5 t 标准煤燃烧时放出的热量.

要使裂变能获得实用,一方面要实现不依赖外界,能不断地产生中子轰击铀而使裂变反应持续地进行(即链式反应);同时又要控制裂变反应速率,以防核能一下子爆发(这是原子弹的工作模式). 式(3.19)的反应中,每一个 ^{235}U 裂变的结果可能产生 3 个中子,因而链式反应是可能实现的. 反应速率的控制可使用减速剂"慢化"中子来达到,常用的减速剂是水、重水和石墨.

核电站将原子核裂变反应放出的热量用冷却剂带出,把水加热成蒸汽,驱动汽轮机发电机组进行发电. 目前全世界已有430 多座核电站在运行. 发电量占世界总发电量的 1/5 左右. 我国自行设计建设的秦山核电站,装机容量为 3×10^5 kW,于 1991 年 12 月 15 日一期工程并网发电. 广东大亚湾核电站装机总容量为 1.8×10^6 kW,1993 年 8 月正式运行.

裂变反应中会产生放射性同位素,这给核废料处理带来困难. 铀的开采也会枯竭,按目前开采水平,估计现有储量仅可供开采 65 年. 另一种核能——聚变能因其清洁又取之不竭而备受青睐. 常用的聚变反应为

$$\begin{aligned} &{}_1^2H + {}_1^2H \to {}_2^3He + n + 3.25\ MeV,\\ &{}_1^2H + {}_1^2H \to {}_1^3H + p + 4.0\ MeV,\\ &{}_1^2H + {}_1^3H \to {}_2^4He + n + 17.6\ MeV,\\ &{}_1^2H + {}_2^3He \to {}_2^4He + p + 18.3\ MeV, \end{aligned} \tag{3.20}$$

四个式子相加,总效果是

$$6{}_1^2H \to 2{}_2^4He + 2p + 2n + 43.15\ MeV. \tag{3.21}$$

1 g 的氘参与聚变放出的能量约 10^5kW · h,原料氘可从海水中提取,海水中含氘的重水约占 1/670 0. 从 1 L 海水中提取的氘聚变释放的能量相当于 300L 汽油燃烧放出的能量. 目前全世界一年的能耗,相当于 5.6×10^2 t 的氘聚合反应放出的能量. 按此推算,海洋中的氘可用 1 000 亿年. 核聚变反应物中基本上没有放射性产物,${}_1^3H$ 是中间产物,不会污染环境.

在裂变反应中中子不带电,它引起铀裂变实现链式反应. 而聚变反应中轻核都是带正电的,由于斥力作用,室温下不可能实现聚合反应. 为使两个带正电的核靠近,必须使之有足够的动能,例如要使两个 ${}_1^2H$ 接近到 10^{-14} m 之内(这时核力才发生作用,从而产生聚合反应)必须克服电势能

$$U = \frac{1}{4\pi\varepsilon_0}\frac{e^2}{r} = 144\ keV.$$

每个核子要有 72 keV 的动能,通过高温使 ${}_1^2H$ 核动能增加,用 $\frac{3}{2}kT$ 估计平均动能,则 $T\approx10^8$ K,这是异常高的温度. 产生这样高的温度本身就比较困难. 此外,在这样高温下,原子已全部电离成等离子态,这些离子间碰撞引起辐射损失,形成能量损失. 要得到可资利用的核能,必须使产生的聚变能减去各种能量损失后有净余. 理论计算指出,要得到自持的能量增益除了足够的温度外,等离子密度 n 及约束的时间 τ 的乘积 $n\tau$ 必须达到一定的值. 要使高温高密度等离子维持这一条件十分困难. 这就要设法找到一个既耐高温又不导热的"容器"来"盛放"这样的等离子态的物质. 至今,还没有找到能制造这种容器的材料. 目前有三种方

案实现等离子体约束. 一靠引力,二借助磁场,三用惯性. 激光的应用在惯性约束技术中起着关键作用. 所有这些方法离达到实用还要走很长的路程. 估计到 21 世纪中叶才有可能出现工程性的验证和示范装置. 至于商业性应用则要在更远的将来. 即使在取得更大进展后还会出现更多的问题. 核聚变代表着最大的技术挑战,人们把可控聚变说成是仿造太阳的一种尝试.

3. 太阳能 太阳辐射能量是内部聚变反应的结果,地球上所有能量差不多均来自太阳. 一部分为地面直接吸收,一部分通过蒸发变为水的汽化潜热,一部分通过对流变成风能和海洋能,一部分通过光合作用,变成动植物的能量,经年累月后还形成矿物燃料.

太阳能一词的涵义是指利用太阳能吸收器直接吸收的太阳能量. 太阳能垂手可得而不会引起任何污染,不会破坏生态平衡,因而日益受到人们的重视,有人预测,21 世纪太阳能将成为人类的主要能源. 利用太阳能有两个主要困难,一是间歇性,昼夜及季节变化,是可以预测的,而云雾引起的间歇性则是不可预见的,为了持续使用,需要采用储能手段;二是太阳能辐照度小,致使储能设备的尺寸大,耗用的材料多.

常用的储能方式有光热转换和光电转换两种方式.

通常采用平面型集热器和聚焦型集热器来实现光热转换. 平板型集热器一般由涂黑的金属平板组成,朝向太阳的一面带有一二块玻璃板,背面用绝热材料与环境隔热. 利用此集热器为房屋居住空间加热,空气通过被太阳加热的表面升温进入房内形成循环. 利用它来为水加热,水通过与被加热的表面处于良好接触的管道形成循环.

聚焦型集热器利用凹形反射面将阳光集中到载有循环流体如水或油的管子上. 由于聚焦作用,这种集热器能获得更高的循环流体温度. 可以用来为发电厂的工作物质供热. 聚焦型集热器的反射面通常是可以旋转的,以使在任何时间,任何季节时太阳光都能聚集在管子上.

利用太阳能电池将太阳辐射能转换成电能实现光电转换,其基本原理是内光电效应,我们将在 6.6 节中稍加说明. 半导体材料制成的光电池已进入实用,常用的有单晶硅电池、多晶硅电池、非晶硅电池、硫化镉电池等. 许多手表、计算器、汽车、飞机、卫星都使用太阳能电池. 目前太阳能电池的效率已大大提高,地面上使用单晶硅太阳能电池的最高效率已达 20%,非晶硅太阳能电池效率也提高了 10%.

4. 节能技术 在开发新能源的同时,采用技术上可行、经济上合理和环境及社会可接受的措施来有效利用能源,从而达到节能的目的是能源新技术的一个重要目标. 就具体技术而言,如余热回收、高效低污染工业锅炉、降低功耗提高功率因数采用新材料的高效电动机,利用功率半导体元件的电子技术,高效节能照明技术等已经取得一定成果.

节能工作中首先要回答节能潜力有多大. 传统上用热效率的高低来估计节能潜力. 热效率越低,说明节能潜力越大. 从能量守恒角度把能量的来龙去脉绘成能量流动图,从中寻找有多少能量在中间环节损失掉了,有多少能量到达终端得到应用. 这种方法的依据是热力学第一定律,因此称为第一定律分析法.

第一定律分析法容易为大家所理解和掌握,运用得当,在不少场合可以得出正确的结论. 特别在节能初期,能对节能实践起到较好的指导作用. 然而这种方法有其片面性和局限性,因为它仅仅考虑了能量在数量上的守恒,而没有考虑到过程中能量品质的降低,或者说能量的退化问题,应该引入热力学第二定律进行分析. 当人们对能源的利用率处于低水平时,两种分析方法都会得出节能潜力很大的结论. 一旦能源利用率达到相当水平后,各种动力装置或用能设备的效率提高后,能源利用率的增加速度将趋于缓慢,这时进一步大幅度提高能源利用率的可能性是否还存在? 如果存在的话,节能的潜力在哪里? 这时是否应用热力学第二定律进行分析,会得到很不相同的结论.

提供动力和供热是能源利用的两种最重要形式. 用第二定律观点看,由于能量退化的结果,系统能量分为两部分,一部分能对外提供有用的能量,另一部分则不能,用 E_x 和 A_r 分别表示这两部分,则 E_x 与 (A_r+E_x) 之比

$$R=\frac{E_x}{A_r+E_x},$$

可用来衡量能量的品质,称为品位,机械能和电能最易转换成其他形式的能量,其品位最高,R 为 1;而系统的内能由热力学第二定律可知,它只能部分地转化为其他形式的能量,其品位小于 1;环境的内能则无法转化,因而其品位为零. 运用能量品位的概念,有助于节能问题的分析.

利用热和利用动力是对能源在不同水平上的利用,不加以区别,就会引起对节能含义的误解. 比如有甲、乙两工厂,甲的燃料消耗有70%用于供热,30%用于发电. 如供热效率为60%,发电效率为30%,则其能源利用总效率为51%. 而乙厂用70%的燃料发电,30%的燃料供热,同样的供热效率和发电效率用第一定律分析法,其能源利用率只有39%,比甲厂低得多. 但实际上能源供热的结果是使能量的品位变为零;而用于发电的话,那部分能量依然有较高的品位. 假设发电效率为30%,那么乙厂使用的能源中转化为电能的部分为70%×30%,其他79%最终都将变为环境的内能. 可见,第一次使用能量的结果,乙厂能源的21%依旧保持高品位,而甲厂保留高品位的仅9%,所以是乙厂对能源作了更有效的使用,甲厂的高效率是由于大的供热成分获得的,而这却是能源的低水平利用.

从节能角度出发,实际使用能源时,应先充分利用能量的可用部分,尽量使能量保持较高的品位. 为此,能量应逐级利用,工业生产中不同场合对能量要求不同,如果需要使用高品位能量的场合,而提供了低品位能量,那就达不到工艺要求;反之则会造成能量质的浪费.

开发新能源需要长期探索,节能更为现实. 我国的人均能量资源不多,但能源利用率却又比较低. 目前世界上能源利用综合效率的先进指标已超过50%,而我国的平均指标约为35%,因而节能的潜力很大,任务繁重. 在组织生产、管理生产、实施生产中,节能是必须考虑的一个重要方面. 节能的任务就是提高能源的利用率,用同样数量的能源生产更多的产品.

小　　结

一、教学要求

1. 理解内能、功和热量的概念.

2. 理解热力学第一定律,能计算理想气体等体过程、等压过程、等温过程和绝热过程的功、热量和内能改变量.

3. 理解热力学第二定律,了解熵的概念.

二、知识结构框图

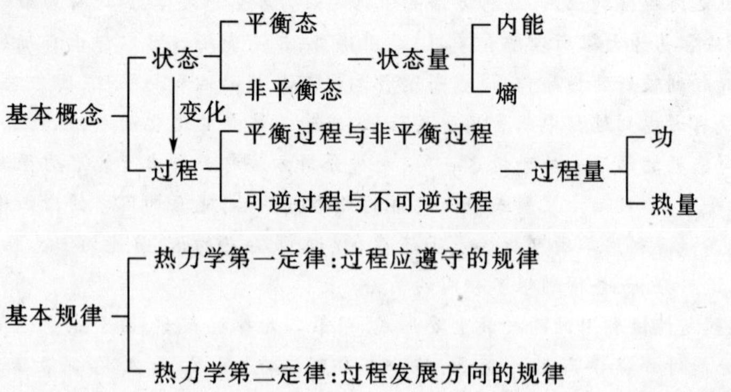

三、内容提要

1. 平衡态与平衡过程

平衡态　在不受外界影响(不做功、不传热)的条件下,系统所有可观测的宏观性质都不随时间变化的状态.

平衡过程　中间状态都无限接近平衡态的过程.

2. 理想气体

(1) 完全遵守三条气体经验定律的气体.

(2) 理想气体分子太小,分子间除碰撞外,相互作用可以忽略。分子间的碰撞,分子与器壁间的碰撞可看作完全弹性碰撞.

(3) 一定量理想气体的平衡态可用压强 p、体积 V 和温度 T 来描述.

(4) 理想气体物态方程

处于平衡态时满足

$$pV=\nu RT,$$

ν 为气体物质的量,单位为 mol. R 为普适气体常量,$R=8.31\ \mathrm{J/mol\cdot K}$.

3. 内能

(1) 物体内能:组成物体全部分子动能、分子间的相互作用势能及分子内部所有的能量.

(2) 单纯热现象涉及的内能:所有分子动能和分子间的相互作用的势能.

(3) 理想气体内能:分子运动各种动能的总和

$$E=\nu\frac{i}{2}RT,$$

i 为理想气体分子自由度. 单原子分子 $i=3$,刚性双原子分子 $i=5$,刚性多原子分子 $i=6$.

4. 热力学第一定律

(1) 定律　在任何过程中,系统从外界吸收的热量 Q 等于系统内能的增量 ΔE 与系统对外做功 A 的总和

$$Q=\Delta E+A.$$

符号规定:系统吸热 $Q>0$,放热 $Q<0$,

系统对外界做功 $A>0$. 外界对系统做功 $A<0$,

内能增加 $\Delta E>0$,内能减少 $\Delta E<0$.

(2) 它是包括热现象在内的能量守恒定律.

(3) 理想气体平衡过程体积功. 数值上等于 $p-V$ 图中过程曲线下的面积.

5. 热力学第二定律

(1) 定律表示自发过程的方向,通常用某一种过程的方向来表示.

(2) 熵　描述系统状态无序程度的物理量. 系统状态的熵越大,其对应的微观态数目越大,分子运动的无序程度越大,能量可用程度越小. 自然界的自发过程总是向熵增加方向进行.

练 习 题

讨论题

3.1 摩尔热容是指 1 mol 气体升高温度 1 K 所吸收的热量,摩尔定压热容与摩尔定体热容哪个大?

为什么？

3.2 由式(3.7)可知，内能变化 $\Delta E=\nu\frac{i}{2}R(T_2-T_1)$. 只要是理想气体不论何种过程，甚至非平衡态过程，只要初、末温度为 T_1、T_2，均可以上述公式来计算，这种说法对吗？为什么？

3.3 题3.3图中，(a)、(b)、(c)各表示连接在一起的两个循环过程，指出每一图中系统对外所做的净功为正还是为负或零.

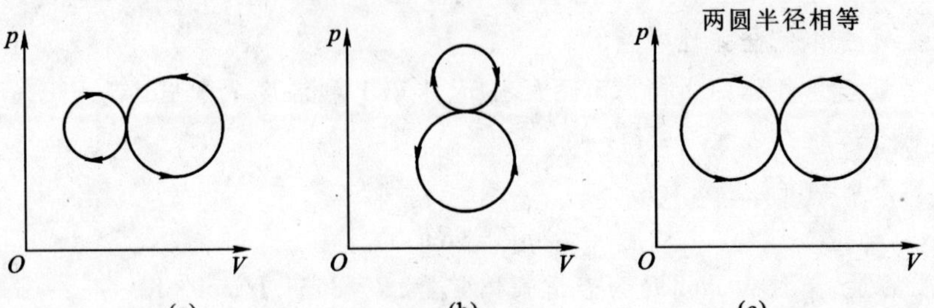

题3.3图

3.4 如题3.4图，在 $p-V$ 图上有一系列等温线，试判别它们的温度高低关系.

3.5 一理想气体系统的体积分别经等压、等温、绝热准静态过程，由 V_0 增为 $2V_0$(题3.5图)，试用 $p-V$ 图分析以下问题：

(1) 各过程中温度增量 ΔT 大于、小于还是等于零？

(2) 哪个过程系统对外做功 A 最大；哪个 A 最小？

(3) 确定各过程中 Q 和 ΔE 的正负.

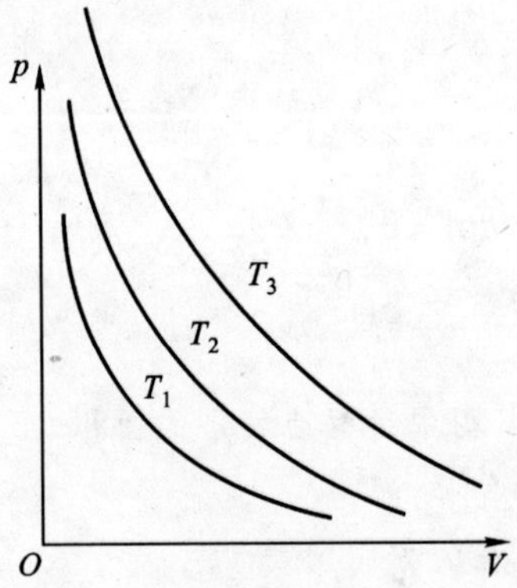

题3.4图

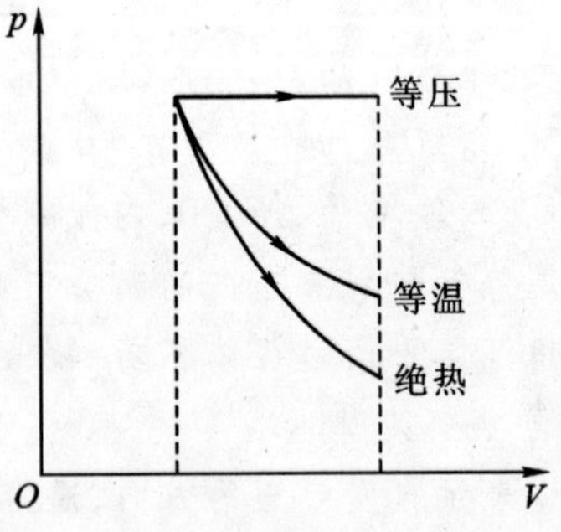

题3.5图

3.6 做一个燃烧实验，将燃料和氧混合物浸在水池中的定体积"炸弹"中燃烧，实验中观察到水温升高了，将燃料和氧的混合物当作一个系统，问有无热量传递？有无做功？ΔE 的正负如何？

3.7 已知热量能在等压过程中加到系统，也能在等体积过程中加到系统，那么热量能否在等温过程中加到系统？试说明.

3.8 系统可以在等压及等温的情况下做功，试问，系统是否能在等体积情况下完成功？请说明.

3.9 当一系统的温度升高时，其内能是否一定增加？请说明.

3.10　你能够不用加热而使一锅汤“升温”吗？当对一系统加热时，其温度是否必须变化？

3.11　设一系统经历一过程，其末态体积与初态体积相等，你能确定系统做了多少功吗？用 $p-V$ 图来加以说明.

3.12　对盛水的电热水器中的电阻元件通电.(a)若把以上总体看做一个系统，试问有没有能量传递给系统，如果有，是通过做功还是通过传递热量完成的？(b)若只把水看作一系统，试问有没有能量传递给系统？如果有，是通过做功还是通过传递热量完成的？(c)以上两种情况中系统的内能发生什么变化？

3.13　把电冰箱门开着，能使房间冷下来吗？为什么？

选择题

3.14　热力学第一定律的适用范围为(　　)

(A) 一切物体、一切过程

(B) 理想气体

(C) 准静态过程

(D) 理想气体准静态过程

3.15　热力学中平衡态指(　　)

(A) 系统宏观性质不随时间改变的状态

(B) 没有外界影响时系统宏观性质不随时间改变的状态

(C) 外界作用不变时，系统宏观性质不随时间改变的状态

(D) 没有外界作用时的状态

3.16　功 $A=\sum p\Delta V$ 或 $A=\int_{V_1}^{V_2} p\mathrm{d}V$ 的适用范围是(　　)

(A) 理想气体

(B) 准静态过程

(C) 理想气体准静态过程

(D) 气体膨胀过程

3.17　内能增量 $E_2-E_1=\frac{m}{M}\cdot\frac{i}{2}R(T_2-T_1)$ 只适用于(　　)

(A) 理想气体等体过程

(B) 理想气体准静态过程

(C) 理想气体

(D) 准静态过程

***3.18**　$\frac{5}{2}R$ 是(　　)

(A) 理想气体摩尔定体热容

(B) 双原子分子理想气体摩尔定体热容

(C) 刚性双原子分子理想气体摩尔定体热容

(D) 气体摩尔定体热容

3.19　下列结论哪一个是对的？(　　)

(A) 等温过程系统与外界不交换热量

(B) 绝热过程系统温度保持不变

(C) 热力学第一定律适用范围是理想气体准静态过程

(D) 如果一过程的初、末两状态在同一等温线上，则此过程的内能变化一定为零

3.20　下列结论哪一个是对的？(　　)

(A) 实际过程不可能实现使热量从低温处向高温处传递

(B) 任何过程不可能实现系统从外界吸收热量全部变为对外做功

(C) 系统的熵越大，其能量的可用程度越低

(D) 热机循环效率超过 100%，违背热力学第一定律，因而是不可能的；但效率等于 100%，则不违背热力学第一定律，从理论上说是可能的

3.21　有两瓶不同种类的理想气体，一瓶是氦，另一瓶是氮，它们的压强、温度都相同，体积不同，问下列各答中哪一个是正确的？(　　)

(A) 单位体积内分子数相同

(B) 单位体积内原子数相同

(C) 单位体积的质量相同

(D) 单位体积的内能相同

填空题

3.22　等体积过程要使系统温度升高，外界必须对其____. 等压过程系统吸收热量后，温度必然________. 等温过程系统内能必然________. 绝热过程系统对外做功，________必然降低.

3.23　在给出热力学第一定律公式 $Q=\Delta E+A$ 时，规定 Q 为外界对系统传递的热量，A 为系统对外做功，ΔE 为内能的增量，若某过程，系统向外放出 80 J 的热量，则 $Q=$________，外界对系统做 50 J 的功，则 $A=$______，整个过程中系统内能的增量 $\Delta E=$____，内能是增加还是减少？____.

3.24　一定量某种理想气体经历如题 3.24 图所示过程，则

	Q/J	A/J	ΔE/J
ab 等温过程	____	125	____
bc 等体过程	____	____	−80
ca 绝热过程	____	____	____

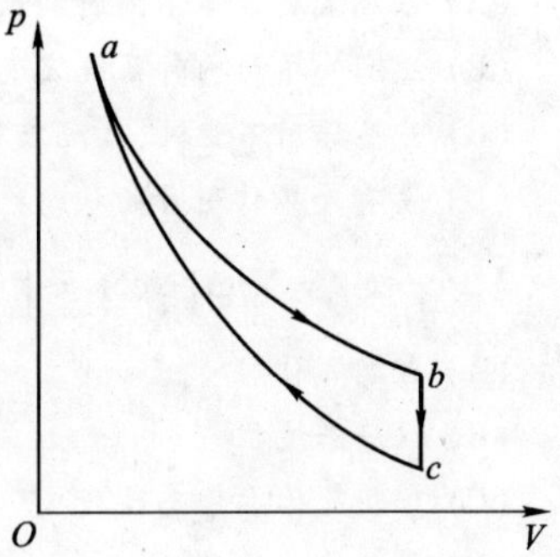

题 3.24 图

3.25　物体内能包括________________________________，理想气体的内能就是____________________________；一种一定质量的某理想气体其内能是温度的________.

3.26　热机的循环效率必定____于 1，这是因为________________.

3.27　制冷系数必定____于 1，这是因为____________________.

计算题

3.28　在 0 ℃和 1.00×10^5 Pa 下，10.0 cm^3 的气体内含有多少个分子？

3.29　汽缸体积为 422 mL，贮以某种理想气体，压强为 1.00×10^5 Pa，温度为 60.0 ℃，求气体的物质的量为几摩尔？

3.30　一氧气瓶容积为 32 L，瓶内氧气压强为 130×10^5 Pa，规定当压强降至 10×10^5 Pa 时就得充气，今有一玻璃室每天需用 1.0×10^5 Pa 的氧气 400 mL，问一瓶氧气能用几天？

3.31　压强为 1.013×10^5 Pa、体积为 $8.2\times10^{-3}\,m^3$ 的氮气从 300 K 加热到 400 K，如果加热时，(1) 体积不变；(2) 压强不变，问各需多少热量？

3.32　质量 0.10 kg 的氧气，从 283 K 升高到 333 K，如果变化的过程是在下列情况下进行的，求其内

能的变化及所做的功.

(1) 体积不变;

(2) 压强不变;

(3) 绝热变化.

3.33 有 1 mol 的单原子理想气体作如题 3.33 图所示的循环过程,求

(1) 循环过程的净功;

(2) 循环效率.

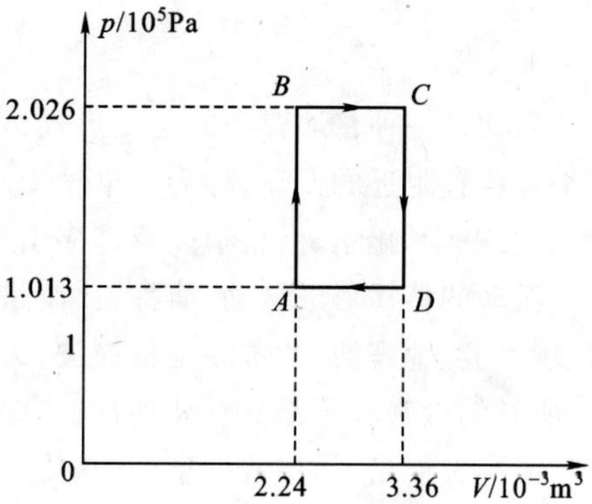

题 3.33 图

***3.34** 在流动的水中,浸有通电的电阻器,把电阻器当作一系统来考虑,

(1) 有无热量传入电阻器?

(2) 有无热量传入水中?

(3) 是否做功?

(4) 假定电阻器状态保持不变,试将热力学第一定律用于此过程.

***3.35** 对某种实际气体,当体积 V_1 等温地膨胀到 V_2 时,压强和体积的关系为

$$(p+a/V^2)(V-b)=K,$$

式中 a、b 和 K 为常量,试计算过程中所做的功.

3.36 已知某种单原子分子气体有 2.5 mol,作题 3.36 图所示的循环过程,$p_1=4.15\times10^5\,\text{Pa}$,$V_1=2.0\times10^{-2}\,\text{m}^3$,$V_3=3.0\times10^{-2}\,\text{m}^3$,12、23、31 分别为等压、等体和等温过程,求

(1) 各过程中的 Q、ΔE 和 A;

(2) 循环效率 η.

3.37 给定的理想气体,如题 3.37 图所示从状态 1 经 3、4、5、6、7 到达状态 2,试求其内能的增量和吸收的热量.

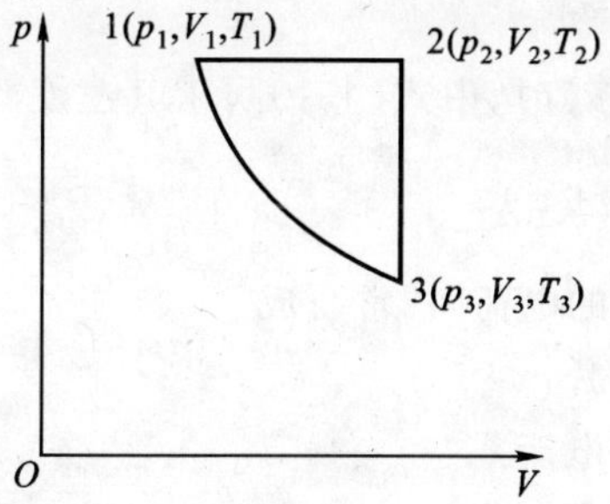

题 3.36 图

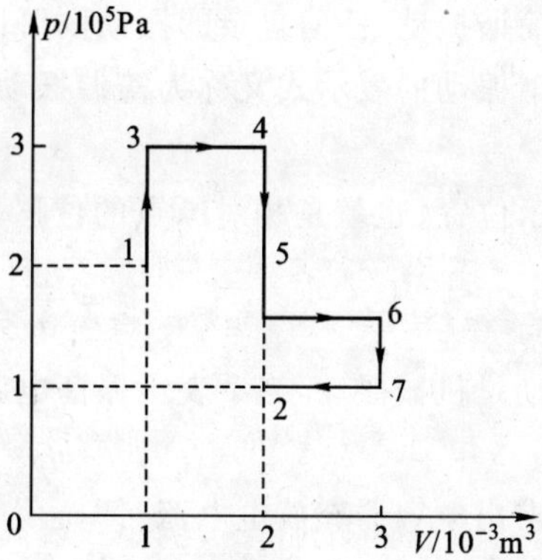

题 3.37 图

第四章 振动和波

振动是一种普遍存在的运动形式,发声、发光都包含着振动. 晶体中原子(或者离子)在其平衡位置附近的振动,称为晶格振动. 分子中原子的振动,称为分子振动. 振动理论是电工学、无线电学、化学、生物学以及许多工程技术领域的基础.

振动的传播形成**波动**,简称**波**. 波是物质运动的重要形态,自然界充满着形形式式的波. 水波、声波、地震波、冲击波是**机械波**,无线电波、光波、X 射线则是**电磁波**. 现代物理理论揭示,所有的微观粒子都具有波动性,相应的波称为**物质波**.

波具有能量,承载着信息,波是传播能量和信息的重要手段.

本章讨论振动和波的描述及它们的运动规律.

4.1 简谐振动

一个物理量在某一定值附近随时间反复变化的运动称为振动(或振荡). 扬声器发声是纸盒上各个点的位置在其平衡位置附近来回变化的结果. 我们听到声音则是耳膜上各点位置变化引起的. 在交流电路中,各部分的电流、电压在某一值附近上下变化.

1. 简谐振动表示式 一个物理量 x 随时间按正弦(或余弦)规律变化的振动,称为**简谐振动**. 这是最简单也是最基本的振动,稍后将看到自然界许多振动在幅度较小的情况下都可以看作简谐振动,任何复杂的振动则可以描写为简谐振动的合成.

简谐振动的表示式又称为**简谐振动方程**:

$$x = A\cos(\omega t + \varphi). \tag{4.1}$$

当 x 表示位置(也就是相对原点的位移,有时简称位移)时,由式(4.1)可求其速度

$$v = \frac{\mathrm{d}x}{\mathrm{d}t} = -A\omega\sin(\omega t + \varphi), \tag{4.2}$$

这种振动是机械振动. 当 x 表示振荡电路中电容器上的电荷时,常写成

$$q = Q\cos(\omega t + \varphi). \tag{4.3}$$

由此可求出电容器充放电电流,即振荡电路中的振荡电流

$$i = \frac{\mathrm{d}q}{\mathrm{d}t} = -Q\omega\sin(\omega t + \varphi). \tag{4.4}$$

由于振荡电流在不断变化,所以把恒定电流中定义的电流用到这里时,时间间隔应取得很小,相应通过的电荷也很小,分别用 Δq、Δt 表示,在极限的情况下成为 $\mathrm{d}q$、$\mathrm{d}t$,这种方法,现在应该相当熟悉了.

不论机械振动还是电振荡,它们的数学表示和处理方法完全相同,以后的讨论将主要以

机械振动为例进行,这并不影响其普遍性.

式(4.1)中 A 表示振动最大位移的绝对值,称为**振幅**. 对于 ω,我们将它写为 $\omega=2\pi/T$ 的形式,不难看出 T 就是振动的**周期**,即经历一个全振动需要的时间. 其倒数 $\nu=1/T$ 是**频率**,即 1s 内完成全振动的次数,其单位为赫兹,符号为 Hz, $1\ \mathrm{Hz}=1\mathrm{s}^{-1}$. $\omega=2\pi\nu$,是频率的 2π 倍,称为**圆频率**或者**角频率**,单位为弧度每秒(rad/s).

2. 简谐振动曲线 振动规律可以用 x、v 随时间的函数式(4.1)和(4.2)来描述,也可以用 $x-t$ 图及 $v-t$ 图来表示,这种图称为振动曲线. 图 4.1(a)为简谐振动曲线,有时为了某种方便,横坐标用 ωt(见图 4.1(b)),在电工学中常采用这种表示方法.

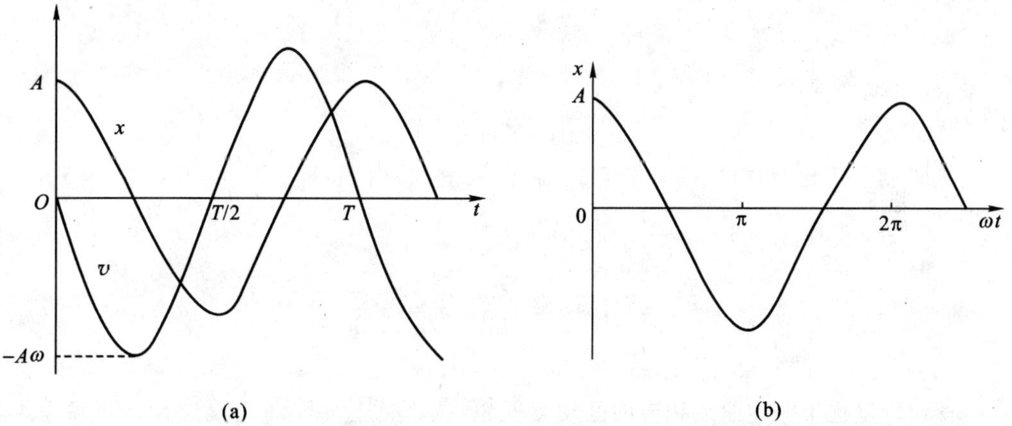

图 4.1 简谐振动曲线

3. 相位 机械振动的运动状态用位置 x 和速度 v 来描述,由式(4.1)和(4.2)可知,当一个振动的$(\omega t+\varphi)$确定时,其 x、v 也是确定的,也就是说$(\omega t+\varphi)$决定了简谐振动在任一时刻的运动状态,因此把$(\omega t+\varphi)$称为**相位**,简称**相**. "相"有形态、状态的意思,如用"相貌"来描写人的面目,用"月相"来描述月亮的圆缺等. 相差 2π 整倍数的相位对应着同样的运动状态,因而也说它们是同相,这反映了振动的周期性. $t=0$ 时的相位称为**初相**,它决定初始时刻的运动状态,初相和相位的单位是弧度(rad),图 4.2 中给出式(4.1)表示的振动的初相在振动曲线上的表示. 对一个简谐振动,给出相位也就给出了振动物体的位置、速度,亦即给出了描述振动物体运动状态的物理量.

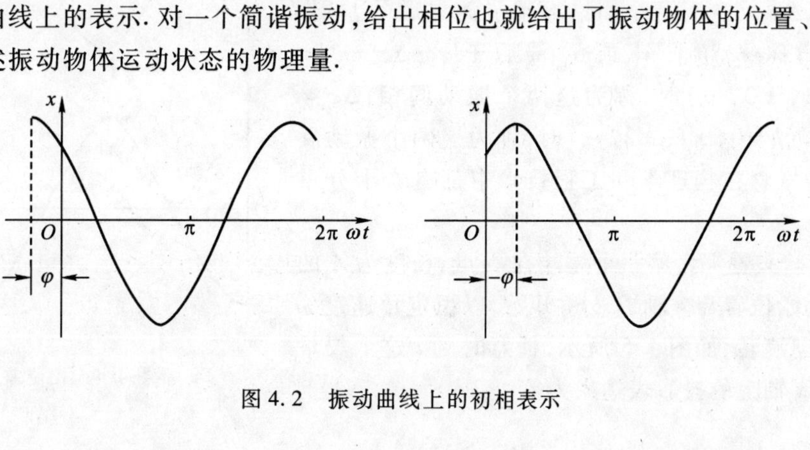

图 4.2 振动曲线上的初相表示

例 4.1 振动曲线与振动方程 按如图 4.3 所示的简谐振动曲线,写出其振动方程.

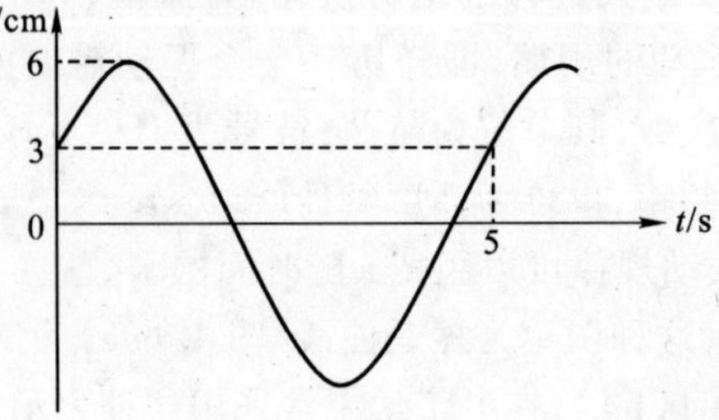

图 4.3 例 4.1 图

解: 简谐振动方程

$$x = A\cos(\omega t + \varphi),$$

本题的要求就是求出具体的 A、ω、φ 值,然后代入上式. 由图可看出:$A = 6\ \mathrm{cm}$,$T = 5\ \mathrm{s}$,$\omega = \frac{2\pi}{T} = \frac{2\pi}{5}\ \mathrm{s}^{-1}$;$t = 0$ 时,$x_0 = 3\ \mathrm{cm} = \frac{A}{2}$,所以有

$$x_0 = A\cos\varphi = \frac{A}{2}, \quad \varphi = \pm\frac{\pi}{3}.$$

从图上可见,下一时刻 $x > x_0$,即 $v = -A\omega\sin\varphi > 0$,故 $\varphi = -\pi/3$,所以这个振动曲线相应的振动方程为

$$x = 6\cos\left(\frac{2\pi}{5}t - \frac{\pi}{3}\right),$$

式中 x 以 cm 为单位,t 以 s 为单位.

对于单个简谐振动,通过计时零点即 $t = 0$ 时刻的选择,总可以使初相 $\varphi = 0$,所以在讨论单个简谐振动时,为了方便常将简谐振动表示为 $x = A\cos\omega t$.

在讨论几个简谐振动时,分析它们的相位差是很重要的,例如图 4.4 中分别给出了相位差 $\Delta\varphi = \varphi_2 - \varphi_1 = 0, \pi/2, \pi$ 的两个同频率简谐振动的曲线,从图上可以看出,$\Delta\varphi$ 反映了两个简谐振动步调先后的差别. $\varphi_2 > \varphi_1$ 时,称 x_2 超前 x_1 或 x_1 滞后于 x_2;$\Delta\varphi = 2k\pi$ ($k = 0, \pm 1, \pm 2, \cdots$)时,称为这两个振动**同相**;$\Delta\varphi = (2k+1)\pi$ ($k = 0, \pm 1, \pm 2, \cdots$)时,称为这两个振动**反相**. 相位的概念在物理学和工程技术中都有着十分重要的意义.

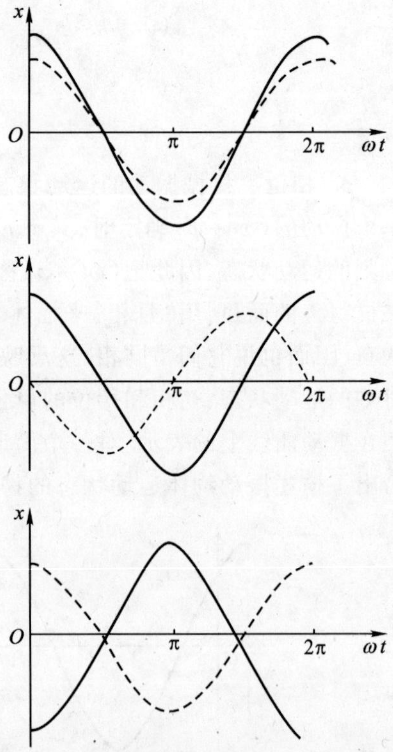

图 4.4 相位差

4. 旋转矢量 考察一个尾端在 O 点,长度为 A 的矢量,从初始位置与 x 轴成 φ 角开始,以恒定角速度 ω 逆时针方向旋转,如图 4.5 所示,任意时刻 t 这个矢量的矢端在 x 轴上的投影表达式为

$$x = A\cos(\omega t + \varphi),$$

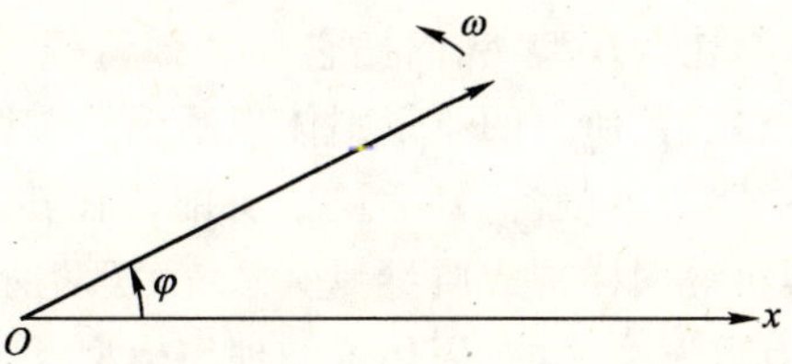

图 4.5 旋转矢量

该式和简谐振动方程式(4.1)完全一致. 这样,就为我们提供了又一种简谐振动的表示方法——旋转矢量法. 从坐标轴的原点 O,作一矢量,其长度 A 等于振幅,$t=0$ 时,矢量与 x 轴的夹角等于初相 φ,使矢量以大小等于角频率 ω 的角速度,逆时针方向匀速旋转,这个矢量就称为旋转矢量. 在任一时刻旋转矢量与 x 轴的夹角为 $\omega t+\varphi$,这恰好为简谐振动在 t 时刻的相位.

旋转矢量是直观地研究简谐振动的几何方法,它形象地给出了简谐振动各物理量间的相互关系,便于分析计算. 在电工学中,我们将经常用到表示交流电路中各部分电流、电压的大小与相位关系的"矢量图".

例 4.2 利用旋转矢量确定初相 对于确定的振幅 A,试分析以下三种振动初始状态相应的初相:$x_{10}=A$;$x_{20}=0,v_{20}>0$;$x_{30}=-A/2,v_{30}>0$.

解:根据题给条件,在图 4.6 中画出相应的旋转矢量,它们与 x 轴的夹角值等于各自的初相. 在后两种情况中,由于 x_0 值能给出两个旋转矢量,还必须根据 v_0 的方向确定其中的一个(另一个在图中用虚线画出). 这是因为振动质点处于某一位置时,有两种可能的运动方向,即对应两种可能的运动状态,只有位置和运动方向都相符时才对应振动质点实际的运动状态. 由图可见,所求的初相分别为 $0, -\dfrac{\pi}{2}, -\dfrac{2\pi}{3}$.

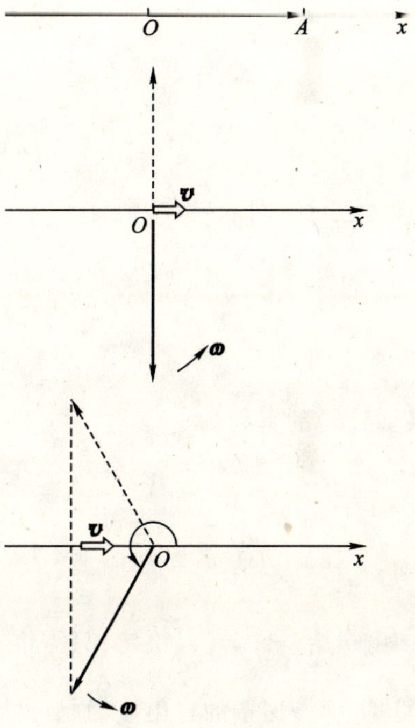

图 4.6 例 4.2 图

4.2 振动的能量

1. 弹簧振子 物体作机械振动需要具备两个基本条件,一是当它离开平衡位置时,受到一个指向平衡位置的作用力,使它具有回到平衡位置的趋势;另一个是惯性,使它到达平衡位置时能越过平衡位置而继续运动. 一个轻质弹簧联系着一质点构成的质量弹簧系统是能集中反映这两个因素的最简化的模型,我们把它称为**弹簧振子**. 弹簧给出弹性力,体现指向平衡位置的作用,常称为**恢复力**,质点的质量则体现系统的惯性. 汽车、火车车厢都可以看成放在缓冲弹簧上的重物,一些机器设备、科学仪器与铺设在其下的垫层,包装箱内的物品与四周的纸条、海绵、泡沫塑料等同样构成质量弹簧系统. 摆动的摆、扭转的轴也可等效为质量弹簧系统,弹簧振子是具有普遍意义的、简化了的理想模型.

2. 无阻尼自由振动 对一端固定的置于光滑水平面上的弹簧振子,给予一初始扰动,如给一冲击作用或从平衡位置移开一距离后放手,系统便开始振动. 如果在整个运动过程中不再给以任何外界作用(包括外界的激励,介质的阻力等),这种振动称为**无阻尼自由振动**,简称**自由振动**,显然,这样的系统机械能是守恒的. 取弹簧未形变时质点的位置为坐标原点,并取弹簧伸长的方向为 x 轴的方向,则任一时刻系统的机械能为

$$E = \frac{1}{2}kx^2 + \frac{1}{2}mv^2 = 常量, \tag{4.5}$$

即

$$\frac{1}{2}kx^2 + \frac{1}{2}m\left(\frac{\mathrm{d}x}{\mathrm{d}t}\right)^2 = 常量.$$

等式两边对时间取导数,则有

$$kx\frac{\mathrm{d}x}{\mathrm{d}t} + m\left(\frac{\mathrm{d}x}{\mathrm{d}t}\right)\frac{\mathrm{d}^2x}{\mathrm{d}t^2} = 0,$$

$$\frac{\mathrm{d}^2x}{\mathrm{d}t^2} + \frac{k}{m}x = 0. \tag{4.6}$$

方程(4.6)的解为

$$x = A\cos(\omega_0 t + \varphi),$$

其中

$$\omega_0 = \sqrt{\frac{k}{m}}, \tag{4.7}$$

A、φ 由初始条件 x_0、v_0 决定,只需将上式代回式(4.6)就不难证实该式是方程(4.6)的解. 由此可见,弹簧振子的自由振动是一个简谐振动,其频率 $\nu_0 = \frac{\omega_0}{2\pi} = \frac{1}{2\pi}\sqrt{\frac{k}{m}}$,由系统本身的性质即 k、m 决定. ν_0 和 ω_0 分别称为振动系统的**固有频率**、**固有角频率**.

将式(4.7)代回到式(4.5)得弹簧振子作无阻尼自由振动时的能量

$$E = \frac{1}{2}k[A\cos(\omega_0 t + \varphi)]^2 + \frac{1}{2}m[A\omega_0\sin(\omega_0 t + \varphi)]^2 = \frac{1}{2}kA^2. \tag{4.8}$$

上式表示,振动能量与振幅 A 的二次方成正比,这一结论也适用于其他简谐振动. 可见,振幅 A 反映了振动系统的总能量大小,即振动的强度,利用式(4.8)还可把动能 E_k 和势能 E_p 写为

$$E_\mathrm{k} = E\sin^2(\omega_0 t + \varphi),$$

$$E_\mathrm{p} = E\cos^2(\omega_0 t + \varphi).$$

取 $\varphi=0$，E_k、E_p 的变化与 v、x 的变化相对照，如图 4.7 所示. E_k、E_p 的变化频率是 x、v 变化频率的两倍.

振动系统的能量在一个周期内的平均值 $\langle E_k\rangle$、$\langle E_p\rangle$ 如下：

$$\langle E_p\rangle=\langle\frac{1}{2}kA^2\cos^2(\omega_0 t+\varphi)\rangle=\frac{1}{2}kA^2\langle\cos^2(\omega_0 t+\varphi)\rangle=\frac{1}{4}kA^2=\frac{E}{2},$$

$$\langle E_k\rangle=\frac{1}{4}kA^2=\frac{E}{2}.$$

这里用到关于正弦、余弦平方在一个周期内的平均值的公式，即

$$\langle\sin^2(\omega t+\varphi)\rangle=\langle\cos^2(\omega t+\varphi)\rangle=\frac{1}{2}. \tag{4.9}$$

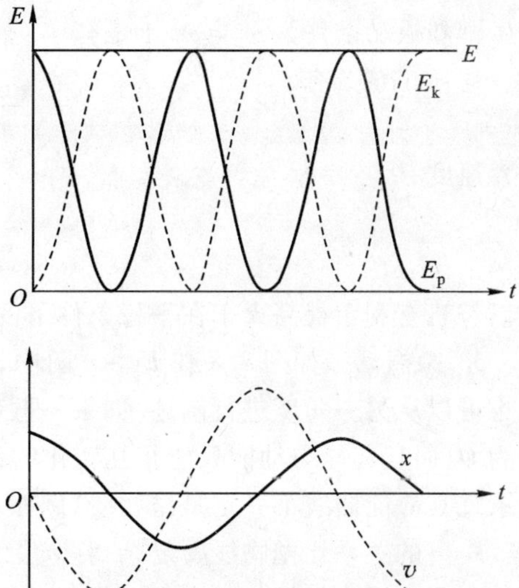

图 4.7 简谐振动的能量

物理量 P 的时间平均值定义为

$$\langle P\rangle=\frac{1}{T}\int_0^T P\mathrm{d}t.$$

其含义是 P 值在一个周期 T 内对时间的积累与 T 的比值，式(4.9)的推导如下：

$$\langle\sin^2(\omega t+\varphi)\rangle=\frac{1}{T}\int_0^T\sin^2(\omega t+\varphi)\mathrm{d}t=\frac{1}{T}\int_0^T\frac{1-\cos2(\omega t+\varphi)}{2}\mathrm{d}t=\frac{1}{2}\frac{1}{T}\int_0^T\mathrm{d}t=\frac{1}{2}.$$

例 4.3 火车的临界速度 火车车厢及支撑它的弹簧可看成质量弹簧系统. 静止时，弹簧压缩为 x，运行时车轮在铁轨接头处因冲击发生振动，当这个振动的频率接近火车的固有频率时，火车便会发生剧烈振动(共振). 求火车不致剧烈振动的临界速度，已知铁轨长度为 l.

解：设火车的质量为 m，其弹簧的劲度系数为 k，若弹簧满足胡克定律，则火车静止时

$$mg=kx.$$

系统的固有频率

$$\omega_0=\sqrt{\frac{k}{m}}=\sqrt{\frac{g}{x}}.$$

当火车以 v 速度运行时，铁轨接头处与车轮冲击的周期为

$$T=\frac{l}{v}.$$

角频率为

$$\omega = \frac{2\pi}{T} = 2\pi\frac{v}{l}.$$

发生剧烈振动条件为 $\omega_0 = \omega$,于是有

$$\sqrt{\frac{g}{x}} = 2\pi\frac{v}{l},$$

临界速度

$$v = \frac{l}{2\pi}\sqrt{\frac{g}{x}}.$$

所以长轨有利于提高火车在平稳条件下的运行速度. 在京沪线上已铺设了部分无缝钢轨.

3. 微振动 如图 4.8 在 $E_p - x$ 图中,自由振动势能曲线是一条典型的抛物线. 上述讨论也可以从另一角度进行阐述. 如果一振动系统的势能曲线是如图 4.8 那样的抛物线,平衡点为 O,而且势能与动能只能相互转化的话,系统的振动便是以其固有频率作简谐振动. 一般系统其势能曲线不一定是抛物线,例如双原子分子中两个原子间的势能,如图 4.9 所示,与其距离的关系比抛物线要复杂得多,但在 $r = r_0$ 附近的较小范围内,它与抛物线很接近,所以在此范围内系统的行为可近似地看作简谐振动,许多微小的振动都可以看成简谐振动.

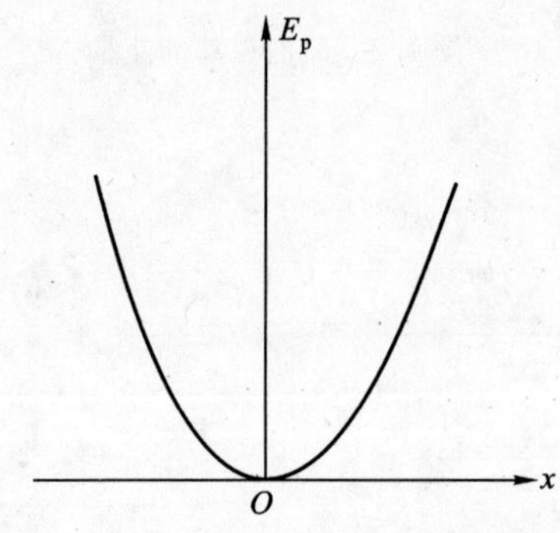

图 4.8 自由振动势能曲线

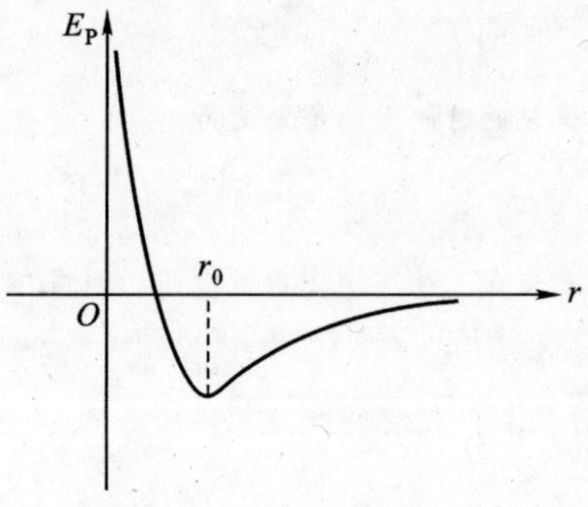

图 4.9 双原子分子势能曲线

式(4.6)是一个线性微分方程,相应的振子称为线性谐振子,从振动行为看,分子可以近似作为线性谐振子来处理.

4. 阻尼振动 使振动系统能量损耗的因素称为阻尼. 它包括两种情况,一种是由于摩擦和介质阻力的存在,使系统能量逐渐转化为内能,这种阻尼称为摩擦阻尼;另一种是由于振动系统引起周围介质的振动,使系统能量转化为波动能量向四周辐射出去,这种阻尼称为辐射阻尼,阻尼系统可用如图 4.10 所示的模型表示,其中标有 β 的符号表示阻尼.

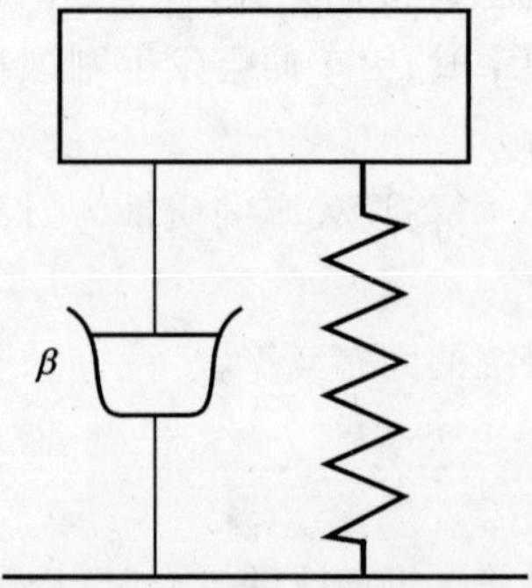

图 4.10 阻尼振动模型

由于能量损耗,振动系统的振幅将不断减小,这种振动称为阻尼振动. 用实验方法记录的阻尼振动曲线如图 4.11 所示. 它指出当阻尼较大使 $\beta^2 > \omega_0^2$(β 称阻尼系数,定义为 $\beta =$

$\gamma/2m$，m 为振子质量，γ 为阻力系数，阻力 F' 与 γ 及速度 v 的关系为 $F'=-\gamma v$）时，系统来不及作一次往复运动，能量就损耗殆尽，到达平衡位置便归于静止. 当阻尼较小（$\beta^2<\omega_0^2$）时，系统作往复运动，振幅不断减小，其振动方程可写为

$$x=A_0\mathrm{e}^{-\beta t}\cos(\omega t+\varphi),\tag{4.10}$$

$$\omega=\sqrt{\omega_0^2-\beta^2}.\tag{4.11}$$

$A_0\mathrm{e}^{-\beta t}$ 称为阻尼振动的振幅，它随时间作指数衰减. 处于上述两者之间的临界情况（$\beta^2=\omega_0^2$）时，系统将最快地回复平衡，称为临界阻尼，许多指针式仪表系统往往要求处于此种状态，以节省测量时间.

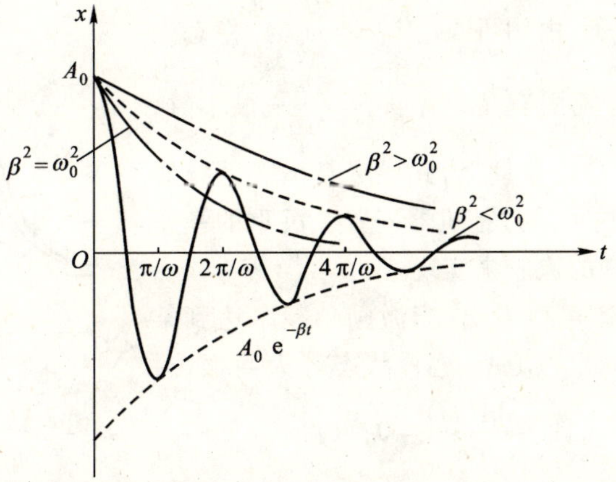

图 4.11　阻尼振动曲线

5. 受迫振动　由于实际问题中总存在着阻尼，为了维持系统的振动就需要不断地输入能量，对机械振动就要有外力做功. 系统受外界驱动力作用而被迫进行的振动，称为**受迫振动**. 扬声器的纸盒以及钟摆、缝纫机针、汽缸中的活塞、连杆机构、风镐等的振动，机器运转时所引起的基座振动，地震所引起的地面建筑等的振动，都是受迫振动.

激发系统振动驱动力作用或能量输入称为**激励**，受迫振动的位移、速度等振动量，作为系统的输出，称为**响应**，系统的激励响应关系常用图 4.12 来表示.

图 4.12　激励与响应

从能量观点看，阻尼损耗能量，激励则输入能量，响应输出能量. 常见的激励是周期性的. 随时间按余弦（或正弦）规律变化的激励，称为**简谐激励**，例如偏心轮以角速度 ω 转动时，就会形成 $F_{\mathrm{m}}\cos\omega t$ 形式的简谐力，F_{m} 称为**力幅**. 又如加于电阻 R、电容 C、电感 L（线圈）串联电路上的交变电压 $U_{\mathrm{m}}\cos\omega t$ 也是一种简谐激励. 简谐激励是最简单、最基本的激励，任何复杂的周期性激励都可以由若干简谐激励所合成.

在简谐激励 $F_{\mathrm{m}}\cos\omega t$ 作用下的受迫振动，一开始运动比较复杂，相隔一定时间后达到稳定，可以证明这时系统将形成如下的简谐振动：

$$x=A\cos(\omega t-\delta),\tag{4.12}$$

这称为**稳态响应**,其频率等于简谐激励频率,其振幅 A、响应相对激励的相位差 δ 与初始条件无关,而分别由系统特性(ω_0,β)和激励性质(F_m,ω)决定,设振动物体的质量为 m,令 $F_0=F_m/m$,可以证明

$$A=\frac{F_0}{\sqrt{(\omega_0^2-\omega^2)^2+4\beta^2\omega^2}},\tag{4.13}$$

$$\tan\delta=\frac{2\beta\omega}{\omega_0^2-\omega^2}.\tag{4.14}$$

在工程技术上涉及的受迫振动,通常很注意其稳态响应. 由式(4.13)可知,稳定受迫振动的振幅 A,随激励角频率 ω 而变化,据此作出 $A-\omega$ 图像称为幅频特性,如图 4.13 所示. 由图可见. 当 $\omega>>\omega_0$ 时,稳态响应近似为零. 换言之,系统固有角频率 $\omega_0=\sqrt{\dfrac{k}{m}}$ 很小时,就能有效地避免有害的受迫振动. 为此要尽量增大系统质量 m,减小劲度系数 k,这可通过把机器安置在沉重的基座上,并在基座下垫以柔软的橡胶来实现.

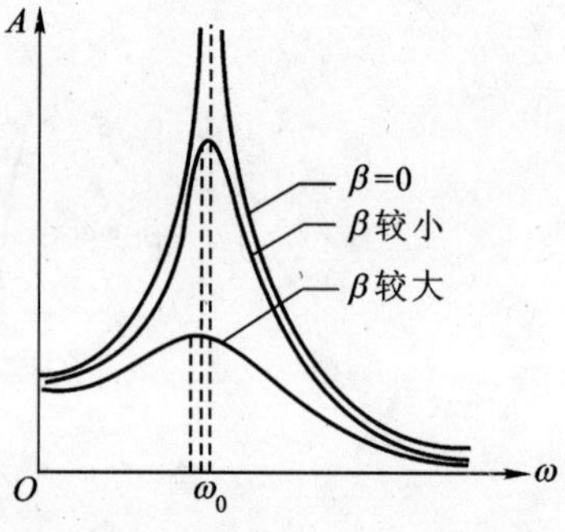

图 4.13 受迫振动幅频特性

6. 共振 由图 4.13 可以看出,当激励角频率达到某一值 ω_r 时,振幅将达到最大值 A_r,这种状态称为**共振**. 对 $A=A(\omega)$ 求极值,可得 ω_r,即令 $\dfrac{\mathrm{d}A(\omega)}{\mathrm{d}\omega}=0$,可得

$$\omega_r=\sqrt{\omega_0^2-2\beta^2}.\tag{4.15}$$

将 $\omega=\omega_r$ 代入式(4.13),得共振振幅

$$A_r=\frac{F_0}{2\beta\sqrt{\omega_0^2-\beta^2}}.\tag{4.16}$$

其共振角频率 ω_r 由系统特征量 ω_0 和阻尼因数 β 决定,而与激励无关系,β 很小时,ω 很接近 ω_0,β 越小,其振幅 A_r 越大.

值得注意的是,在力学和电学中考虑的角度常有所不同. 对于机械振动,往往系统的固有角频率 ω_0 是固定的,激励力的角频率 ω 可以调节. 而在振荡电路里,激励是外来信号. 其频率是给定的,固有角频率 ω_0 则是可调的,这时 $A_r(\omega_0)$ 达到极值的条件为 $\omega_0=\omega_r$.

在力学和电学中还有另一个不同点,这就是在机械振动系统中,位移比较容易观察并产生直接效果,而在电路中,重要的是电流. 所以在力学中着重考察振幅随激励角频率 ω 的变化,而在电学里着重考察电流幅值[相当于速度幅值,见式(4.2)和式(4.4)]随固有角频率 ω_0 的变化. 从功率角度看,在任何情况下,都应着重考察速度,速度达到极大的共振称为速度共振,可以证明速度共振的条件为 $\omega_r=\omega_0$.

由式(4.14)可得,共振时受迫振动的相位落后激励力 $\pi/2$,即激励力比振动超前 $\pi/2$,也就是它与速度同相. 激励力时刻对振动系统做功,这样振动系统从激励获得的能量最大,共振是系统对激励能量最有效的吸收,因此又称为能量的**共振吸收**.

共振在声学中称为共鸣,在电学中称为谐振. 共振是常见的自然现象,在工程技术和科学实验中都有广泛的应用. 乐器的设计常利用共鸣. 电磁信号的产生、接收,乃至分析处理,都与谐振有关. 日光灯、激光器等光源的发光以及光谱分析技术,则利用了原子、分子的能量

共振.磁共振是20世纪中叶发展起来的新技术,它是研究物质结构的重要手段.所谓磁共振,就是物体在恒定磁场和特定频率的交变磁场共同作用下,当满足一定条件时,对磁场的共振吸收现象,其中有磁性的原子核对射频场激励的共振吸收,称为核磁共振,它在工程测量、无损检测中有着重要的应用.

在另一些情况中,共振会造成损害.例如火车对铁轨接头的冲击力,波浪对轮船的冲击力,机器运转时由于转动部分结构的不对称,齿轮啮合的不准确都是周期性的,若发生共振,将造成很大危害.1940年,阵阵大风吹过美国的塔科马海峡大桥,由于共振使桥的振幅达到数米,以致落成不久的大桥断裂倒塌.

7. 隔振与减振 在许多场合振动是有害的,例如它会影响精密仪器设备的测量及零件加工精度;加剧设备构件的磨损;飞机机翼的颤振,发动机的抖振往往会造成事故.建筑物受到振动,将影响结构的应力分布,甚至造成变形和破坏,为了有效地控制和防止有害的振动,常需要采用隔振和减振措施.

把机器安装在合适的弹性装置上,使机械装置与支承隔离的措施,称为隔振.如果机械本身是振源,隔离后可减少它对周围的影响,称为主动隔振.如果振源来自支承的运动,隔离后可减少外界对机械的影响,称为被动隔振.理论证明,只有当激励角频率 ω 与隔振系统固有角频率 ω_0 之比 $\dfrac{\omega}{\omega_0}>2$ 时,才有隔振效果,实用设计中常取 $\dfrac{\omega}{\omega_0}>3$.

减少各类机械中不需要的振动的措施,称为减振.常用的减振措施有减小激励作用,避开共振区,增加阻尼和使用减振器.电机和高速旋转轴的不平衡如偏心等,是产生受迫振动的主要根源,按要求对这些运动部件进行校正可减小振动.

4.3 振动的合成与分解

实验表明,当一个振动系统受到两个或两个以上简谐激励时,振动系统的稳态响应,是在各简谐激励下系统稳态响应的叠加.例如,几列声波同时传到耳膜中,耳膜的振动,就是几列波所激起的振动的叠加.本节讨论几个重要的振动合成问题.

1. 同向同频简谐振动的合成 设一质点同时参与两个同方向(确切地说是沿同一直线)同频率的简谐振动,这两个振动分别表示为

$$x_1 = A_1\cos(\omega t+\varphi_1),$$
$$x_2 = A_2\cos(\omega t+\varphi_2).$$

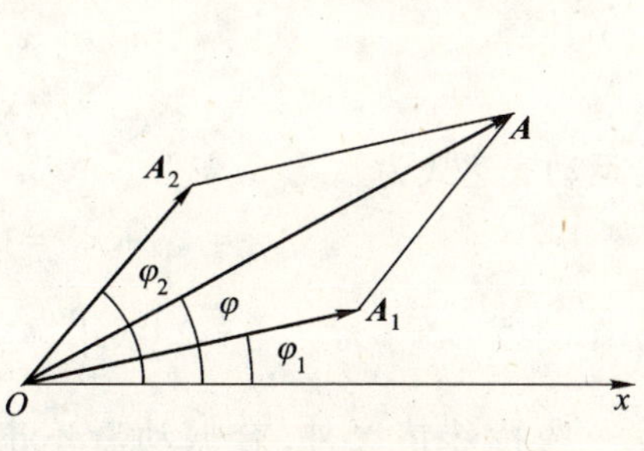

图 4.14 同向同频简谐振动的合成

用两个旋转矢量 $\boldsymbol{A}_1$、$\boldsymbol{A}_2$ 表示这两简谐振动 x_1、x_2,可以证明它们的合运动也可以用相应的两旋转矢量之和 $\boldsymbol{A}$ 来表示(图 4.14).由于两振动的频率相等,两矢量以相同的角速度 ω 旋转,$\boldsymbol{A}_1$、$\boldsymbol{A}_2$ 与 $\boldsymbol{A}$ 的相对关系在旋转过程中保持不变,构成"刚性"的平行四边形,$\boldsymbol{A}$ 也以同样的角速度逆时针旋转.根据几何关系可得

$$x = x_1 + x_2 = A\cos(\omega t+\varphi),$$

式中

$$A^2 = A_1^2 + A_2^2 + 2A_1A_2\cos(\varphi_2 - \varphi_1), \tag{4.17}$$

$$\tan\varphi = \frac{A_1\sin\varphi_1 + A_2\sin\varphi_2}{A_1\cos\varphi_1 + A_2\cos\varphi_2}. \tag{4.18}$$

可见,两同方向、同频率的简谐振动的合运动仍为简谐振动,合振动的振幅和初相,由两分振动的振幅和初相决定.合振动的振幅与两分振动的初相的关系特别重要,当 $\Delta\varphi = \varphi_2 - \varphi_1 = 2k\pi\ (k=0, \pm1, \pm2, \cdots)$ 时,$A = A_1 + A_2$,合成效果最强;当 $\Delta\varphi = \varphi_2 - \varphi_1 = (2k+1)\pi\ (k=0, \pm1, \pm2, \cdots)$ 时,$A = |A_1 - A_2|$ 合成效果最弱.图 4.15 给出了几种合成结果.(虚线和点划线表示分振动,实线表示合振动).

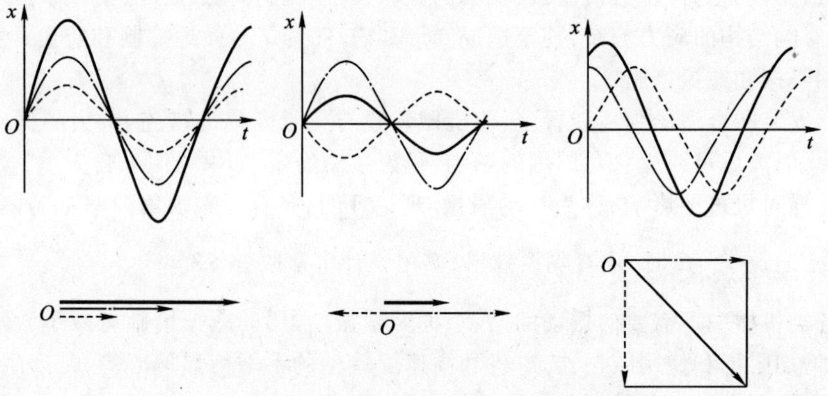

图 4.15 同方向同频率简谐振动的几种合成效果

2. 同方向不同频率简谐振动的合成 在一条直线上两个不同频率的简谐振动的合成结果就比较复杂了.在矢量图上,由于表示两振动的旋转矢量的角速度不同,它们之间的夹角就要随时间改变,它们的合矢量也将随时间改变,不再构成"刚性"的平行四边形,因此用旋转矢量分析并不带来方便,所以我们将直接从振动表示式出发进行讨论.设两分振动的角频率分别为 ω_1、ω_2,振幅都是 A,由于二者频率不同,总有机会在某一时刻达到同相,从此刻开始计时,这样两个分振动可写为

$$x_1 = A\cos(\omega_1 t + \varphi),$$
$$x_2 = A\cos(\omega_2 t + \varphi).$$

合运动表达式为

$$\begin{aligned} x = x_1 + x_2 &= A\cos(\omega_1 t + \varphi) + A\cos(\omega_2 t + \varphi) \\ &= 2A\cos\left(\frac{\omega_2 - \omega_1}{2}t\right)\cos\left(\frac{\omega_2 + \omega_1}{2}t + \varphi\right). \end{aligned} \tag{4.19}$$

除一些特殊情况外,合振动看不出明显的周期性.但当两分振动的频率相差很小即 $|\omega_2 - \omega_1| \ll \omega_1 + \omega_2$ 时,就会显出明显的周期性,这种现象称为**拍**,图 4.16 给出拍的形成.式(4.19)中有两个因子,变化的频率分别为 $\frac{\omega_2 - \omega_1}{2}$ 和 $\frac{\omega_2 + \omega_1}{2}$,第一个因子的频率比第二个

小得多. 也就是说,第一个因子的变化比第二个因子的变化慢得多,以至在一段较短时间内第二个因子反复变化了多次,第一个因子还几乎没有变化. 因此,合运动可以近似地看成振幅为$\left|2A\cos\left(\frac{\omega_2-\omega_1}{2}t\right)\right|$,角频率为$\frac{\omega_2+\omega_1}{2}$的谐振动,振幅变化的频率要低得多.

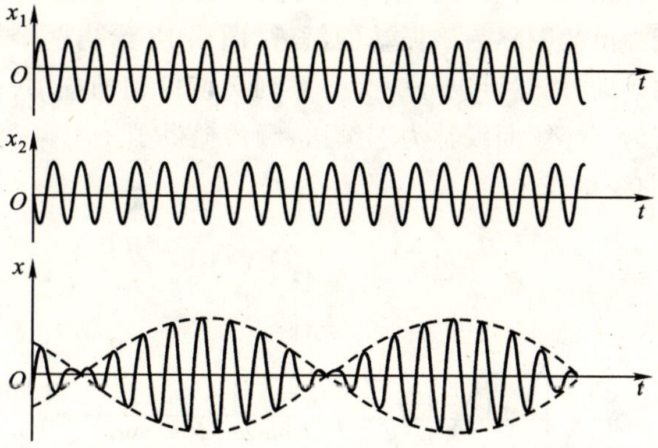

图 4.16 拍的形成

拍现象有许多应用,例如利用标准音叉来校准钢琴的发音. 当钢琴音调(频率)与音叉有微小差异时,就会出现拍音,调整到拍音消失,钢琴的这个键就校准好了. 又如超外差式收音机,其外来讯号和本机振荡的频率都很高但有一定的差,利用拍现象来产生较低频率的差拍频率,以适宜于放大电路的工作.

3. 锁频 拍是两个振动的线性叠加,没有涉及任何物理上可能存在的相互耦合. 当两个振动系统存在一定的非线性耦合时,就可能出现"同步锁定"现象. 早在 17 世纪,惠更斯就发现挂在同一木板两侧的两个挂钟因相互影响而同步. 19 世纪,瑞利又观察到两风琴管在相距较远时发生差拍,在靠近时会同步. 无线电工程师们都知道超外差接收机中与本机振荡很接近的频率讯号因同步而不能工作. 在示波器中则利用同步作用来锁定屏幕上的波形.

4. 振动分解和频谱 两个不同频率的简谐振动的合成结果不再是简谐振动. 图 4.17 为两个频率相差一倍的简谐振动的合成结果(虚线、点划线表示分振动,实线表示合运动). 振动的分解是振动合成的逆运算. 上述结果也可以反过来理解为 x 这样的非简谐振动可以分解为频率分别为 ν 和 2ν 的两个简谐振动.

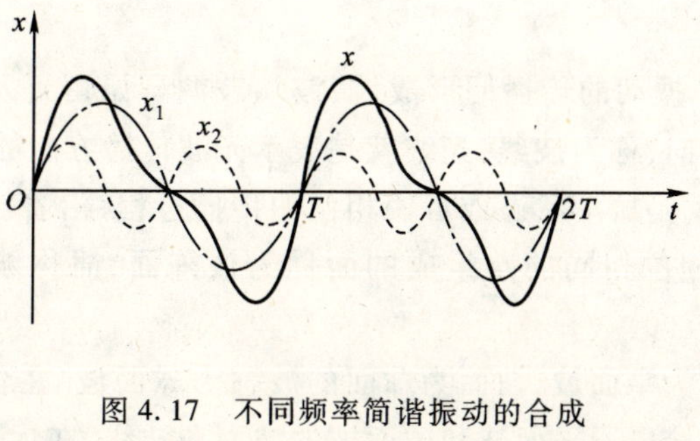

图 4.17 不同频率简谐振动的合成

这个结论具有普遍意义,实验和理论都证明,任何一个非简谐振动,都可以分解为一系列简谐振动. 对于频率为 ν_0 的周期性振动,可以分解为频率为 $\nu_0, 2\nu_0, \cdots, n\nu_0, \cdots$ 的一系列简谐振动,n 为正整数,ν_0 称为**基频**,其他频率称为**倍频**,在声学中则分别称为基音和谐音(或泛音).

通过计算或测量求得非简谐振动各频率成分的简谐振动的振幅(能量),以频率为横坐标,相应振幅为纵坐标画出的图称为该振动的**频谱**. 图 4.18 给出两个振动的振动图线及它们的频谱. 对于非周期运动,仍然可以分解为一系列简谐振动的叠加,这时各分振动的频率是连续变化的,其频谱为一连续曲线称为连续谱,频谱提供了一个振动(信号)的内部结构,在实用中往往比振动曲线更有用.

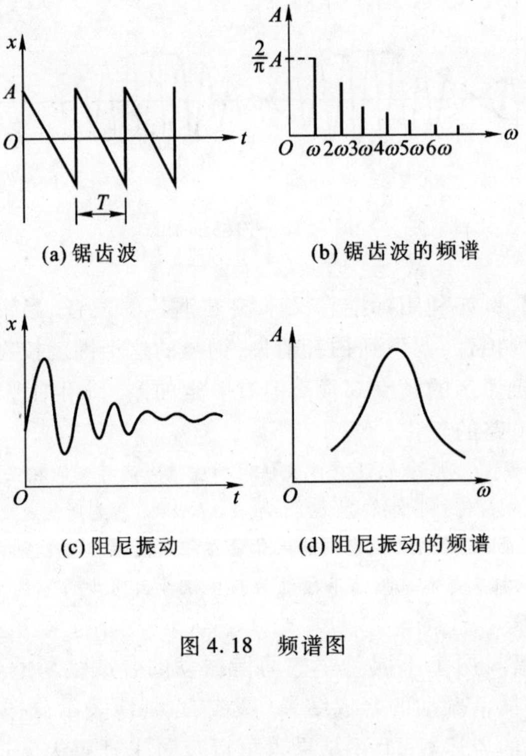

(a) 锯齿波　　(b) 锯齿波的频谱

(c) 阻尼振动　　(d) 阻尼振动的频谱

图 4.18 频谱图

4.4 波

1. 波的几何描述 振动的传播便形成波,波从波源开始由近及远地传播开去. 用带箭头的线表示波的传播方向,称为**波线**,光线就是表示光波传播方向的波线.

波的传播过程,也就是振动状态或者说相位的传播过程,沿着波的传播方向,各点振动相位依次落后,由振动相位相同的点组成的面称为**波阵面**,简称**波面**,最前方的波面称为**波前**.

波面为平面的波称为**平面波**,波面为球面的波称为**球面波**. 在各向同性均匀介质中,波线与波面垂直. 图 4.19 给出了平面波和球面波的波面和波线. 在远离波源的地方,球面波的局部区域,可近似地看成平面波,例如照到地面的阳光可视为平面波.

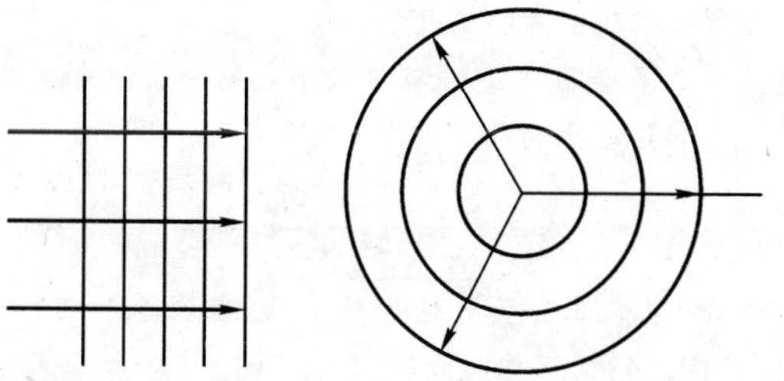

图 4.19 波线与波面

波源有各种不同形状,当观察者(或接收器)到波源的距离远大于波源的线度时,可视为点波源,任何形状的波源可以看成点波源的集合.

2. 波速、波长和频率 机械波依靠介质各部分之间的弹性联系而传播,机械波的波速与波源振动频率无关,而由介质的弹性及密度决定. 一般说来,弹性越大、密度越小,波速就越大,例如在固体中纵波的速度

$$u = \sqrt{\frac{E}{\rho}}, \tag{4.20}$$

ρ 是介质密度,E 为杨氏模量①,它由介质的弹性决定.

电磁波的速度为

$$c = \frac{1}{\sqrt{\varepsilon\mu}}, \tag{4.21}$$

ε、μ 分别为介质的介电常量和磁导率(见第六章).

在同一时刻,同一波线上两个相邻的、相位差为 2π 的振动质元之间的距离称为**波长**,用 λ 表示,它等于一个完整波形的长度.

波传播一个波长的距离所需要的时间,称为**波的周期**,用 T 表示. 波在单位时间内向前传播的完整波形数,称为**波的频率**,用 ν 表示. 由于波源作一次全振动时,沿波线正好传播一个波长,所以波的频率(周期)等于波源振动的频率(周期). 波速、频率和波长间的关系为

$$\lambda = uT = u/\nu. \tag{4.22}$$

3. 多普勒效应 上面的讨论中假定波源、观察者相对介质是静止的,所以波的频率和波源振动的频率相等,而观察者接收到的振动频率和波的频率相等,因而观察者接收到的频率和波源的频率相同. 但当波源、观察者有相对介质运动时,情况就不同了. 大家也许有这样的经验,当高速行驶的火车或警车驶近时,我们听到的鸣笛,音调变高,当它驶离时,鸣笛音调又会变低. 这种当波源和观察者相对介质运动时,观察者接收到的频率不同于波源频率的现象称为**多普勒效应**.

当波源和观察者相互靠近时,观察者接收到的频率 ν_R 高于波源频率 ν_S,两者离开时 ν_R 小于 ν_S. 经常遇到的情况是,波源相对静止于介质中的观察者(或接收器)运动,可以证明此时

① 杨氏模量 E 是这样定义的:设一长为 L 截面积为 S 的细丝在外力 F 的作用下长度发生 ΔL 的形变,则 $F/S = E\,\Delta L/L$. E 反映细丝材料的性质.

$$\nu_R = \frac{u}{u \pm v}\nu_S, \tag{4.23}$$

u 为波速，$\pm v$ 分别为波源离开和接近观察者的速度.

机械波的多普勒效应称为经典多普勒效应，电磁波的多普勒效应称为相对论多普勒效应. 电磁波的传播不需要介质，因此 ν_R 仅由光源和接收者的相对速度 v 决定：

$$\nu_R = \frac{\sqrt{1 - v^2/c^2}}{1 \pm v/c}\nu_S, \tag{4.24}$$

式中 c 为电磁波波速，而"$\pm v/c$"中的正负号是这样确定的：当波源和观察者靠近时取"$-$"，离开时取"$+$". 可以看出，当 $v << c$ 时，式(4.24)又近似为式(4.23).

$\nu_R > \nu_S$ 的现象，泛称**蓝移**；$\nu_R < \nu_S$ 的现象，泛称**红移**.

如果电磁波源相对观察者的运动速度 v 的方向不是沿着两者的连线，而是与之成一角度 θ，则

$$\nu_R = \frac{c}{c - v\cos\theta}\nu_S. \tag{4.25}$$

多普勒效应有许多实际应用. 例如多普勒气象雷达就是向云层或降水粒子发射波长为 4 ~ 15 cm 的雷达波，通过测定反射波的波长来测定云层等相对雷达站的速度，从而大大提高了气象预报的正确度. 又如利用多普勒效应测定血流速度，向流动的血液发射超声波，通过测定被血液反射来的超声波频率即可推算血液流动的速度，这种做法不必切开皮肤，实现血流的无损测量.

例 4.4 激光测速 图 4.20 为一种实用测速原理图，以频率为 ν_S 的激光照射速度为 v 的运动物体(如汽车、移动的钢板等)，入射方向与速度垂直，在与入射方向成 φ 角的位置上，用光电元件接收反射光束，测得所增加的频率(频差)为 ν_d，求运动物体的速度大小.

解：光电元件接收到的频率为 ν_R，由式(4.25)，$\theta = \frac{\pi}{2} - \varphi$，

$$\nu_R = \frac{c}{c - v\sin\varphi}\nu_S = \frac{1}{1 - \frac{v}{c}\sin\varphi}\nu_S.$$

实用中涉及的物体运动速度远小于光速，即 $\frac{v}{c} << 1$，所以可用如下近似的关系式：

$$\frac{1}{1-x} \approx 1 + x, \ (|x| << 1)$$

因此有

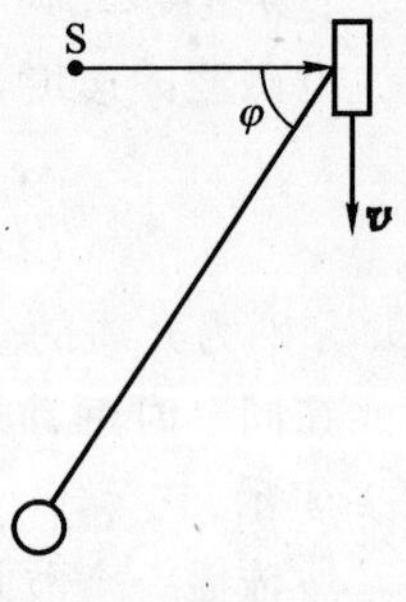

图 4.20 例 4.4 图

$$\nu_R = \left(1 + \frac{v}{c}\sin\varphi\right)\nu_S,$$

$$\nu_d = \nu_R - \nu_S = \nu_S\frac{v}{c}\sin\varphi,$$

$$v = \frac{c}{\nu_S}\frac{\nu_d}{\sin\varphi}.$$

4. 宇宙的起源 用多普勒效应研究宇宙学，导致**宇宙膨胀模型**的建立. 大约从 1919 年开始，一些天文学家陆续发现来自河外星系的光谱线几乎都有红移现象，越远的星系，其红移越甚，这说明这些星系不断离我们而去，这种运动称为退行. 越是远的星系，退行速度越大. 这为我们描述了宇宙不断膨胀的图景. 膨胀的宇宙是一个极具创新意义的概念，此前，人们一直认为宇宙是静态的，爱因斯坦研究宇宙学时建立的是一个静止模型，后来他意识到这是一个失误. 霍金认为："宇宙膨胀的发现，是 20 世纪最伟大的智慧革命之一."

把时间倒推，越往前宇宙就越小，有人认为在过去某一时刻宇宙相聚于一点. 1948 年，伽莫夫提出了宇

宙大爆炸理论,认为宇宙起源于150亿~200亿年前从一点开始的一场大爆炸. 大爆炸后的10^{-2}s内,宇宙处于温度高达10^{11}K的炽热状态,这时一切分子、原子都不存在,宇宙间充满各种基本粒子. 3min后,温度降至10^9K,粒子开始结合成轻核. 又过了几十万年,温度降至3 000K,出现了稳定的原子,它们组成的气体在引力作用下形成星团,后来凝聚成星系. 直至50亿年前太阳系形成,47亿年前诞生了我们的地球. 大爆炸理论预言早期大爆炸的辐射至今仍残存在我们的周围,只是由于宇宙膨胀所引起的红移使其温度只有几开(这里所说的温度是指某一辐射的温度,见6.6节). 1965年贝尔实验室的彭齐亚斯和威尔逊观测到了充满宇宙空间的、温度在2.4~4.5 K之间的电磁辐射,常称为3 K(或2.7 K)宇宙微波背景辐射. 这是宇宙大爆炸理论的一个强有力实验证明,1978年彭齐亚斯和威尔逊因此发现而获得了诺贝尔物理学奖. 1989年11月宇宙背景探索卫星升空,测得宇宙背景辐射精确地符合2.726±0.010 K的黑体辐射谱. 尽管这一宇宙起源学说目前存在许多困难,但已逐步形成了建立在广义相对论基础上的宇宙标准模型.

4.5 平面简谐波

1. 简谐波 波源和波所达到的各点均作同一频率的简谐振动的波,称为**简谐波**. 按波面的形状,常见的有平面简谐波和球面简谐波. 在远离点波源的球面波的局部区域内,球面波可看作平面波,所以平面简谐波的研究更为重要. 对平面波,垂直于波线上的平面内各点振动情况都相同,只要研究波线上各点的情况就可了解整个空间的情况,所以它是一个一维问题.

正如任何复杂的振动都可看成一系列不同频率、不同振幅的简谐振动合成一样,任何复杂的波也都可以看作一系列不同频率、不同振幅的简谐波的叠加结果,所以简谐波是最简单、最基本的波.

2. 平面简谐波的波函数 在波动所及的空间中,各点的振动量,如质元的位移或电场强度,磁感强度等,既随时间作周期性变化,又随空间作周期性分布,描写振动量的这种分布变化是一个空间和时间的函数,称为波函数. 对振动量ξ,其波函数

$$\xi = \xi(x,y,z,t).$$

平面简谐波只沿一个方向传播,取其中一波线为x轴,x轴上的波动情况能代表所有波线上的波动情况,这时空间变量只有x,因而平面波的波函数一般形式为

$$\xi = \xi(x, t).$$

设平面简谐波以速度u沿x轴正方向传播,原点处质元的振动方程为

$$\xi(0,t) = A\cos(\omega t + \varphi),$$

其中A和ω是波源因而也是平面波传播过程中各质元的振幅和角频率. 考察x轴正方向上平衡位置距原点x处的任一质元P的振动,如图4.21所示,它在相位上比O点质元落后$\Delta\varphi$. 由于与原点相距一个波长λ的质元相位落后2π,因此$\Delta\varphi = 2\pi x/\lambda$,于是平面简谐波波函数

$$\xi(x,t) = A\cos\left[\left(\omega t - \frac{2\pi x}{\lambda}\right) + \varphi\right],$$

利用$\omega = 2\pi\nu = 2\pi/T$, $\lambda = uT$上式常写为

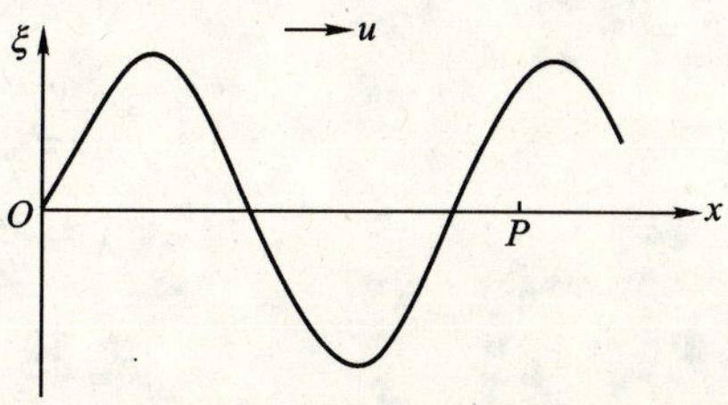

图4.21 平面简谐波

$$\xi(x,t) = A\cos\left[\omega\left(t - \frac{x}{u}\right) + \varphi\right]$$

$$= A\cos\left[2\pi\left(\nu t - \frac{x}{\lambda}\right) + \varphi\right]$$

$$= A\cos\left[2\pi\left(\frac{t}{T} - \frac{x}{\lambda}\right) + \varphi\right]. \tag{4.26}$$

对沿 x 轴负方向传播的波，在 x 处的质元振动相位比原点超前 $2\pi x/\lambda$，式(4.26)中 x 前的负号应改为正号，逆 x 轴方向传播的波的波函数为

$$\xi(x,t) = A\cos\left[\omega\left(t + \frac{x}{u}\right) + \varphi\right]. \tag{4.27}$$

式(4.26)、(4.27)表明 ξ 既是 x 又是 t 的周期函数，它既有时间的周期性，每经一个周期 T，各质元的相位增加 2π；又具有空间周期性，沿波传播方向，每隔一个波长 λ，质元的相位也增加 2π，λ 也称为空间周期，$1/\lambda$ 称为空间频率.

将 x 用具体值 x_P 代入，式(4.26)成为

$$A\cos\left[\omega\left(t - \frac{x_P}{u}\right) + \varphi\right] = \xi(t),$$

表示该点的振动规律. 将 t 用具体值 t_P 代入式(4.27)，则有

$$A\cos\left[\omega\left(t_P - \frac{x}{u}\right) + \varphi\right] = \xi(x),$$

表示该时刻振动量的空间分布规律，相应的 $\xi - x$ 图称为**波形曲线**(见图 4.22). 不同时刻，图 4.22 所示的波形曲线位置不同，随着时间 t 的推移，波形曲线不断沿传播方向移动，经历一个周期 T，波形曲线向前移过一个波长.

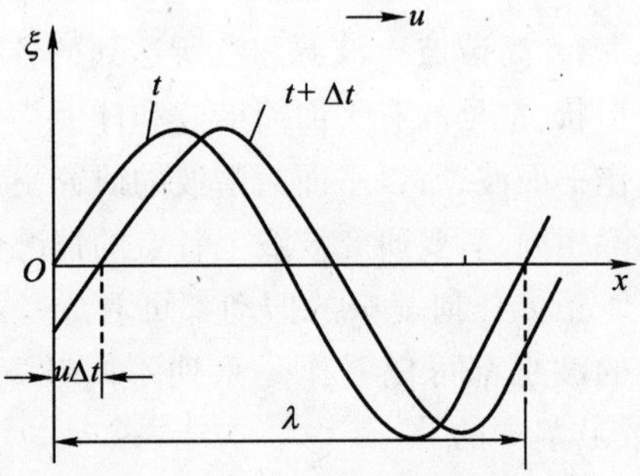

图 4.22 波形曲线

例 4.5 声呐 声呐又称声波雷达，是有效的水下探测仪器. 一声呐发出的超声波的波函数为

$$\xi = 1.2 \times 10^{-3}\cos(10^5\pi t - 220x),$$

其中 ξ 和 x 以 m 为单位，t 以 s 为单位. 求其振幅 A、频率 ν、波长 λ 和波速 u 及传播方向上相位相差 $\pi/3$ 的两点间的距离 Δx.

解：将题给波函数直接与式(4.26)比较可得

$$A = 1.2 \times 10^{-3}\,\text{m},\ \omega = 10^5\pi\ \text{rad/s},$$

$$\nu = \frac{\omega}{2\pi} = \frac{10^5\pi}{2\pi}\ \text{s}^{-1} = 5 \times 10^4\,\text{Hz},$$

$$\lambda = \frac{2\pi}{220}\ \text{m} = 2.9 \times 10^{-2}\,\text{m},$$

$$u = \frac{10^5\pi}{220}\text{m/s} = 1.4 \times 10^{-3}\,\text{m/s},$$

$$\Delta\varphi = 2\pi\frac{\Delta x}{\lambda},$$

$$\Delta x = \frac{\lambda}{2\pi}\Delta\varphi = \left(\frac{1}{220} \times \frac{\pi}{3}\right)\text{m} = 4.8 \times 10^{-3}\text{m}.$$

例 4.6 由某点的振动表示式讨论波动 一平面简谐波以波速 u 沿 x 轴正方向传播，波长为 λ，已知在 $x_P = \lambda/4$ 处的质元的振动表示式为

$$\xi(x_P) = A\cos \omega t ,$$

试写出波函数，并画出 $t = T$ 和 $5T/4$ 时的波形曲线.

解：在 x 处的振动相位比 x_P 处的相位落后

$$2\pi \frac{(x - x_P)}{\lambda} = 2\pi \frac{(x - \lambda/4)}{\lambda} = 2\pi \frac{x}{\lambda} - \frac{\pi}{2}.$$

因此，x 处的振动方程为

$$\xi = A\cos\left(\omega t - 2\pi \frac{x}{\lambda} + \frac{\pi}{2}\right),$$

由于 x 是任取的，上式就是所要求的波函数. 将 $t = T$ 代入上式得

$$\xi(x,T) = A\cos\left(-2\pi \frac{x}{\lambda} + \frac{\pi}{2}\right).$$

在 $\xi - x$ 图上画出 $t = T$ 时刻的波形曲线，而 $t = 5T/4$ 时的波形可由上述波形沿 x 轴正方向前移一段距离 $\Delta x = u\Delta t = uT/4 = \lambda/4$ 得到，如图 4.23 所示.

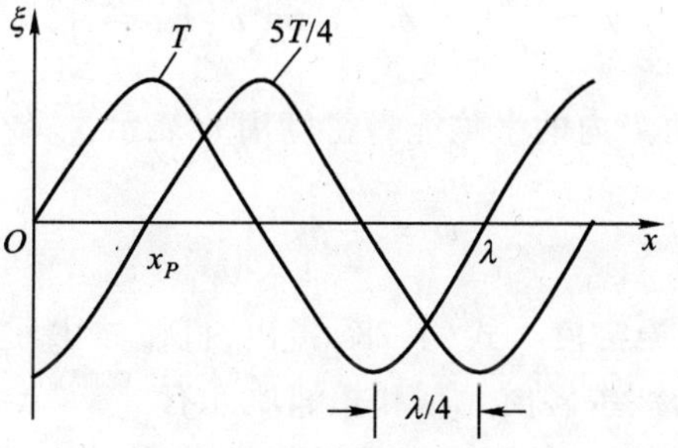

图 4.23 例 4.6 图

4.6 波的能量

机械波在弹性介质中传播时，各质元在某平衡位置附近振动而具有动能. 又由于介质发生形变而具有势能. 随着波的传播，能量也不断传送出去. 电磁波在空间传播时，其电磁场能量也由近及远地传播.

波源是波的振动源，也是其能量源，如果在传播过程中无能量损失，则波所传出的能量，等于波源所做的功.

1. 机械波的能量密度 设在密度为 ρ 的弹性介质中，有一列沿 x 轴传播的平面简谐波

$$\xi = A\cos \omega\left(t - \frac{x}{u}\right),$$

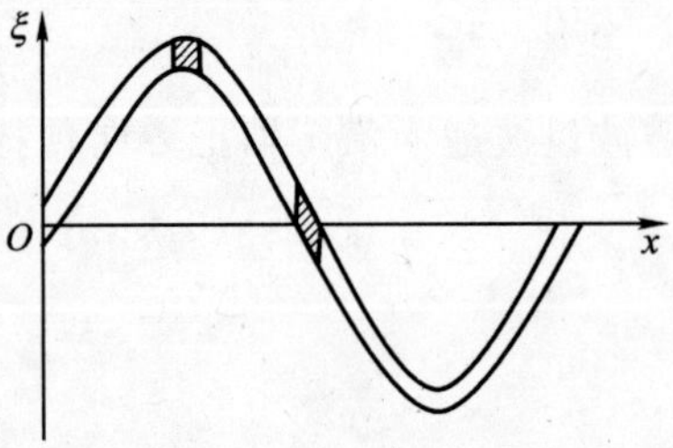

图 4.24 波形与介质形变

如图 4.24 所示，在介质中取一体积元 ΔV，其质量 $\Delta m = \rho\Delta V$，它具有的动能

$$E_k = \frac{1}{2}(\Delta m)v^2 = \frac{1}{2}\rho\Delta V\omega^2A^2\sin^2\omega\left(t - \frac{x}{u}\right).$$

由图 4.24 可以看出，在最大位移处，质元的形变最小，因而弹性势能也最小；在平衡位置处，质元形变最大，弹性势能也最大. 可见，弹性势能与动能的变化步调一致，实际上可以进一步证明两者是相等的，即上述同一质元的弹性势能也是

$$E_p = \frac{1}{2}\rho\Delta V\omega^2A^2\sin^2\omega\left(t - \frac{x}{u}\right).$$

所以，质元的机械能

$$\begin{aligned} E &= E_k + E_p \\ &= \rho\Delta V\omega^2A^2\sin^2\omega\left(t - \frac{x}{u}\right). \end{aligned} \tag{4.28}$$

单位体积的介质中所具有的能量，称为**能量密度**，用 w 表示：

$$w = \frac{E}{\Delta V} = \rho\omega^2A^2\sin^2\omega\left(t - \frac{x}{u}\right),$$

w 单位为 $\mathrm{J/m^3}$，在一个周期 T 内的平均能量密度用 $\overline{w}$ 表示：

$$\overline{w} = \frac{1}{2}\rho\omega^2A^2.$$

2. 机械波的能流和能流密度 式(4.28)指出，机械波中质元的机械能不守恒，它随时间作周期性变化. 这是因为波中各质元都和相邻质元有着弹性联系，在振动中，它不断从波源方向接受能量，又不断向前传送能量，这就形成波传播时能量传播的图景. 为了便于理解，我们把波动能量与某种实物如水管中的水相比拟，能量的传播与水的流动相比拟称为能流. 在物理学中**能流**是一个物理量，它定义为单位时间内通过某一截面的波的能量. 对平面简谐波，波能的传播速度就是波速 u，如图4.25所示，在介质中取垂直于波线的截面 S，则在时间 t 内通过 S 的能量，等于体积 utS 中的能量 $\overline{w}utS$，能流

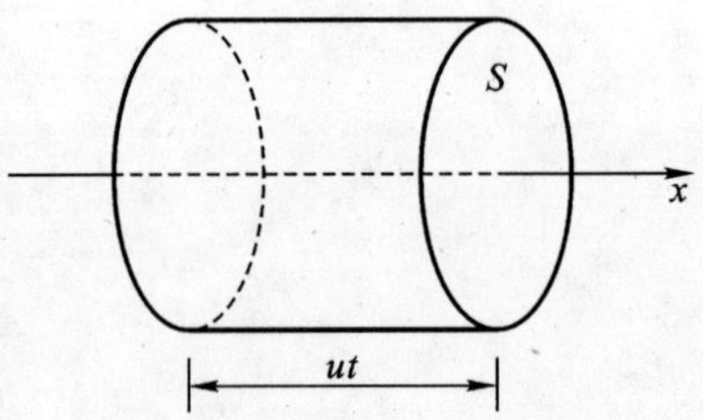

图 4.25 能流示意图

$$P = \overline{w}uS = \frac{1}{2}\rho\omega^2A^2uS, \tag{4.29}$$

其单位为 J/s，1 J/s = 1 W. 通过整个波面的能流又称为**波的功率**. 声波的功率称为声功率，若不考虑介质的吸收，声功率等于声源输出的功率. 声功率一般很小，如一个人讲话时的声功率约为 10^{-5} W，即使 10 万个人同时讲话，其声功率也只有 1 W.

单位时间内通过垂直于波线单位截面积的能量称为**平均能流密度**，简称能流密度，记为 I：

$$I = \frac{P}{S} = \overline{w}u = \frac{1}{2}\rho\omega^2 A^2 u, \tag{4.30}$$

I 的单位为 W/m^2. 能流密度 I 反映了波的强弱，I 越大，单位时间内通过单位截面的能量越多，波就越强，因此能流密度又称为**波的强度**. 对声波称**声强**，对光波称**光强**.

例 4.7　超声波的振幅　一在液体中传播的超声波的声强为 $1.2\times10^9 W/m^2$，其频率为 $\nu=5.0\times10^5 Hz$，已知液体密度 $\rho=1.0\times10^3 kg/m^3$，液体中的声速 $u=1\ 500 m/s$，求液体质元的振动振幅 A.

解：由 $I=\frac{1}{2}\rho\omega^2A^2u$，得

$$\begin{aligned} A &= \frac{1}{\omega}\sqrt{\frac{2I}{\rho u}} \\ &= \frac{1}{2\pi\times5.0\times10^5}\sqrt{\frac{2\times1.2\times10^9}{1.0\times10^3\times1.5\times10^3}}\,m \\ &= 1.27\times10^{-5} m. \end{aligned}$$

例 4.8　球面波波函数　由点波源 O 发出的球面波在介质中传播，不考虑介质吸收，写出球面波的波函数.

解：不考虑介质吸收，在各波面上的能流相同，设在离波源1 m处的振幅和强度分别为 A_1 和 I_1，在 r 处的振幅和强度分别为 A 和 I，则由式(4.30)可得

$$I_1(4\pi\times1^2) = I(4\pi r^2),$$

$$I = I(r) = \frac{1}{r^2}I_1,$$

$$A = A(r) = \frac{1}{r}A_1.$$

球面波的强度和振幅因波面的扩展而衰减，球面波的波函数为

$$\xi(r,t) = \frac{A_1}{r}\cos\omega\left(t-\frac{r}{u}\right).$$

4.7　声　　波

声波是与人类关系最密切的机械波，频率在 20 Hz 到 20 000 Hz 之间的声波，能引起人的听觉，称为可闻声波，简称声波，频率低于 20 Hz 的叫做次声波；高于 20 000 Hz 的叫超声波.

1. 声强级　引起听觉的声波不仅有一定的频率范围，还有一定的声强范围. 能够引起听觉的声强约在 $10^{-12}\sim1\ W/m^2$ 之间. 声强太小，不能引起听觉；声强太大，震耳欲聋，只能引起痛觉. 由于可闻声强的数量相差悬殊，加之人耳的听觉，并不与声强成正比，而近似与声强的对数成正比(还与频率有关)，为此引入声强级的概念. 取 $I_0=10^{-12} W/m^2$ 为基准声强，

这相当于人刚能听到的频率为 1 000Hz 的声音,声强 I 与基准声强 I_0 之比的常用对数称为声强的**声强级**,用 L_I 表示:

$$L_I = \lg \frac{I}{I_0} \quad (\mathrm{B}), \tag{4.31}$$

声强级的单位为贝尔,符号为 B,它的 1/10 称为分贝,符号为 dB.

$$L_I = 10\lg \frac{I}{I_0} \quad (\mathrm{dB}). \tag{4.32}$$

表 4.1 为一些声音的声强级.

表 4.1 一些声音的声强级

声源	声强级/dB	感觉	声源	声强级/dB	感觉
听觉起点	0		交通要道	80	吵闹
正常呼吸	10	很静	高音喇叭	90	吵闹
耳边细语	30	安静	机织车间	110	震耳
阅览室	40	安静	柴油机车	120	震耳
办公室	50	正常	喷气飞机	140	难受
日常交谈	60	正常			

2. 声压和声压级 介质中声波传播时的压强与无声波时的压强间有一差值,这一差值称为**声压**. 在气体中,声波是疏密波,在疏区,实际压强低于无声波时的压强,声压为负值;在密区,实际压强高于无声波时的压强,声压为正值. 显然,声压是随时间变化的,声压平方在一个周期内平均值的开方称为**有效声压**,记为 p,平常说的声压,如未加说明,均指有效声压. 可以证明,对于平面波,声强 I 与声压 p 的关系为

$$I = \frac{p^2}{\rho u}, \tag{4.33}$$

式中 ρ 为介质密度。声强难以测量,通常通过声压的测量来推算声强,根据式(4.33),也可用声压表示声强级:

$$10\lg \frac{I}{I_0} = 10\lg \frac{p^2}{p_0^2} = 20\lg \frac{p}{p_0} \quad (\mathrm{dB}),$$

p_0 为基准声压,按式(4.33)与基准声强相对应. $20\lg(p/p_0)$ 称为声压 p 的声压级,用 L_p 表示:

$$L_p = 20\lg \frac{p}{p_0} \quad (\mathrm{dB}). \tag{4.34}$$

3. 超声波 超声波的频率很高,因而其强度高,衍射现象不明显,具有良好的定向传播特性. 此外,其穿透本领大,在液体、固体中传播时,衰减很小. 在不透明的固体中能穿透几十米的厚度,这些特性,使超声波在技术上得到广泛的应用.

由于超声波能量大而集中,可用于切削、焊接、钻孔、清洗机件,还可用以理疗、美容、处理种子和促进化学反应等.

超声波的定向传播性,可用于探测水中物体,如鱼群、潜艇等,也用来进行深海探测. 海水对电磁波吸收严重,电磁雷达无法使用,声波雷达——声呐成为海洋探测的有力手段.

超声波在杂质或介质分界面上有显著的反射,利用这一特性可以探测工件内部的缺陷. 超声波探伤不损伤工件,而且由于穿透力强,可以探测大型工件. 目前超声探伤向着显像方向发展,用声电元件把声讯号变换成电讯号,再用显像管显示出目的物的像. 在医学上用来探测人体内部的密度,"B 超"就是利用超声波来显示人体内部结构的图像的.

小　结

一、教学要求

1. 掌握描述简谐振动各物理量的物理意义及相互关系.理解简谐振动的基本特点.熟悉简谐振动的表示式、振动曲线图和旋转矢量图.能用旋转矢量来确定简谐振动的相位.

2. 理解同方向、同频率简谐振动的合成规律,掌握合振幅加强、减弱的条件.

3. 掌握描述平面简谐波各物理量的物理意义,理解平面简谐波波函数和波形图的物理意义.

4. 了解波的能量传播特征及能流、能流密度概念.

二、知识结构框图

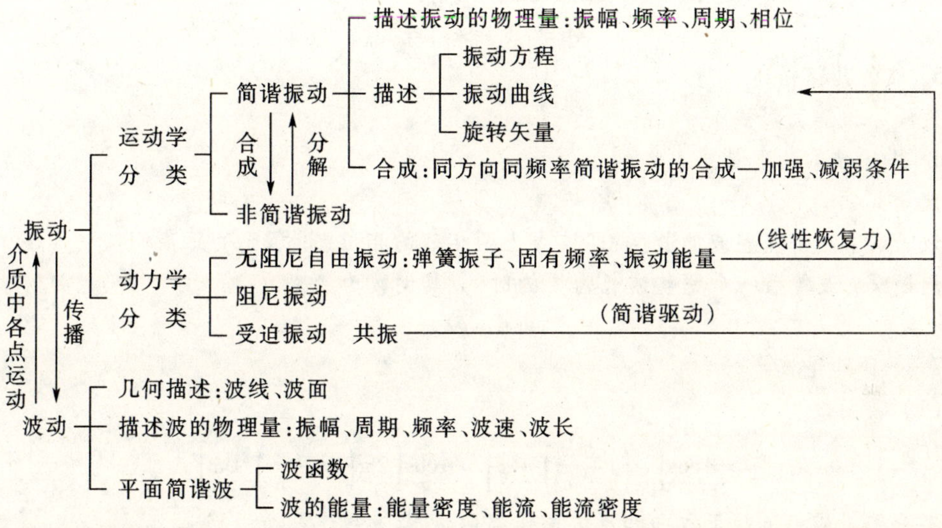

三、内容提要

1. 描述简谐振动的物理量

振幅 A、频率 ν、周期 T、角频率 $\omega=2\pi\nu$、相位 $\omega t+\varphi$、初相 φ

2. 简谐振动的描述

简谐振动方程

简谐振动曲线

旋转矢量

3. 无阻尼自由振动

(1) 弹簧振子　集中恢复力和惯性两个因素的简化模型.由一个轻质弹簧联系一质点构成.

(2) 特点

1) 振动频率由系统性质决定 $\omega_0=\sqrt{\dfrac{k}{m}}$,称为固有频率.

2）振幅、初相由初始状态和性质决定.

3）系统机械能守恒

势能 $E_p=\frac{1}{2}kx^2$

机械能 $E=E_k+E_p=\frac{1}{2}kA^2$

4. 同方向同频率简谐振动的合成

(1) 处理方法 合振动由表示两分振动的旋转矢量的合矢量表示.

(2) 合振动振幅

$$A=\sqrt{A_1^2+A_2^2+2A_1A_2\cos\varphi}.$$

当 $\varphi_1-\varphi_2=2k\pi(k=0,\pm1,\pm2,\cdots)$ 时，

$$A=A_1+A_2=A_{max}$$

当 $\varphi_1-\varphi_2=(2k+1)\pi(k=0,\pm1,\pm2,\cdots)$ 时，

$$A=|A_1-A_2|=A_{min}$$

5. 波的几何描述

波线 波阵面 波前

6. 描述波的物理量

波速 u

波长 λ 一个完整波的长度. 即波线上两相邻的相位差为 2π 的距离.

周期 T 波传播一个完整波长需要的时间. 其倒数为频率 ν

$$u=\nu\lambda.$$

7. 平面简谐波

(1) 波函数

$$y=A\cos\left[\omega\left(t\mp\frac{x}{u}\right)+\varphi\right]=A\cos\left[2\pi\left(\nu t\mp\frac{x}{\lambda}\right)+\varphi\right],$$

式中∓分别对应沿 x 轴正方向和反方向传播的情况.

(2) 波的能量

1）体积元 ΔV 中的能量

$$E_k=E_p=\frac{1}{2}\rho A^2\omega^2\sin\left[\omega\left(t-\frac{x}{u}\right)+\varphi\right]\Delta V$$

动能 E_k、势能 E_p 相位相同.

2）平均能量密度

$$\overline{w}=\frac{1}{2}\rho\omega^2A^2$$

3）平均能流 单位时间内通过介质中垂直于波传播方向的面积 S 的平均能量

$$\overline{P}=\overline{w}uS.$$

4）平均能流密度(波的强度) 单位时间通过垂直于波传播方向的单位面积上的平均能流

$$I=\frac{\overline{P}}{S}=\overline{w}u=\frac{1}{2}\rho A^2\omega^2u.$$

练 习 题

讨论题

4.1 谐振动的速度和加速度，在什么情况下同向？在什么情况下反向？

4.2 以 $\omega_0 t+\varphi$ 表示相位，试比较 $\varphi=\frac{\pi}{2}$ 和 $\varphi=\frac{3}{2}\pi$，以及 $\varphi=\frac{2}{3}\pi$ 和 $\varphi=\frac{4}{3}\pi$ 的谐振动状态的区别，这种区别说明了什么？

4.3 在已知谐振动振幅 A 和初位移 x_0 的情况下，可否由 $t=0$ 时的表达式 $x_0=A\cos\varphi$ 求出初相 φ？

4.4 有一种电驱蚊器，它产生的电致振动频率很接近于蚊子翅膀的振动频率，这利用了什么原理？

4.5 一质点的位移 x 可用两个简谐振动的叠加来表示：

$$x = A\sin\omega t + B\sin 2\omega t\ ,$$

问此质点的运动是否为简谐振动？

4.6 同一简谐振动能否既写成正弦函数表达式又写成余弦函数表达式，其区别何在？

4.7 如果把一个单摆拉开一个小角度 θ_0，然后放开让其自由摆动，试问：(1) 此 θ_0 是否即为初相？(2) 单摆绕悬点转动的角速度是否即为简谐振动的角频率？(3) 我们说单摆作简谐振动是指单摆的什么量在作简谐振动？

4.8 为什么说简谐振动的相位是描述系统的运动状态的？初相是不是一定指它开始振动时刻的相位？同一简谐振动，能否选择不同时刻当作时间的起始点，它们之间的差别何在？

4.9 同一简谐振动的位置 x、速度 v、加速度 a 之间的相位差是多少？哪个比哪个超前？

4.10 波源的振动能否是无阻尼自由振动？

4.11 根据波速、波长、频率的关系式 $u=\lambda\nu$，能否用提高频率的方法，来增大波速？

4.12 如果波源相对介质的运动速度 v 大于波速 u(例如超音速飞机)，那么位于波源前方的静止观察者(或接收器)，在波源经过他(或它)之前，能够接收到波信号么？

4.13 机械波从一种介质进入另一种介质后，它的频率、周期、波长、波速各量中哪些要变，哪些不变？为什么？

4.14 在波动过程中，任一体积内的总能量随时间而变化，试问这与能量守恒定律有矛盾吗？

4.15 波所传播的能量是从哪里来的？

4.16 试说明为什么对超声波比较容易获得大的声强.

4.17 同一声源发出的声波，是在空气中还是在水中传得远些？

选择题

4.18 两个上端固定的完全相同的弹簧，分别挂有质量为 m_1 和 m_2 的物体，组成两个弹簧振子“1”和“2”，已知 $m_1>m_2$，若两者的振幅相等，则它们的周期 T 和机械能 E 的大小关系为(　　)

(A) $T_1>T_2,\ E_1>E_2$　(B) $T_2>T_1,\ E_2>E_1$　(C) $T_1>T_2,\ E_1=E_2$　(D) $T_1=T_2,\ E_1>E_2$

4.19 当简谐振动物体的位移为振幅的一半时，其动能和势能之比为(　　)

(A) 1∶1　(B) 1∶2　(C) 3∶1　(D) 2∶1

4.20 有两个沿 x 轴作简谐振动的质点，它们的频率 ν，振幅 A 都相同，当第一个质点自平衡位置向负向运动时，第二个质点在 $x=-A/2$ 处也向负向运动，则两者的相位差 $\Delta\varphi$ 为(　　)

(A) $\pi/2$　(B) $2\pi/3$　(C) $\pi/6$　(D) $5\pi/6$

4.21 已知作简谐振动的物体从平衡位置到最远点所用时间为 $T/4$，这距离前半段所用时间为 t_1，后半段所用时间为 t_2，则(　　)

(A) $t_1=T/8,\ t_2=T/8$　　(B) $t_1=T/12,\ t_2=T/6$

(C) $t_1=T/6,\ t_2=T/12$　　(D) $t_1=T/16,\ t_2=3T/16$

4.22 如题4.22图所示，两个同频率同振幅的简谐振动曲线a和b，它们的相位关系是(　　)

(A) a比b滞后 $\pi/2$

(B) a比b超前 $\pi/2$

(C) b比a超前 $\pi/4$

(D) b比a滞后 $\pi/4$

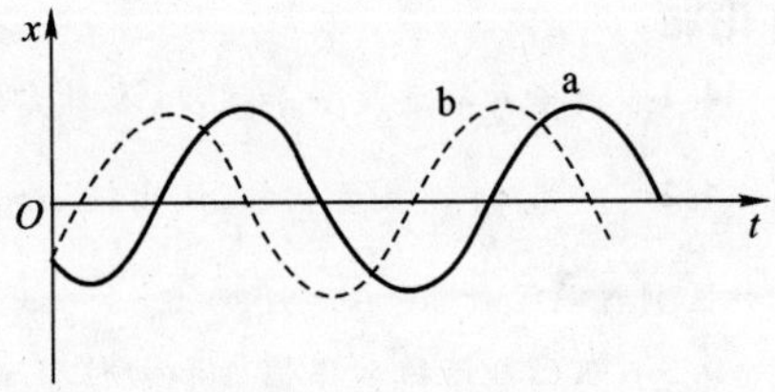

题4.22图

4.23 频率为4 Hz，沿 x 轴正向传播的简谐波，波线上有前后两点，若后一点比前一点开始振动落后了0.25 s，则前一点的相位比后一点超前(　　)

(A) $\pi/2$　　(B) π

(C) $3\pi/2$　　(D) 2π

4.24 如题4.24图所示，一平面简谐波沿 x 轴正向传播，若某一时刻 P_1 点的相位为 6π，经 $t=T/4$ 后，与 P_1 点相距为 $\lambda/4$ 的 P_2 点的相位为(　　)

(A) 5.5π　　(B) 6π

(C) 6.5π　　(D) 7π

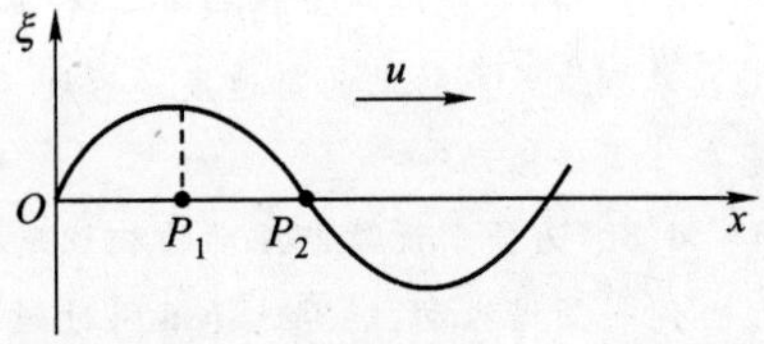

题4.24图

4.25 一平面简谐波，以波速 $u=2$ m/s，沿 x 轴正向传播，坐标原点的振动表达式为

$$\xi_0 = 6\times10^{-2}\cos\frac{\pi}{5}t,$$

式中 ξ_0 以m为单位，t 以s为单位，则当 $t=5$ s时，该波的波形函数为(　　)

(A) $\xi=6\times10^{-2}\cos(\pi-\pi x)$　　(B) $\xi=6\times10^{-2}\cos[\pi(1-0.1)x]$

(C) $\xi=6\times10^{-2}\cos(\pi-x/2)$　　(D) $\xi=6\times10^{-2}\cos(\pi-0.5\pi x)$

4.26 一列平面简谐波沿 x 轴正向传播，波速 $u=400$ m/s，频率 $\nu=20$ Hz，$t=0$ 时刻的波形曲线如题4.26图所示，则波函数为(　　)

(A) $\xi=0.1\cos\left[20\pi\left(t-\frac{x}{400}\right)+\frac{\pi}{2}\right]$m

(B) $\xi=0.1\cos\left[20\pi\left(t-\frac{x}{400}\right)-\frac{\pi}{2}\right]$m

(C) $\xi=0.1\cos\left[40\pi\left(t-\frac{x}{400}\right)+\frac{\pi}{2}\right]$m

(D) $\xi=0.1\cos\left[40\pi\left(t-\frac{x}{400}\right)-\frac{\pi}{2}\right]$m

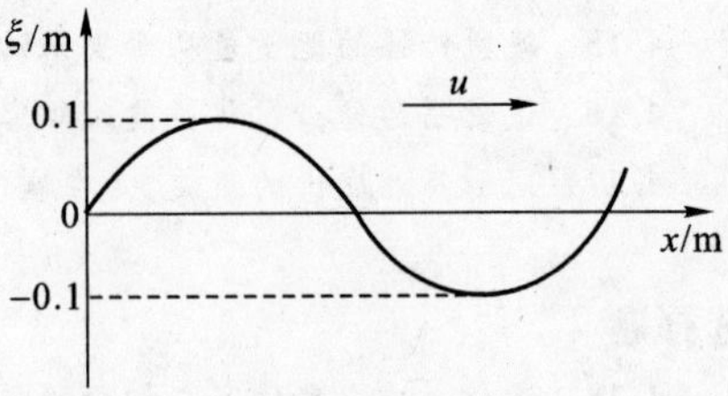

题4.26图

4.27 两列频率不同的声波在空气中传播，已知频率 $\nu_1=500$ Hz的声波在波线上相距为 l 的两点的振动相位差为 π，那么频率 $\nu_2=1\ 000$ Hz的声波在波线上相距为 $l/2$ 的两点的相位差为(　　)

(A) $\pi/2$　　(B) $3\pi/4$　　(C) π　　(D) $3\pi/2$

4.28 对于机械波(　　)

(A) 波峰处质元的动能、势能均为零

(B) 处于平衡位置的质元，势能为零，动能最大

(C) 处于平衡位置的质元,动能为零,势能最大

(D) 波谷处质元动能为零,势能最大

4.29 频率为 ν 的平面简谐机械波传播时,在波线上某一定点的机械能,随时间变化的频率为(　　)

(A) $\nu/2$　　(B) ν　　(C) 2ν　　(D) 4ν

4.30 波长为 λ 的平面简谐波传播时,波线上始终具有相同机械能的质元间的最短距离为(　　)

(A) $\lambda/2$　　(B) λ　　(C) 2λ　　(D) 4λ

***4.31** 一点波源发出的波在无吸收介质中传播,波前为半球面,该波强度 I 与离波源距离 r 之间的关系是(　　)

(A) $I\propto r^{-1/2}$　　(B) $I\propto r^{-1}$　　(C) $I\propto r^{-3/2}$　　(D) $I\propto r^{-2}$

***4.32** 声音 1 的声强级比声音 2 的声强级大 1 dB,则声音 1 的强度是声音 2 的强度的(　　)

(A) 1 倍　　(B) 2 倍　　(C) 10 倍　　(D) $10^{0.1}$ 倍

填空题

4.33 在题 4.33 图所示的振动曲线图中,D 点和 G 点的位移______,速度________;C 点和 H 点的位移________,速度________.(填相同或不相同)

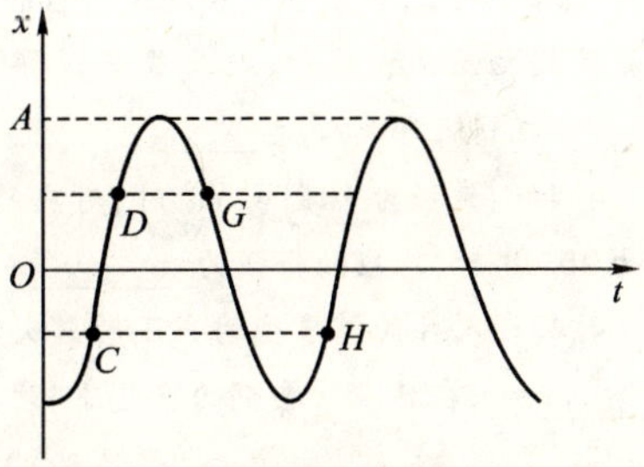

题 4.33 图

4.34 已知简谐振动的振幅为 A,开始振动时质点位移 $x_0 = A/2$,并向 x 轴正向运动,则该简谐振动的初相为______;若质点由 x_0 到达正向最大位移后又返回平衡位置共历时1 s,则此简谐振动的角频率为______.

4.35 已知谐振子的总能量为 128 J,当振子处于最大位移的 1/4 处时,其动能的瞬时值为________,势能的瞬时值为________.

***4.36** 一阻尼振动系统在 100 s 内进行了 100 次全振动,在同一时间内振幅减小为原值的 1/2.718,则振动的阻尼系数 $\beta =$________;在一个振动周期内系统能量的相对减少量 $(E_t - E_{t+T})/E_t =$________.

4.37 一振子沿 x 轴作简谐振动,(1) 若初状态为 $x_0 = -A$,则初相 $\varphi =$________;(2) 若初状态为 $x_0 = 0, v_0 > 0$ 则初相 $\varphi =$________;(3) 若初状态为 $x_0 = A/2, v_0 < 0$,则 $\varphi =$________;(4) 若初状态为 $x_0 = A/2, v_0 > 0$,则 $\varphi =$________.

4.38 一质点同时参与两个在同一直线上的简谐振动,表达式分别为 $x_1 = 5\cos(2t - \pi/6)$,$x_2 = 8\cos(2t - 5\pi/6)$,式中 x_1, x_2 以 m 为单位,t 以 s 为单位,则合振动的初相 $\varphi =$________,角频率 $\omega =$______,振幅 $A =$______.

4.39 一平面简谐波函数为

$$\xi = 0.2\cos 2\pi\left(\frac{t}{0.02} - \frac{x}{0.05}\right) \quad \text{(SI)}.$$

则该波的角频率 ω 为____________,波速 u 为____________.

4.40 一平面简谐波函数为

$$\xi = 2\times 10^{-2}\cos[\pi(0.5t + 2x)] \quad \text{(SI)},$$

则波的频率 ν 为________,$x_1 = 2$ m 和 $x_2 = 2.1$ m 处两点振动的相位差 $\Delta\varphi$ 为________.

4.41 由题 4.41 图所示的波形曲线,可判定此波的波长 λ 为____,波速 u 为________,周期 T 为________.

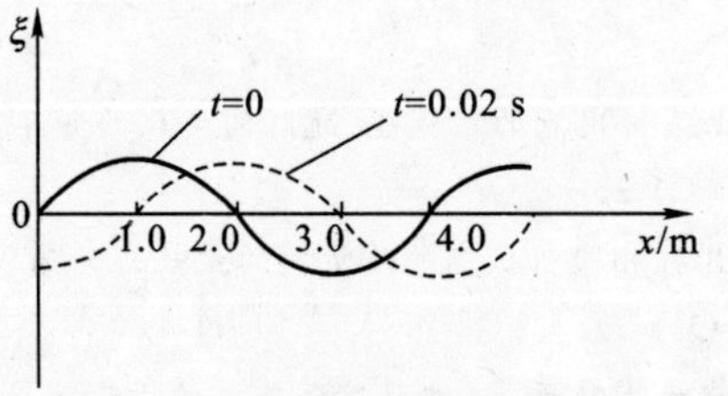

题 4.41 图

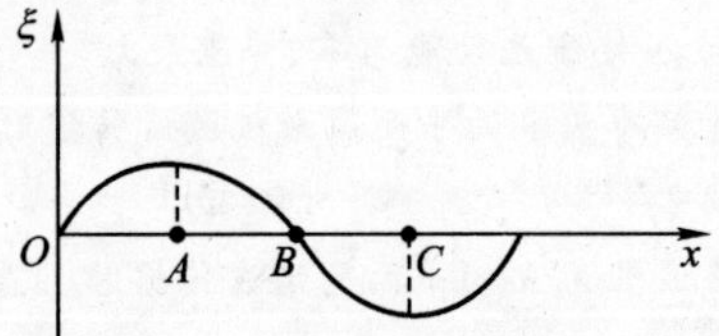

题 4.42 图

4.42 一沿 x 轴正向传播的平面简谐机械波,在某一时刻的波形,如题 4.42 图所示,在图中所示平衡位置位于 A、B、C 处三个质元中,动能最大的是________处质元,弹性势能最大的是________处质元.

4.43 如题 4.43 图所示,一声波由介质 1 垂直通过两介质的界面进入介质 2,介质密度和波速从 ρ 和 u 分别改变为 $\rho/2$ 和 $2u$,设界面处无吸收和反射,则此波穿过界面前后的振幅之比 A_1/A_2 = ____;波强之比 I_1/I_2 = ____.

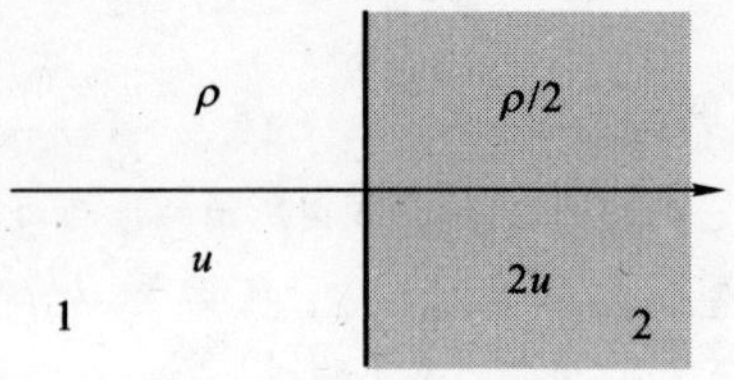

题 4.43 图

***4.44** 声强为 $10^{-4}\,\text{W/m}^2$ 时,对应的声强级为________. 声强级为 40 dB 时,对应的声强为________.

***4.45** 人耳能够忍受的声压的最大振幅大约是 28 Pa,此声压振幅与标准大气压(1.01×10^5Pa)之比为________;在标准状态下的空气中,此声压振幅对应的声强为________.

计算题

4.46 用摆角 θ 描述的某单摆的振动方程为

$$\theta = 2.0\cos(2\pi t + 0.60),$$

式中 t 以 s 为单位,θ 以(°)为单位. 试求振动的(1)振幅 A;(2) 频率 ν;(3) 周期 T;(4) 初相 φ.

4.47 弹簧劲度系数为 k,物块质量为 m 的弹簧振子,其振动位移为 x,速度为 v 时的机械能为 $E=\frac{1}{2}mv^2+\frac{1}{2}kx^2$,试证明该振动机械能守恒时为简谐振动.

***4.48** 如题 4.48 图所示,有一质量 $m'=10$ g 的子弹,今以 $v=1\,000$m/s 的速度射入木块中,使弹簧压缩从而作简谐振动,若木块质量 $m=4.99$ kg,而弹簧劲度系数 $k=8.0\times10^3$N/m,求振动的振幅 A.

题 4.48 图

4.49 由一小球与轻质弹簧组成的系统,按

$$x=0.050\cos(8\pi t+\pi/3)$$

的规律振动,式中 x 以 m 为单位,t 以 s 为单位,试求

(1) 振动的角频率、周期、振幅、初相位和速度的最大值;

(2) $t=2$ s、10 s 时刻的相位;

(3) 分别画出位置、速度与时间的关系曲线.

4.50 一简谐振动,振幅为 24 cm,周期为 4 s, $t=0$ 时坐标为 -24 cm,试求

(1) 当 $t=0.5$ s 时物体的位置;

(2) 物体从初位置到 $x=-12$ cm 处所需的最短时间;

(3) 当 $x=-12$ cm 时物体的速度.

4.51 作简谐振动的小球,速度的最大值为 $v_m=0.030\ \mathrm{m/s}$,振幅为 $A=0.20\ \mathrm{m}$;若令速度具有正最大值时刻为 $t=0$,求

(1) 振动周期;

(2) 振动表示式.

4.52 有两个同方向的简谐振动,其表达式各为

$$x_1=4\cos(2t+\pi/6),\ x_2=3\cos(2t-5\pi/6),$$

式中 x_1,x_2 以 cm 为单位,t 以 s 为单位.试求它们合振动的表达式,并用旋转矢量图表示它们的关系.

***4.53** 火车在铁轨上行驶时,每经过接轨处即受到一震动,使车厢在弹簧上振动,已知每段铁轨长 12.5 m,弹簧劲度系数 $k=6.25\times10^4\ \mathrm{N/m}$,承受质量 $m=3.5\times10^3\ \mathrm{kg}$,若取共振频率 $\omega_r=\sqrt{\omega_0^2-2\beta^2}\approx\omega_0$,求火车速度多大时振动最强烈?

4.54 两个同方向(沿 x 轴)、同频率的简谐振动,其频率皆为 $\nu=2\ \mathrm{s^{-1}}$,当第一个振子从平衡位置向正方向运动 0.05 s 后,第二个振子正处于正方向的端点,试用旋转矢量法求这两个简谐振动的相位差 $\Delta\varphi$.

4.55 两个物体作同方向、同频率、同振幅的简谐振动,第一个物体的振动方程为 $x_1=A\cos(\omega_0t+\varphi_1)$,当第一个物体处于负方向端点时,第二个物体在 $x_2=A/2$ 处,且向 x 轴正向运动,用旋转矢量法求两物体振动的相位差,再给出第二个物体的振动方程.

4.56 已知两简谐振动的振动方程,分别为

$$x_1=5\times10^{-2}\cos(10t+3\pi/4),$$
$$x_2=6\times10^{-2}\cos(10t+\pi/4),$$

式中 x_1,x_2 以 m 为单位,t 以 s 为单位.试求合振动的振幅 A 和初相 φ.

4.57 一平面简谐波的频率 $\nu=500\ \mathrm{Hz}$,在空气中以 $u=340\ \mathrm{m/s}$ 的速度传播,空气密度 $\rho=1.3\ \mathrm{kg/m^3}$,此波到达人耳时的振幅 $A=1.0\times10^{-6}\ \mathrm{m}$,试求耳中声波的能流密度.

***4.58** 离一点声源 $x=10$ m 处的声强级为 30dB,设介质无吸收,求离声源 $x_2=20$ m 处的声强级.

4.59 某平面简谐波波源的振动角频率 $\omega=12.56\times10^2\ \mathrm{rad/s}$,振幅 $A=1.0\times10^{-2}\ \mathrm{m}$,波速 $u=380\ \mathrm{m/s}$.当 $t=0$ 时,波源处振动位移恰为正方向最大值,波沿 x 轴正方向传播,试求

(1) 波函数;

(2) 沿波传播方向距波源为 $3\lambda/4$ 处的振动方程;

(3) $t=T/4$ 时,波源与距波源为 $\lambda/4,\lambda/2,3\lambda/4$ 及 λ 的各点各自偏离平衡位置的位移;

(4) $t=T/2$ 时,上述各点偏离平衡位置的位移;

(5) 根据(3)、(4) 结果画出此两时刻的波形;

(6) $t=T/4$ 时,距波源 $\lambda/4$ 处的振动速度.

4.60 一波的频率为 500 Hz,波速为 350 m/s.试求

(1) 相位差为 $\pi/3$ 的两质点间的距离;

(2) 在某点前后间隔 10^{-3} s 的两个状态间的相位差.

4.61 已知平面简谐波

$$\xi=0.12\cos(10^5\pi t-200x)\quad(\mathrm{SI}),$$

式中 t 以 s 为单位,x 以 m 为单位.试求

(1) 波长、波速和频率;

(2) $x_1=8$ m,$x_2=8.5$ m 两点振动的相位差.

***4.62** 当特别快车急速驶离车站时,站台上测量仪器测得其汽笛频率由1 200 Hz 变为 1 000Hz.设当时空气中声速为 $u=330$ m/s.求列车速度 v.

第五章　光的干涉、衍射和偏振

干涉和衍射是波的重要特征．光的干涉和衍射在现代科学技术中具有重要作用．光的干涉是许多精密测量的理论基础．衍射是光学测量必须考虑的因素．X 射线的衍射是探测晶体结构的常用手段，光的衍射理论又是现代信息光学的生长点．光的偏振则说明了光是横波，偏振片是一种常用的光学元件．

本章讨论几种典型的光的干涉和衍射图像，偏振光的获得和检验以及它们的应用．

5.1　波 的 叠 加

1．波的叠加原理　几个人同时讲话，我们能分清每个人的声音；交响乐队在演奏，我们能辨别各种乐器的发声；雨水落在湖面上，会激起各自的涟漪．观察和研究表明，当几列波同时通过介质，它们可以保持自己的特性（频率、振幅、振动方向、波速、传播方向等），好像在传播过程中没有遇到其他波一样．在几列波相遇的区域内，任一点振动，是各列波单独传播时在该点引起的振动的合成．这一规律称为**波的独立传播原理**或**波的叠加原理**．在空间传播着各种频率的无线电波，但我们能随意选择要接收的电台，这是电磁波独立传播的例子．

2．波的干涉　波的干涉是波的叠加的重要特例．实验发现，两列同类波当满足频率相同、振动方向一致和初相差恒定的条件时，在它们相遇的区域，会形成某些地方振动稳定地加强，另一些地方振动稳定地减弱的现象，这种现象称为**波的干涉**．能产生干涉现象的波称为**相干波**，相应的波源称为**相干波源**．

设 S_1、S_2 为两相干点波源，角频率均为 ω，振动表示式分别为

$$\xi_{10}=A_{10}\cos(\omega t+\varphi_1),$$

$$\xi_{20}=A_{20}\cos(\omega t+\varphi_2),$$

考察同一介质中距两波源 S_1、S_2 分别为 r_1、r_2 远处的一点 P 的振动（图 5.1），由上两式可写出各自激发的波函数和在 P 点引起的振动：

$$\xi_{1P}=A_1\cos\left[\omega\left(t-\frac{r_1}{u}\right)+\varphi_1\right],$$

$$\xi_{2P}=A_2\cos\left[\omega\left(t-\frac{r_2}{u}\right)+\varphi_2\right],$$

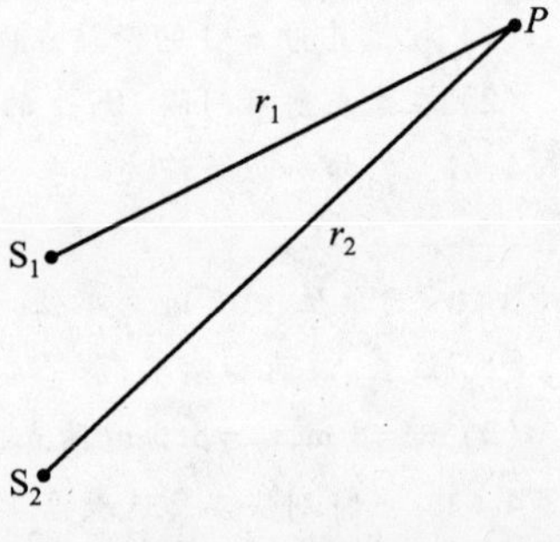

图 5.1　波的叠加

u 为波速．根据波的叠加原理，P 点的振动是这两个同方向同频率简谐振动的合成，它也是同频率的简谐振动，其振幅 A 由式（4.17）可求得为

$$A^2 = A_1^2 + A_2^2 + 2A_1A_2\cos(\Delta\varphi), \tag{5.1}$$

$\Delta\varphi$ 为 P 点两振动的相位差，即

$$\Delta\varphi = \varphi_1 - \varphi_2 - 2\pi\frac{r_1 - r_2}{\lambda}. \tag{5.2}$$

$\delta = r_1 - r_2$ 称为波程差，若 $\Delta\varphi = 2k\pi(k = 0, \pm1, \pm2, \cdots)$，$P$ 点的振幅 A 最大，为 $A = A_1 + A_2$，振动最强. 若 $\Delta\varphi = (2k+1)\pi(k = 0, \pm1, \pm2, \cdots)$，$P$ 点的振幅 $A = |A_1 - A_2|$，振动最弱. 其他情况处于两者之间，其大小也由 $\Delta\varphi$ 决定. 而由式(5.2)可见，$\Delta\varphi$ 只因空间位置 r_1、r_2 的不同而不同，而不随时间变化，因此在空间形成了稳定的加强或减弱，对光来说就形成明、暗条纹.

在 $\varphi_1 - \varphi_2 = 0$ 即波源初相差为零的情况下，

$$\Delta\varphi = 2\pi\frac{r_1 - r_2}{\lambda}, \tag{5.3}$$

这时最强（称为**相长干涉**）和最弱（称为**相消干涉**）的条件可写为

$$\left.\begin{aligned} &\delta = r_1 - r_2 = \pm k\lambda, && k = 0,1,2,\cdots \quad \text{相长干涉} \\ &\delta = r_1 - r_2 = \pm(2k+1)\frac{\lambda}{2}, && k = 0,1,2,\cdots \quad \text{相消干涉} \end{aligned}\right\} \tag{5.4}$$

干涉强弱是相位差的反映，干涉图像的强度分布，可以看成是相干波相位差空间分布的一种记录.

3. 驻波 在一条直线上有两列振幅相同的相干波相向传播，产生的干涉图像称为驻波，由于波传到两种介质的界面上时会发生反射，因此，波在有限大小介质中传播时，入射波和反射波会因干涉而形成驻波.

设同一直线上的 A，B 两点间相距 L，有两列振幅相同，初相一致的相干波相向传播，沿直线取 x 轴，原点取在 A，B 中点，即离一端为 $L/2$ 处（图 5.2）.

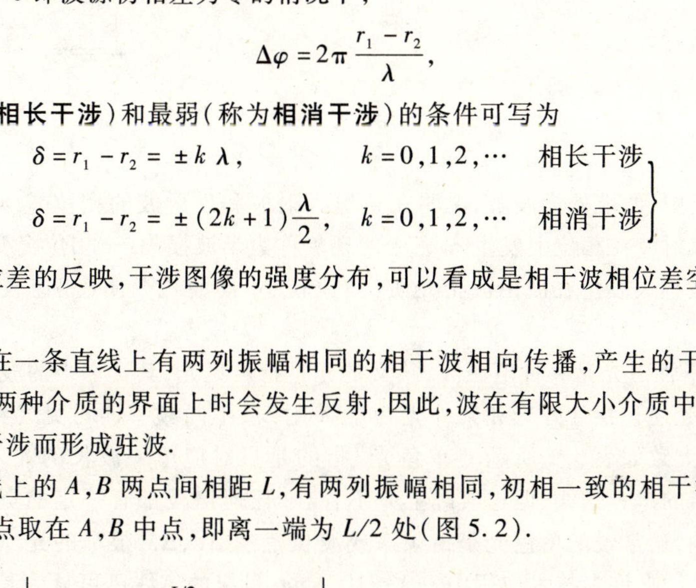

图 5.2 讨论驻波用图

在直线上任一点 x 处，两列波的波程差

$$\delta = \left(\frac{L}{2} + x\right) - \left(\frac{L}{2} - x\right) = 2x.$$

由式(5.4)可知，在 $x = \pm 2k\lambda/4(k = 0,1,2,\cdots)$ 各处为相长干涉，振幅为 $2A$，这些点称为**波腹**；在 $x = \pm(2k+1)\lambda/4(k = 0,1,2,\cdots)$ 各处为相消干涉，振幅为零，这些点静止不动，称为**波节**. 相邻两波节的距离为 $\lambda/2$，相邻两波腹间距离也为 $\lambda/2$. 这样，波节把驻波分为若干段，中间为波腹，两边各点振幅逐渐减小，直至波节处为零，图 5.3 为一音叉在弦线上产生的驻波的演示实验.

拨动弦乐器的弦，在其上产生的来回波也会形成驻波. 由于弦的两端固定不动，此两点必为波节，因此两端间的距离 L 必为 $\lambda/2$ 的整数倍，也就是说在此弦上只能产生满足波长

$$\lambda = \frac{2L}{n}, \quad n = 1, 2, 3, \cdots$$

的驻波，于是弦只能发出某些音调（频率）的音，调节弦的绷紧程度，即改变波速，可以改变相应的波长，从而达到调音的目的.

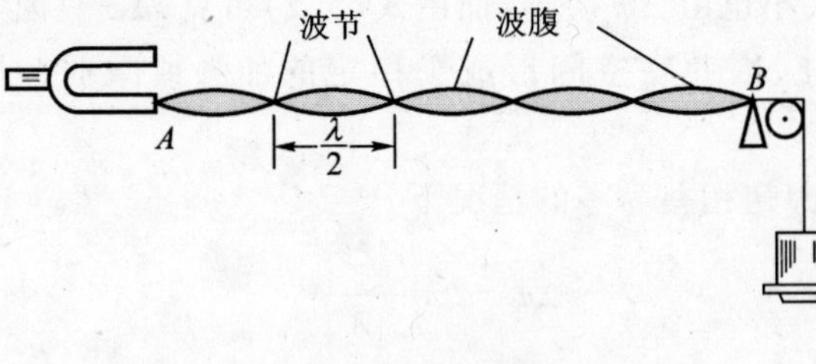

图 5.3　驻波实验

在上述情况中，两端处为波节，说明在这里入射波和反射波的相位差 π. 这种在同一点的反射波相对入射波在相位上发生 π 突变的现象称为**半波损失**（π 相位突变，相当附加 $\lambda/2$ 的波程差），半波损失发生在波由波密介质（波速较小）向波疏介质（波速较大）反射时的分界面上.

4. 光的相干性　光是一种电磁波，狭义的光是指可见光，其真空中的波长 λ 约为 770 ~ 390 nm. 广义的光还包括红外光和紫外光乃至 X 射线，不同频率的可见光给人以不同的颜色感觉，其色谱大致如表 5.1 所示. "单色光"指的是只对应单一波长的光. 从光谱角度看，它意味着无限窄的单一谱线，但这实际上并不存在. 任何谱线都有一定的宽度，其频率或波长有一定的范围，通常说的单色光是指频率或波长范围 $\Delta\nu$、$\Delta\lambda$ 很窄的光. 单色光的波长是指"中心波长 λ_0". 在许多技术应用中，$\Delta\lambda \approx 10^{-3}$ nm 量级的谱线已可认为是很好的单色光. 普通光源中单色性最好的氪灯其 $\lambda_0 = 605.7$ nm，$\Delta\lambda = 4.7 \times 10^{-3}$ nm. 激光是非常理想的单色光，如常用的氦氖激光，其 $\lambda_0 = 632.8$ nm，$\Delta\lambda = 10^{-8}$ nm.

表 5.1　可见光的色谱

颜色	红	橙	黄	绿	青	蓝	紫
λ/nm	770 ~ 620	620 ~ 600	600 ~ 580	580 ~ 490	490 ~ 450	450 ~ 435	435 ~ 390

前面所讲的相干条件，对光来说，除激光外的普通光，一般情况下是无法满足的. 因为普通光是由大量原子、分子的能级跃迁而产生的辐射形成的. 这种跃迁辐射是间歇的，无规则的，每次辐射的时间小于 10^{-8} s，不同原子的光辐射，或同一原子前后的光辐射，相互独立毫不关联，它们在频率、振动方向和相位上是随机的. 普通光由一段段长度有限的光波组成（如图 5.4 所示），每一段短短的光波叫做**波列**；各波列间的频率、振动方向和初相均呈无规则状况，它们的叠加结果，不到 10^{-8} s 就会改变一次，人们观察不到任何稳定的图像.

在实验中，人们可以采用单色光源来获得相同频率的光，可以用偏振片（见 5.5 节）来

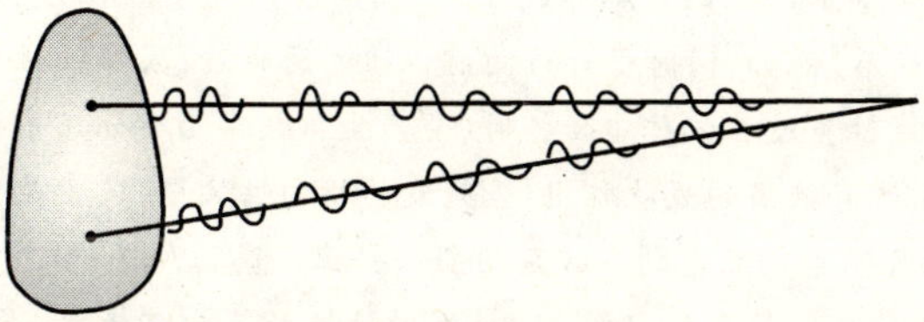

图 5.4 普通光源的波列

使两束光振动方向一致. 因此要实现光的干涉关键在于使两束光的光源初相差保持恒定. 按式(5.1),两束频率相同,振动方向一致的光叠加的结果,若用光强表示则为

$$I = I_1 + I_2 + 2\sqrt{I_1 I_2}\cos(\Delta\varphi). \tag{5.5}$$

普通光源的 $\Delta\varphi$ 不到 10^{-8} s 就会改变一次,而人眼只能观察到 10^{-1} s 内光的平均值. 在这段时间内 $\Delta\varphi$ 可以机会均等地取 $0 \sim 2\pi$ 间的所有值,因此平均值 $\langle\cos(\Delta\varphi)\rangle = 0$,观察到的光强

$$I = I_1 + I_2, \tag{5.6}$$

亦即,这两束光叠加后的光强等于每束光的光强之和. 这就是平时开两盏灯比开一盏灯亮一倍的感觉,这种叠加称为**非相干叠加**. 只有当 $\langle\cos(\Delta\varphi)\rangle \neq 0$ 时,两束光才按式(5.5)方式叠加,称为**相干叠加**, $2\sqrt{I_1 I_2}\cos(\Delta\varphi)$ 称为**干涉项**.

例 5.1 相干叠加和非相干叠加 两点光源相距 $\Delta r = 1.0 \times 10^{-6}$ m,都发射波长 $\lambda = 550$ nm 的单色光,在两光源连线外侧的某观测点 P,测得每个光源单独发光时的光强 $I_0 = 2\text{W/m}^2$. 若两光源同时发光,问(1) 两光源不相干时,测得光强是多少?(2) 两光源满足相干条件时,测得光强又是多少?

解:(1) 由式(5.6),非相干叠加结果

$$I = I_1 + I_2 = 2I_0 = 4\text{W/m}^2$$

(2) 由式(5.5),相干叠加结果为

$$I = I_0 + I_0 + 2\sqrt{I_0 I_0}\cos(\Delta\varphi) = 4I_0\cos^2\left(\frac{\Delta\varphi}{2}\right),$$

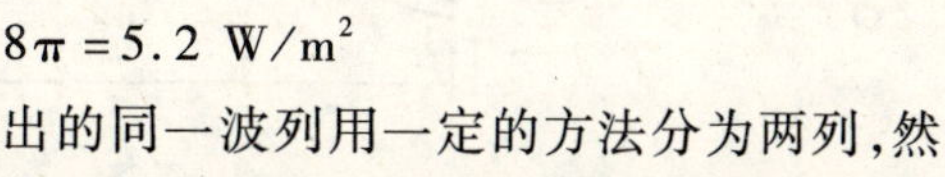

图 5.5 例 5.1 图

其中 $\Delta\varphi = 2\pi\dfrac{\Delta r}{\lambda} = 2\pi\dfrac{1.0 \times 10^{-6}}{550 \times 10^{-9}} = 3.6\pi$,所以

$$I = 4 \times (2\text{W/m}^2) \times \cos^2 1.8\pi = 5.2\ \text{W/m}^2$$

为了获得相干光,常用的办法是将普通光源发出的同一波列用一定的方法分为两列,然后使它们通过不同的波程重新相遇. 由于同一波列分成的两波列,它们的频率、振动方向和初相总是相同的,因而能满足相干条件.

激光的波列可长达 10^4 m 数量级,激光源的发光面,即激光器输出端面上各点发出的光,其频率、振动方向和相位都相同,因此一个激光光源发光面上各部分发出的光也是相干的(见7.5 节).

不论哪种情况,相干光源的初相差都为零,因而常用式(5.4)来讨论其相长、相消条件.

5. 非线性效应 当振幅很大时,波相遇时不满足叠加原理,满足叠加原理的波称线性波(相应的动力

学方程为线性方程)，不满足叠加原理的波称非线性波(相应的动力学方程为非线性方程). 叠加原理不成立是非线性波的一个突出性质. 例如，同时平行地向前传播的两声波，因非线性效应会产生组合声波，两个角频率为 ω_1、ω_2 载频的非线性声波在流体中传播时，会产生角频率 $\omega_1-\omega_2$(差频)、$\omega_1+\omega_2$(和频)的波，由于流体对载频、和频等高频波有较强的吸收作用，差频波的指向性又很强，于是留下的主要是差频波.

1834 年英国船舶工程师罗素偶然看到在摇荡的船头挤出一高约 0.3～0.5 m、长约 10 m 的水堆，当船突然停止时，这堆水依然保持自己的形状以约 13 km/h 的速度沿河向前传播. 罗素骑马追逐了 3 km 才看到它逐渐消失，他将这堆水称为**孤波**. 孤波在传播过程中保持形状不变，这与一般水波不同. 一般水波在传播中由于不同频率成分的波速不同(这种现象称为色散)使波形逐渐消失，孤波是在介质对大振幅波的非线性效应和介质的色散效应的共同影响下所形成的特殊的波. 孤波在传播过程中保持形状不变的性质称为稳定性. 近年来在各种不同领域中孤波获得了很多应用，例如，光纤通信中利用光学孤波可以克服低强度光脉冲传输中信息量低质差的缺点，并能使信息容量提高 1～2 个数量级，无中继距离达 8 000 m. 又如生物物理研究表明，生物的各个组织及组成它们的蛋白质与孤波的运动紧密相关. 利用蛋白质中的孤波可以有效地解释蛋白质中能量和信息的高效传递，从而使一些生理机制得到解释. 目前已能在分子水平上解释肌肉收缩等原因，利用 DNA 的孤波可解释其解链和复制.

5.2 光的干涉及其应用

1. 双缝干涉 如图 5.6 所示，一激光束在 S_1、S_2 两狭缝处形成两个新的光源，它们满足相干条件. 在 S_1、S_2 发出的光相遇区域置一屏幕 V，在 V 上能观察到明暗相间的条纹. 下面就来讨论明暗条纹的分布情况. 通常两缝的间距 d 仅为 1 mm 左右，屏幕 V 离光源 S_1、S_2 的距离 D 为 1 m 以上，即 $D \gg d$. 因而从 S_1、S_2 到屏幕上某点 P 的连线近似平行，它们与水平方向的夹角都为 θ，且 θ 很小，图中 Q 点应离 S_1、S_2 很近，OQ 近似等于 D，从光源发出的光经 S_1、S_2 通过不同路径在 P 点相遇时的路径差

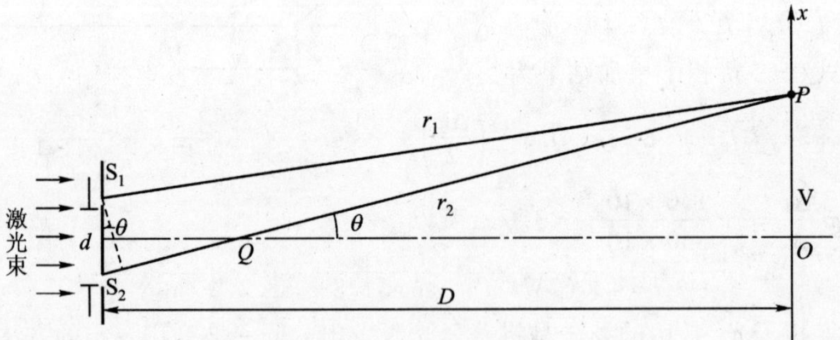

图 5.6 双缝干涉

$$r_2-r_1=d\sin\theta\approx d\tan\theta\approx d\frac{x}{D},$$

x 为屏幕中央 O 到 P 点的距离. 在满足

$$d\frac{x}{D}=\pm k\lambda,$$

即
$$x=\pm k\frac{D}{d},\quad k=0,1,2,\cdots \tag{5.7}$$
处发生相长干涉，为明条纹的中心. 在满足
$$d\frac{x}{D}=\pm(2k-1)\frac{\lambda}{2},$$
即
$$x=\pm(2k-1)\frac{D}{d}\frac{\lambda}{2},\quad k=1,2,\cdots \tag{5.8}$$
处发生相消干涉，为暗条纹的中心. 式(5.7)、(5.8)中的 k 称为干涉级，其起始值为式中可以取的最小值，形成第 k 级明条纹中心的两束光的路径差为 $k\lambda$.

将 k、$k+1$ 代入式(5.7)或式(5.8)，然后相减即得第 k 级与第 $k+1$ 级明纹或暗纹中心的间隔为
$$\Delta x=\frac{D}{d}\lambda,$$
它与 k 无关. 可见双缝干涉条纹是一组均匀排列、等距的明暗相间条纹. 若每束光的振幅为 A，强度为 I_0，则在明纹中心，光的振幅为 $2A$，强度为 $4I_0$，在暗纹中心振幅、强度均为零. 中间逐步过渡，图 5.7 给出双缝干涉条纹强度分布曲线，可以证明它是一个余弦平方曲线.

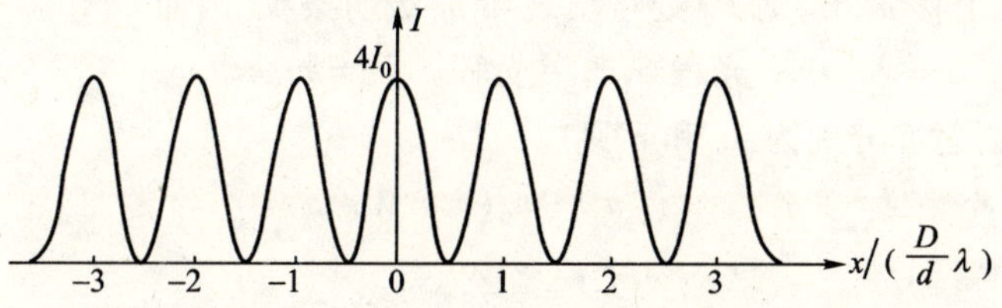

图 5.7　双缝干涉条纹强度分布曲线

2. 光程　如图 5.8，在双缝装置中的一缝后放一长为 l 的透明气室. 当气室里充以某种气体时，屏幕上的干涉条纹会发生移动，移过的条数与气体的浓度有关. 据此，可用这种装置进行气体浓度的测量. 充入气体后条纹移动，这一事实说明光在真空中和在介质中经过同样路径引起的相位差是不同的.

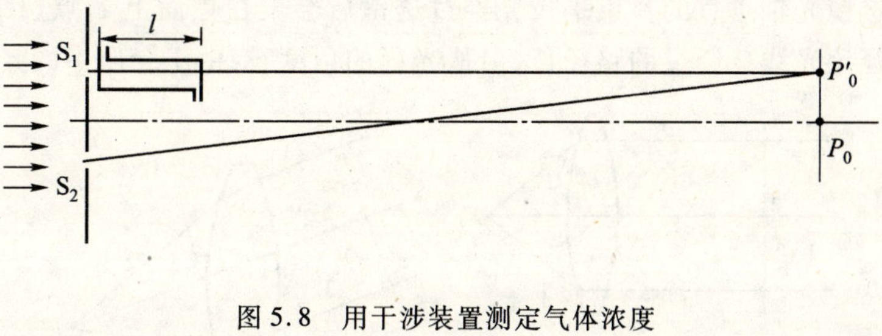

图 5.8　用干涉装置测定气体浓度

一束光通过不同介质时，频率不变，而光速不一样，波长也不相同. 真空中光速为 c，介质中光速为 c/n，所以真空中波长为 λ 的光在介质中的波长为

$$\lambda' = \frac{\lambda}{n},$$

n 为介质折射率，光在真空中通过路径 l 后引起的相位变化为

$$\Delta\varphi = 2\pi\frac{l}{\lambda}. \tag{5.9}$$

在介质中通过同样路径引起的相位变化为

$$\Delta\varphi' = 2\pi\frac{l}{\lambda'} = 2\pi\frac{nl}{\lambda}. \tag{5.10}$$

比较式(5.9)和式(5.10)可以看出，通过同样的几何路径，光在介质中引起的相位变化是真空中的 n 倍. 我们将光通过的几何路径 l 与介质折射率 n 的乘积 $\Delta = nl$ 称为**光程**. 不论光在真空中还是在某种介质中传播，只要通过的光程相同，它们引起的相位差就相同. 用光程讨论相位问题时，可以不去理会光是在什么样的介质中传播. 这样，也就把介质中的问题化作了等效的真空中的问题.

回到前面的问题，双缝干涉实验装置 S_1 后面放一长为 l 的透明容器. 当某种气体注入容器而将空气排出后，从 S_1 射出的光经过容器时光程要增加. 原先达到屏幕上与 S_1、S_2 对称的 P_0 处时光程差为零而出现的零级明条纹现在应该出现在 P_0 的上方 P'_0 处，因而整个条纹上移. 若条纹上移 m 条，则 P_0 处将出现第 m 级明条纹. 因而

$$\text{光程 } S_1P_0 - \text{光程 } S_2P_0 = m\lambda.$$

设空气和气体的折射率分别为 n_0 和 n'则

$$n'l - n_0 l = m\lambda,$$

$$n' = \frac{m\lambda}{l} + n_0,$$

由上式可根据已知的 n_0、λ、l 及测得的条纹移动数 m 求得充气容器中的气体的折射率 n'. 气体的折射率与浓度有关，由此还可推求其浓度.

上述讨论中，我们没有顾及容器壁对光程的影响，或者认为容器壁的厚度几为零，事实上这是不可能的. 有一定厚度的容器壁同样会引起条纹的移动，为了消除这一影响，可在 S_2 后放一同样的空置容器. 这样，虽然来自 S_1、S_2 的光程由于容器的存在而有所变化，但两者的变化相同，不产生光程差，这样便消除了容器壁的影响.

波阵面与透镜光轴垂直的一束平行光经过透镜后会聚在焦面上 F 点(图 5.9). 显然光线 1 经过的路径比光线 2 经过的路径长，但从光程的角度看，由于介质中的光程是几何路径

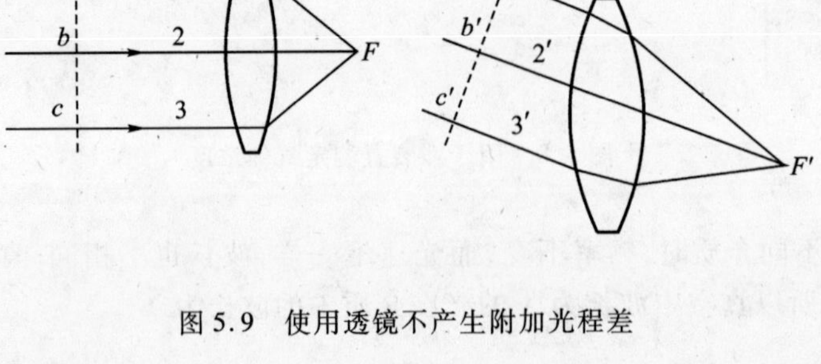

图 5.9 使用透镜不产生附加光程差

与折射率 n 的乘积,因此这两束光线的光程有可能相等. 实验表明 F 是个亮点,这说明这一束光在 F 点会聚时光程相等,即会聚在焦点的各光线,从垂直于入射光束的任一平面算起,直到会聚点,并不因透镜的存在而产生附加的相位差. 如图中光线 1、2、3 在 a、b、c 点没有相位差,通过透镜会聚在 F 点时也无相位差. 又若图 5.9 中光线 $1'$、$2'$、$3'$在 a'、b'、c'点有相位差,则在 F'点会聚时也有相同的相位差. 因此透镜的使用可以改变光的传播方向,但不产生附加的相位差.

例 5.2　瑞利干涉仪　瑞利在 1896 年设计了一种干涉仪,用于测量气体或液体的折射率,如图 5.10 所示. 它本质上是一个双缝干涉装置,但在双缝前和观察屏前各加一个透镜,使亮线会聚在屏上的 O 点,以增强条纹的强度. 在 S_1、S_2 的光路中各放一长为 l 的透明容器,将待测气体注入 T_1 容器,便能在屏上看到干涉条纹的移动,已知容器长 $l=2.0$ cm,入射光波长 $\lambda=589.3$ nm,条纹移过 20 条,已知空气折射率 n_0 为 1.000 276,求待测气体折射率.

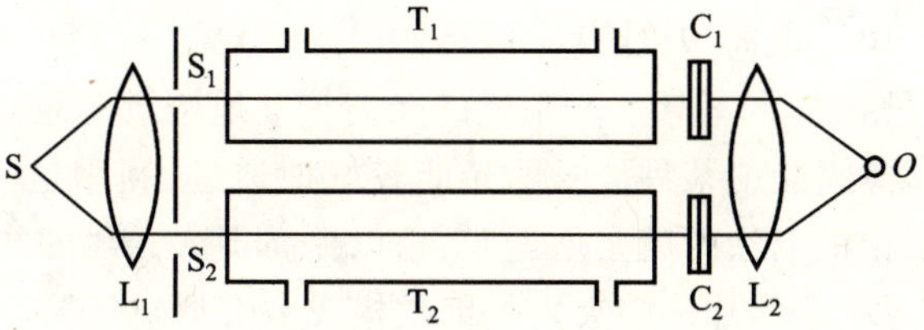

图 5.10　瑞利干涉仪

解:由 S_1、S_2 发出的光线经两容器后至 O 会聚时的光程差引起条纹移过 $m=20$ 条. 待测气体折射率为 n,则两者光程差为

$$nl-n_0l=m\lambda,$$

$$n=\frac{m\lambda}{l}+n_0=20\times\frac{589.3\times10^{-9}}{2\times10^{-2}}+1.000\,276$$

$$=1.000\,865\,3.$$

用这种仪器可测定气体的含量,它可以制成携带式以便于在矿井、烟道中检测有害气体.

3. 薄膜干涉　观察照相机,会发现镜头通常是有色的,这是因为镜头外面涂有一层光学薄膜. 从薄膜上下表面的反射光干涉的结果,使镜头看上去呈现一定的颜色. 肥皂泡、鸟类羽毛的颜色,雨天从水面上油膜反射的光形成的彩色花纹都是透明薄膜干涉的结果. 薄膜干涉常用于干涉计量,如测定细丝、滚珠直径,判断零件表面光洁度等. 利用薄膜干涉制成的高反膜、增透膜、干涉滤光片等光学元件有着广泛的应用.

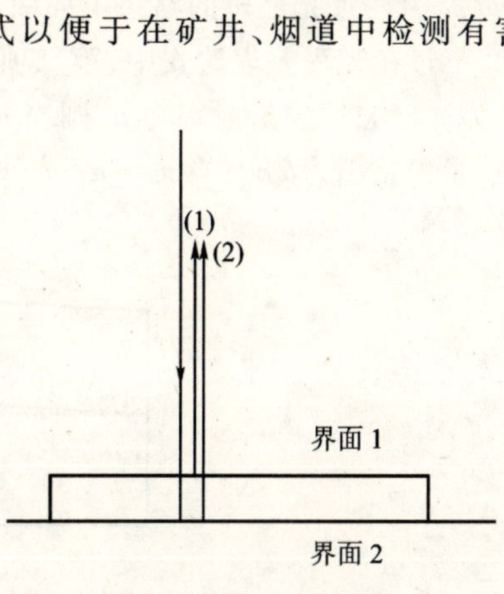

图 5.11　薄膜干涉

如图 5.11 所示,在玻璃上覆盖一层厚为 d,折射率为 n 的透明介质薄膜. 光近乎垂直入射到界面 1 上,一

部分成为反射线(1)；另一部分透入薄膜在界面2反射，再经界面1透射出来，成为光线(2). 光线(1)、(2)是同一光源分成的两束光，因而是相干的. 它们在界面1上相遇时发生相长干涉，还是相消干涉，取决于光线(1)和(2)的光程差.

例 5.3 增透膜 在玻璃片上用蒸发方法镀上一层厚 1.01×10^{-7} m 的氟化镁薄膜，其折射率为1.38，玻璃折射率为1.50，白光垂直入射时，哪种波长的可见光能较好地透过薄膜?

解: 某种波长的光既然透过最多，必然反射得最少，因而它从薄膜上下表面反射时产生相消干涉. 当光线垂直入射时，从上下表面反射的光的光程差为 $2nd$，根据上面分析，波长为 λ 的光透过最多，则

$$2nd=(2k+1)\frac{\lambda}{2},\quad k=0,1,2,\cdots$$

$$\lambda=\frac{4nd}{2k+1}=\frac{4\times1.38\times1.01\times10^{-7}}{2k+1}\ \text{m}=\frac{5.58\times10^{-7}}{2k+1}\ \text{m}.$$

当 $k=0$ 时，$\lambda=5.58\times10^{-7}$ m. $k=1$ 时，$\lambda=1.86\times10^{-7}$ m，已进入紫外区. $k>1$ 时，波长更短，所以在可见光范围内只有 5.58×10^{-7} m 附近的光能较好地透过薄膜.

由于干涉的结果，薄膜能使某种波长的光能较好地透过，利用这一点可制成减少反射，增加透射的增透膜，照相机上涂的就是增透膜，用以提高摄入光线的能力.

如图5.12所示，两块玻璃片一端夹入一细丝构成一劈形空气薄膜，简称**劈尖**，这是一种厚度不均匀的薄膜. 光线垂直入射时，从上、下表面反射的两束光相遇时，因传播不同距离产生的光程差为 $2nd$，对空气薄膜而言近似于 $2d$. 在棱处厚度 $d=0$，按说光程差为零，应是一明条纹. 然而实验告诉我们劈形空气膜在棱处出现的是暗条纹. 这说明从上、下界面反射的两束光线相位差为 π，相当于 $\lambda/2$ 的光程差. 原来，光以接近垂直的方向入射到两种介质的界面，从光密介质(折射率相对为大的介质)向光疏介质(折射率相对为小的介质)反射时，反射光会产生 π 相位突变，也就是半波损失. 对空气薄膜，在上表面反射时，光线(1)由光疏介质(空气)向光密介质(玻璃)反射，不发生半波损失，在下表面，光线(2)由光密介质(玻璃)向光疏介质(空气)反射，就会产生半波损失，因而这两束光的光程差为 $2nd+\lambda/2$. 第一项 $2nd$ 是由两束光经过的路径不同引起的，第二项是由光线(2)在下表面反射时半波损失引起的. 不过在光程差表达式中，第二项不一定出现，如果薄膜上面介质和下面介质的折射率分别为 n_1、n_2，薄膜折射率为 n，则当 $n_1<n<n_2$ 时两个界面反射的光都发生半波损失，两者抵消，光程差仍为 $2nd$；当 $n_1>n>n_2$ 时，光从两个界面反射时都不发生半波损失，两者光程也

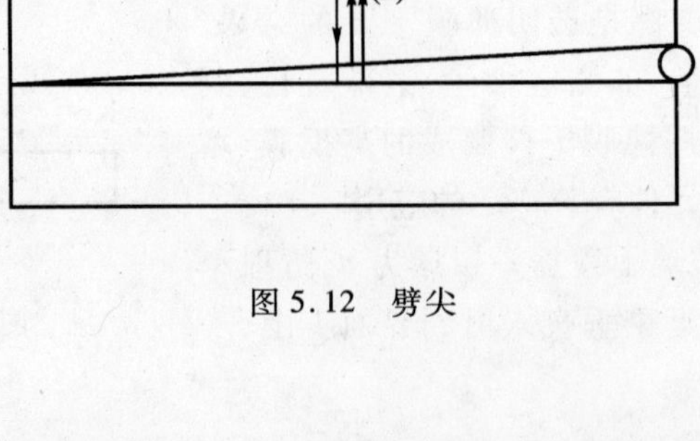

图 5.12 劈尖

为 $2nd$.

从薄膜上、下表面反射的光的光程差等于 $2nd$ 或 $2nd+\lambda/2$,由此可见对厚度不均匀薄膜,厚度相同处光程差相同,干涉情况一样,表面的干涉条纹沿薄膜的等厚线分布,因而称为**等厚干涉**. 劈形薄膜产生一组与棱平行的明暗条纹. 当然这是理想的情况,即膜的两个表面十分光洁,如果不光洁,在与棱平行的某直线下对应的薄膜厚度可能不等,形成的条纹就不再是一系列与棱平行的直线. 据此可用等厚干涉条纹来判断平面的光洁度. 利用这个原理制成的显微干涉仪常用来检验精密零件的光洁度.

例 5.4 微小角度的测量 在两块玻璃板一端夹一细丝构成一劈形空气薄膜. 用 500 nm 波长的光垂直射到玻璃板上,在 1.00 cm 内观察到 12.0 条条纹. 求薄膜的楔角 α.

解: 由于从下表面玻璃反射的光发生半波损失,因而从两表面反射的光程差为 $2d+\lambda/2$,当满足

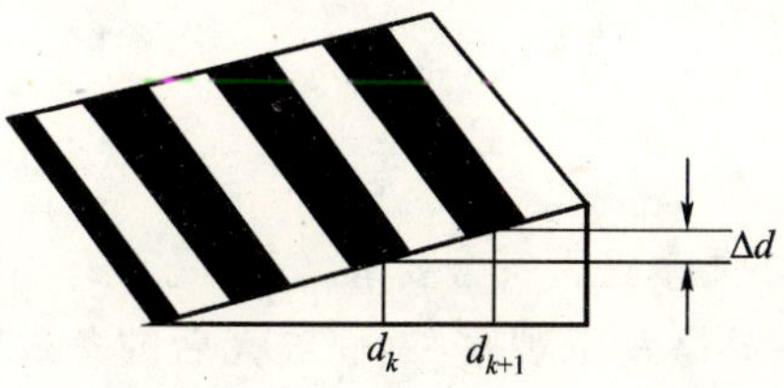

图 5.13 例 5.4 图

$$2d+\frac{\lambda}{2}=(2k+1)\frac{\lambda}{2},$$

即
$$2d=k\lambda,\quad k=0,1,2,\cdots$$

时为暗条纹. 相邻干涉条纹所在处薄膜厚度差

$$\Delta d=d_{k+1}-d_k=\frac{\lambda}{2}.$$

若相邻两干涉条纹的间距为 l,则楔角

$$\alpha=\frac{\Delta d}{l}=\frac{\lambda}{2l}.$$

据题意
$$l=\frac{1}{12.0}\ \text{cm}=0.083\ 3\ \text{cm}$$

$$\alpha=\frac{5.00\times10^{-7}}{2\times8.33\times10^{-4}}=3.00\times10^{-4}\text{rad}=1.03'$$

这样小的角度如用一般测角方法,必须用高精密测角仪进行. 利用干涉进行测量,装置简单,精度也高. 此法常用于细丝直径测量. 若测出玻璃板的长度 $L=5.00$ cm,则搁至玻璃板边缘的细丝直径

$$D=L\alpha=5.00\times3.00\times10^{-4}\ \text{cm}=1.50\times10^{-3}\text{cm}=0.015\ 0\ \text{mm}.$$

进行 $L=5.00$ cm 读测的精度要求并不高(用米尺即可),条纹判别到 0.1 条不是困难的事,但能对百分之几毫米的细丝直径测得三位有效数字,而使用螺旋测微器只能达到二位有效数字.

上面是针对暗条纹进行讨论的,容易看出,对明条纹以 $2d+\dfrac{\lambda}{2}=k\lambda$ 进行讨论,得出的结果是相同的.

例 5.5 牛顿环 如图 5.14,在一块平玻璃上放一平凸透镜,从装置的上方进行观察,可以看到圆形的明暗相间条纹,牛顿首先观察到这一现象,因而常称为牛顿环. 试用透镜的曲率半径 R 来表示明暗条纹半径.

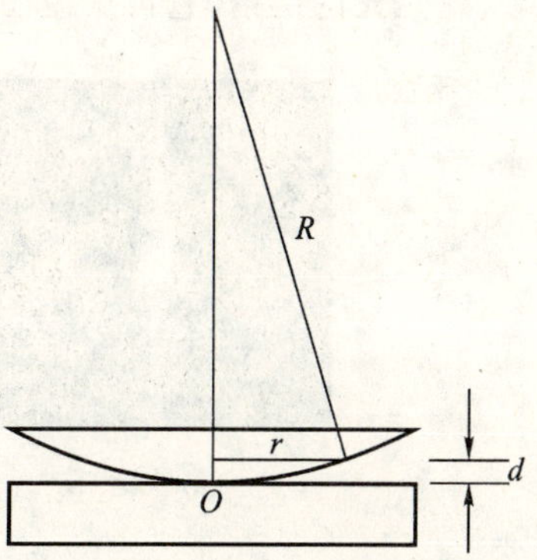

图 5.14 牛顿环

解:条纹是从空气薄膜上、下表面反射的光产生干涉形成的,这也是一种等厚干涉.干涉条纹对应着等厚度,因而它们是以接触点 O 为中心的明暗相间的同心环.

半径为 r 处的条纹相应的薄膜厚度 d 与 r、R 的关系由图 5.14 可得

$$r^2 = R^2 - (R-d)^2 = 2Rd - d^2.$$

由于 $R \gg d$,

$$d \approx \frac{r^2}{2R}.$$

由于从下表面反射的光线会产生半波损失,因而从上、下表面反射的光的光程差为 $2e+\frac{\lambda}{2}$,明条纹条件为

$$2d + \frac{\lambda}{2} = 2\frac{r^2}{2R} + \frac{\lambda}{2} = k\lambda,\quad k=1,2,3,\cdots$$

明条纹半径

$$r = \sqrt{(2k-1)R\frac{\lambda}{2}},\quad k=1,2,3,\cdots \tag{5.11}$$

利用牛顿环装置可以检验光学元件的表面质量,如曲率是否符合要求,表面是否有不均匀的缺陷等.牛顿环的条纹很小,为了进行测量常放在显微镜下观察,然而放大后的条纹有一定粗细,其中心很难找准,本章练习题中的 5.50 题介绍了一种克服这一矛盾,消除测量误差的方法.

5.3 光的衍射

1. 光的衍射现象　波在传播过程中,受到障碍物或孔、缝的限制时,会出现偏离直线方向的传播,在障碍物或孔隙背后展衍,这种现象称为波的衍射.它是波动所特有的现象.图 5.15 分别为一束平行光通过狭缝、矩孔和小圆孔时,在其后面屏幕上形成的衍射图样.可以清楚地看到,光束在通过缝和孔后偏离了原来的传播方向进入阴影区,并且出现了光强的不均匀分布,形成明暗相间的衍射条纹,光在遇到障碍物或孔隙后偏离几何光学传播规律的现象,就是**光的衍射**,它再次说明光是一种波.

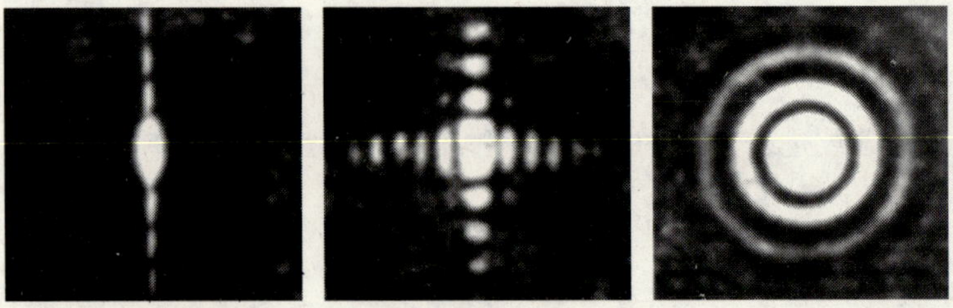

(a) 狭缝　(b) 矩孔　(c) 圆孔

图 5.15　衍射图像

2. 惠更斯－菲涅耳原理 波的衍射现象可以用惠更斯原理来说明. 波动是振动的传播,在波动中任一点,从波传到时起,都可以看作新的波源,这种新的波源称为子波源. 惠更斯指出:波前上的各点都可以看作发射子波的子波源,在其后任一时刻的新波前,就是这些子波的包络面(即与所有子波波前相切的曲面),这就是**惠更斯原理**. 在各向同性的均匀介质中,子波源均发射球面子波.

如图 5.16 所示,一波面与图面交线为直线的水面波前前进时,遇到平行于波面的障碍物,其上有一缝,当缝宽 d 与波长 λ 可比时,波经过缝后发生衍射现象. 用惠更斯原理,在缝上取一些子波源,并以 $u\Delta t$ 为半径(u 为波速,Δt 为时间)作一些半球面(在画面上是一些半圆),它们是各子波在 Δt 时间后的波前,作其包络便得该时刻的新波前. 可以看出,除与缝宽相等部分的波面仍为直线外,两端有弯曲的波面出现,这时水波向缝边缘以外的区域传播,这就定性地解释了波的衍射现象.

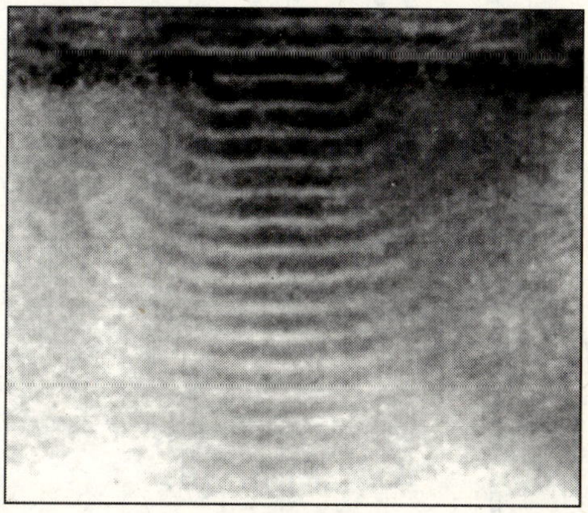

(a) 水波衍射照片

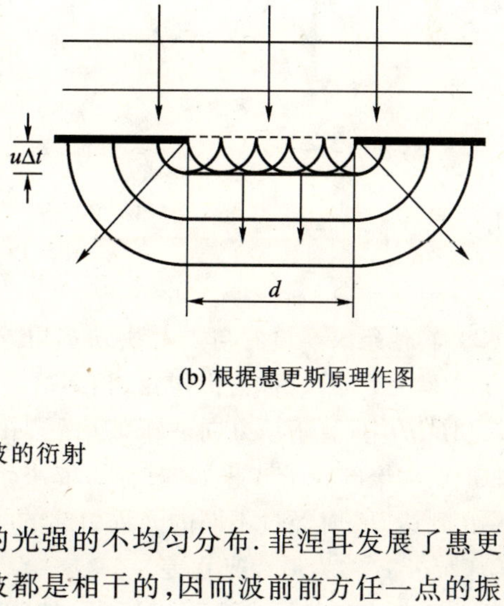

(b) 根据惠更斯原理作图

图 5.16 波的衍射

然而,惠更斯原理无法解释光衍射时出现的光强的不均匀分布. 菲涅耳发展了惠更斯原理,进一步假定从一波阵面上各点所发出的子波都是相干的,因而波前前方任一点的振动是到达该点的所有子波相干叠加的结果,惠更斯原理加上菲涅耳这一补充就称为惠更斯－菲涅耳原理. 如果已知光波在某时刻的波阵面,便可以根据这个原理,计算光传到某给定点时引起的振幅和相位,不过计算过程十分复杂,下面我们只对单缝衍射和圆孔衍射的条纹分布作一介绍.

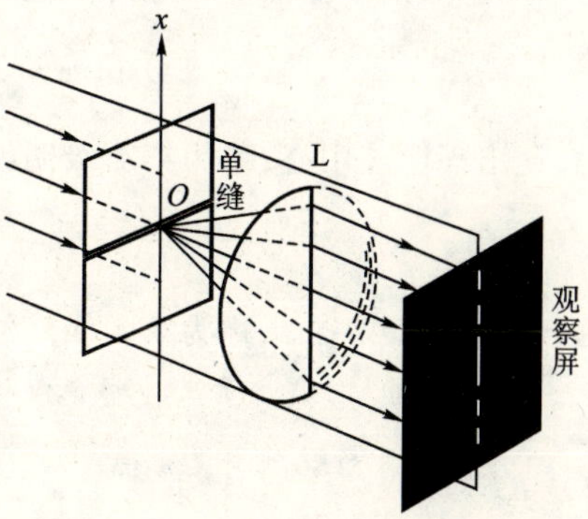

图 5.17 单缝衍射实验装置

3. 单缝衍射 如图 5.17 所示,用一束平行的单色光(波长为 λ)垂直照射到一条单缝上,衍射的结果在这条单缝后面的观察屏上形成如图 5.15(a)所示的衍射条纹. 为了简化讨论,我们考虑屏离缝很远的情况(极限的情况是屏在无限远处). 实验中用在单缝后面放一凸透镜，把观察屏放在透镜的焦平面处来实现.

(1) **中央明纹** 图5.18画出了单缝(为了便于表示，图中缝宽 a 作了夸张性的放大)与图面的截面.由于所有与图面垂直的截面情况都相同，所以只需要对一个截面进行讨论.用平行单色光垂直单缝照射，缝 AB 上各子波源发出球面波向各方向传播.先考虑沿入射方向传播的子波射线[图5.18(a)]，由于这些射线在 AB 处各子波源的相位相同，而透镜不会产生新的光程差，因此它们经透镜在屏幕上会聚于 O 点时相位仍相同，所以相互加强.考虑整个狭缝时，在屏上将观察到过 O 点垂直于图面的明条纹，这就是**中央明纹**，它是单缝上所有子波同相叠加的结果.

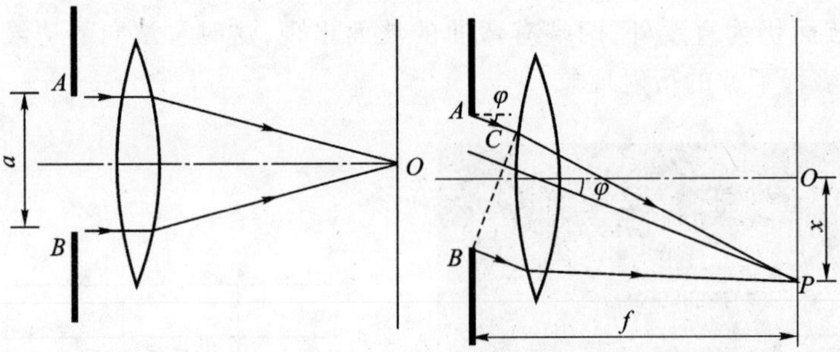

(a) 中央明纹的形成 (b) 会聚于 P 点的子波射线

图5.18 单缝衍射

(2) **其他条纹** 再看与入射线成 φ 角方向传播的子波射线[图5.18(b)]，这些射线将会聚于屏幕上 P 点. φ 称为**衍射角**，相同衍射角的子波射线，会聚于屏幕上同一位置.过 B 点作 $BC\perp AC$，BC 垂直于该方向的子波射线，在这以后直到在屏幕上会聚不再产生新的光程差.在 P 点会聚的各子波叠加的结果，取决于子波在 BC 上的相位差.这一相位差是由各子波从 AB 到达 BC 时经过不同的光程引起的.其中到达 C 点的子波与 B 点处的子波光程差最大，等于 $a\sin\varphi$，称为**最大光程差**.

用惠更斯－菲涅耳原理可以证明，在观察屏上某处位置相应的衍射角 φ 满足

$$a\sin\varphi=\pm(2k+1)\frac{\lambda}{2},\quad k=1,2,3,\cdots \tag{5.12}$$

时，便出现明纹中心，称为第 k 级明纹中心.满足

$$a\sin\varphi=\pm 2k\frac{\lambda}{2},\quad k=1,2,3,\cdots \tag{5.13}$$

处，便出现暗纹中心，称为第 k 级暗纹中心.

设 AB 波面上的 N 个子波，从 A 点起均匀排列到 B 点，若 P 点的位置使 $a\sin\varphi=\lambda$，则第1个子波与第 $\frac{N}{2}+1$ 个子波到达 BC 上时光程差为 $\lambda/2$[图5.19(a)]，它们在屏上会合时发生相消干涉.同样，第2个子波与第 $\frac{N}{2}+2$，第3个子波与第 $\frac{N}{2}+3$ 个子波……直至第 $\frac{N}{2}$ 个子波与第 N 个子波都在 P 点相消，结果在 P

点出现暗点，在屏上形成暗条纹. 若 P 点的位置使 $a\sin\varphi=2\lambda$，我们发现 AB 上第 1 个与第 $\frac{N}{4}+1$ 个，第 2 个与第 $\frac{N}{4}+2$…… 直至 $\frac{N}{4}$ 与第 $\frac{2N}{4}$ 个，以及第 $\frac{2N}{4}+1$ 个与 $\frac{3N}{4}+1$ 个，第 $\frac{2N}{4}+2$ 个与第 $\frac{3N}{4}+2$ 个…… 直至 $\frac{3N}{4}$ 个与第 N 个子波发出的子波射线到达 BC 上时的光程差均为 $\frac{\lambda}{2}$，它们在 P 点会合时也发生相消干涉，形成暗条纹.

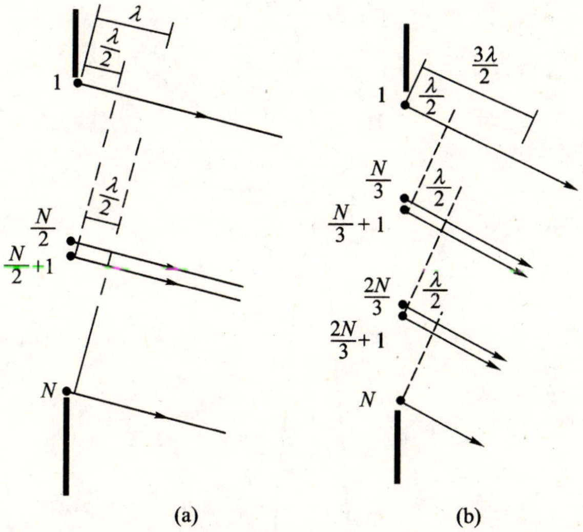

图 5.19　式 5.12 讨论用图

一般来说，当波长为 λ 的平行单色光垂直单缝入射满足

$$a\sin\varphi=\pm k\lambda=\pm 2k\frac{\lambda}{2},\quad k=1,2,3,\cdots$$

时，我们可以把 AB 分成 $2k$ 段，在相邻两段上，相应位置处的子波源发出的子波射线到达 BC 时的光程差为 $\frac{\lambda}{2}$，致使屏幕上相应处出现暗条纹.

当 $a\sin\varphi=3\frac{\lambda}{2}$ 时，将 AB 上的子波分成三段，每段上有 $\frac{N}{3}$ 个子波. 第 1 与第 $\frac{N}{3}+1$，第 2 与第 $\frac{N}{3}+2$… 直至第 $\frac{N}{3}$ 与第 $\frac{2N}{3}$ 个子波源发出的子波射线到达 BC 时的光程差均为 $\frac{\lambda}{2}$[图 5.19(b)]，它们在会合处叠加结果相消. 还剩下 $\frac{N}{3}$ 个子波，到达 BC 时的光程差不为 $\frac{\lambda}{2}$，它们会聚时不会完全相消，结果在屏幕相应处形成一明纹. 中央明纹是所有子波相长叠加的结果，而这里出现的明纹，则是只有 $\frac{N}{3}$ 个子波不完全相消叠加(也不是完全相长叠加)的结果，因而其光强要小得多，计算表明，其强度约只有中央明纹的 5% 左右，这一条纹称为第 1 级明纹.

一般来说，只要满足

$$a\sin\varphi=\pm(2k+1)\frac{\lambda}{2},\quad k=1,2,3,\cdots$$

时，可将 AB 分为 $(2k+1)$ 段，相邻两段子波会合时相消，剩下最后一段不完全相消形成第 k 级明纹，显然随

着 k 值的增大，最后一段包含的子波数越来越少，因而它们的叠加强度也越来越小.

(3) **条纹分布规律** 实验观察到，单缝衍射的中央明纹又宽又亮，其他各级明纹的宽度大约只有其一半，而且强度迅速减弱. 图 5.20 为单缝衍射条纹的强度分布图，纵轴为该处强度 $I(\varphi)$ 与中央明纹中心强度 $I(0)$ 之比.

如果用透镜进行观察，透镜焦距为 f，某衍射角方向的子波射线会聚于 P 点，P 到中央明纹中心 O 的距离为 x[(图 5.18(b)]，根据式(5.12)和(5.13)及图上的几何关系，可得

$$x=f\tan\varphi\approx f\sin\varphi=\begin{cases}\pm 2k\dfrac{f}{a}\dfrac{\lambda}{2}, & \text{暗纹}\\ & k=1,2,3,\cdots\\ \pm(2k+1)\dfrac{f}{a}\dfrac{\lambda}{2}, & \text{明纹}\end{cases}$$

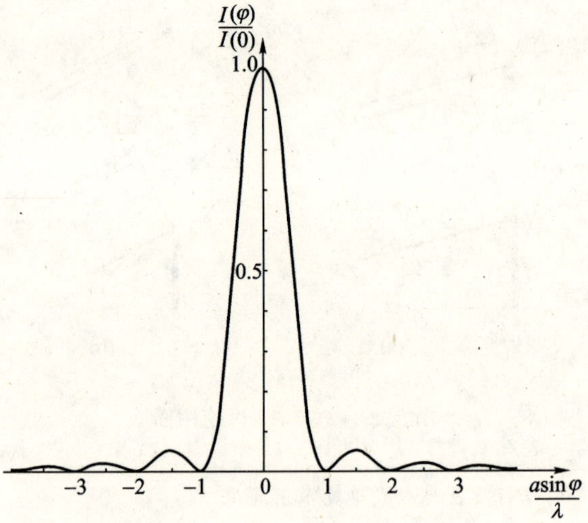

图 5.20 单缝衍射图像光强分布

第 1 级暗纹离 O 点的距离为

$$x_1=f\sin\varphi_1=f\frac{\lambda}{a}.$$

+1 和 -1 级暗条纹间的距离即为中央亮条纹宽度 l_0：

$$l_0=2x_1=2f\frac{\lambda}{a}.$$

其他任意两相邻暗纹中心间的距离称为相应明纹的宽度 l_k：

$$l_k=f\sin\varphi_{k+1}-f\sin\varphi_k=f\left(\frac{k+1}{a}\lambda-\frac{k}{a}\lambda\right)=f\frac{\lambda}{a}=\frac{l_0}{2}$$

可见，各级明纹宽度均为中央明条纹宽度的一半. 因此，单缝衍射条纹的分布规律是除中央明纹外，其他各级明纹是对称的，等距的，它们的宽度均为中央明纹的一半；大部分(约 93%)光能集中于中央明纹，其他明条纹的光强随级数的增大而减小.

从上面讨论还可以看出，狭缝 a 越窄，条纹越宽，或者说，光束受到限制越厉害，衍射后

弥散的程度越大,这是衍射现象普遍规律.当狭缝 a 增大时,条纹变窄,挤在一起看不清楚,只有中央明纹比较明显.当 a 的大小达到只能看到中央明纹,其他各级条纹都观察不清时,衍射现象便可以忽略,中央明纹成了单缝的像,这时可以用几何光学来讨论问题.因此要观察衍射现象,缝宽不能太大(与入射光的波长相比).当然也不能太小,太小了在屏幕上只能观察到一个明亮的中央明纹,因为其他明纹的强度太小,且在离中央条纹很远处以致观察不到.

利用单缝衍射条纹宽度与狭缝宽度的定量关系,可进行一些物理量的测量.实际问题中需要测量某一狭缝宽度的情况不多,但可用来测量微小位移.把需要测量位移的对象与一个标准直边相连,用它同另一个标准直边形成单缝,这个单缝的宽度变化能反映位移的大小.这种方法不仅可用来测量位移,更多地用来测量与位移有关的物理量,如振动(振幅、频率)、热膨胀、形变等.

在上面讨论的情况中,观察屏离单缝为无限远,入射光为平行光,可以认为光源离缝也为无限远,这种衍射称为**夫琅禾费衍射**.如果两个距离中有一个或两个不是无限远,这种衍射称为**菲涅耳衍射**.两种衍射图像定性地看很相似,但菲涅耳衍射图像随距离而变化,夫琅禾费衍射图像则可视为其极限情况.

例 5.6　条纹的角宽度　单缝夫琅禾费衍射中,缝宽 $a=20\ \mu m$,两束平行光垂直单缝入射,它们的波长分别为 $\lambda_1=0.80\ \mu m$ 和 $\lambda_2=0.40\ \mu m$,求

(1) 这两束光通过缝后形成的衍射条纹主极大半角宽度;

(2) 衍射图像中是否会有衍射极小重合.

解:(1) 主极大半角宽度 δ_φ 是指中央明纹中心与第 1 级暗纹中心对单缝中心的夹角,因而其值等于第 1 级暗条纹中心的衍射角 φ_1

$$a\sin\varphi_1=\lambda,$$

由于 φ_1 很小

$$\delta_\varphi=\varphi_1\approx\lambda/a.$$

波长为 λ_1 的光的主极大半角宽度

$$\delta_{\varphi 1}=\lambda_1/a=4.0\times10^{-2}\ \text{rad}.$$

波长为 λ_2 的光的主极大半角宽度

$$\delta_{\varphi 2}=\lambda_2/a=2.0\times10^{-2}\ \text{rad}.$$

(2) 设 λ_1 的 k_1 级暗纹中心与 λ_2 的 k_2 级暗级中心重合,则

$$a\sin\varphi^{(1)}=k_1\lambda_1,$$

$$a\sin\varphi^{(2)}=k_2\lambda_2,$$

重合时应有

$$\varphi^{(1)}=\varphi^{(2)},$$

则

$$k_1\frac{\lambda_1}{a}=k_2\frac{\lambda_2}{a},$$

$$k_2=k_1\frac{\lambda_1}{\lambda_2}=2k_1,$$

即波长为 λ_2 的光的各级暗纹中心与波长为 λ_1 的光的偶数级暗纹中心重合.

4. 圆孔衍射　光通过圆孔时的衍射是直接影响光学仪器分辨本领的一个重要因素. 图 5.15(c)是单色光垂直入射圆孔时的夫琅禾费衍射图像,其中央是一圆形亮斑,周围为一些明暗相间的同心圆环. 中央亮斑最亮,叫艾里斑,其外明环的光强迅速下降,艾里斑是圆孔衍射图像的主要成分(它集中了约 84% 的光能),理论计算求得艾里斑直径

$$d = 2.44\frac{\lambda f}{D}, \tag{5.14}$$

λ 为入射光波长,f 为透镜焦距,D 是圆孔直径,由式(15.14)可知,圆孔直径越小,艾里斑直径 d 越大,图像越弥散.

光学仪器中透镜的透光部分相当于圆孔,其直径称为孔径. 一物点发出的光经过透镜后在焦平面上形成的像实际上是有一定大小的光斑,其尺寸可用艾里斑的直径来衡量. 如图 5.21 所示,两个相距很近的物点 P_1、P_2 在焦平面上产生两组衍射图像,若它们的艾里斑中心相距较远[图 5.21(a)]或者艾里斑直径较小,这两个物点的像所形成的两光斑能清楚地被分辨. 若艾里斑中心靠得很近[图 5.21(b)],那么两物点形成的两光斑因重叠而难以分辨. 对一个光学仪器,当两个物点形成的艾里斑中心距离等于每个艾里斑的半径时,两物点 P_1、P_2 刚好能被分辨,再靠近则无法分辨,这一约定称为**瑞利判据**. 满足这一条件时,物点 P_1、P_2 对透镜光心的张角称为**最小分辨角** θ_0:

$$\theta_0 = \frac{d/2}{f} = 1.22\frac{\lambda}{D}. \tag{5.15}$$

θ_0 的倒数称为**分辨率**或**分辨本领**.

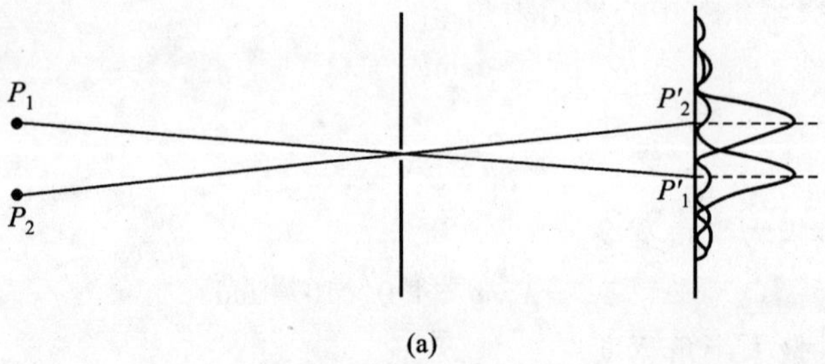

(a)

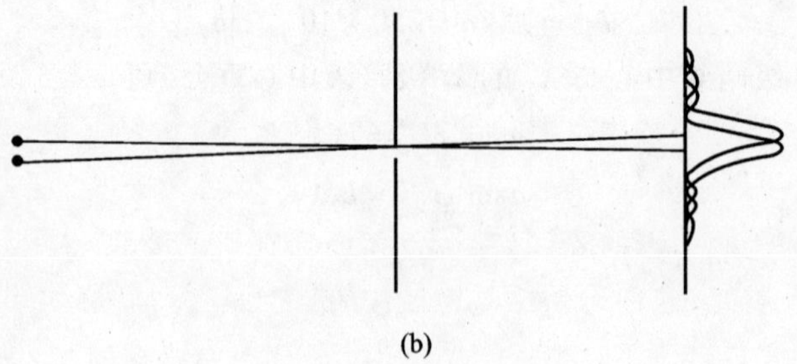

(b)

图 5.21　分辨本领

式(5.15)告诉我们,分辨本领与仪器孔径的大小及入射光的波长有关. 有一些场合采用较短波长的光束照明,以提高分辨本领. 有的金相显微镜备有滤色片,就是用以获得较短

波长的照明光来提高其分辨本领的.在生物研究中常使用紫外光显微镜,以进一步提高分辨本领.电子显微镜用加速的电子束来代替光束.根据量子理论,微观粒子具有波粒二象性,一束在150 V电压加速下的电子束,相当于波长约0.1 nm的波,用它来“观察”可大大提高分辨本领,能“看”到某些分子的结构.

例5.7 人眼的分辨本领 两个物点处于10.0 m远处,它们至少相距多远才能为人眼所分辨?人眼瞳孔可视为直径为5.00 mm的圆孔,入射光的平均波长按600 nm计.

解:以 $D=5.00\ \text{mm}$,$\lambda=600\ \text{nm}$ 代入式(5.15)得人眼能分辨两点的最小角距离为

$$\theta=1.22\frac{\lambda}{D}=1.22\times6.00\times10^{-7}/(5.00\times10^{-3})=1.46\times10^{-4}\text{rad},$$

设两物点相距 l,在10.0 m远处,则有

$$\theta=\frac{l}{10.0\ \text{m}},$$

$$l=(10.0\ \text{m})\times\theta=1.46\times10^{-3}\text{m}.$$

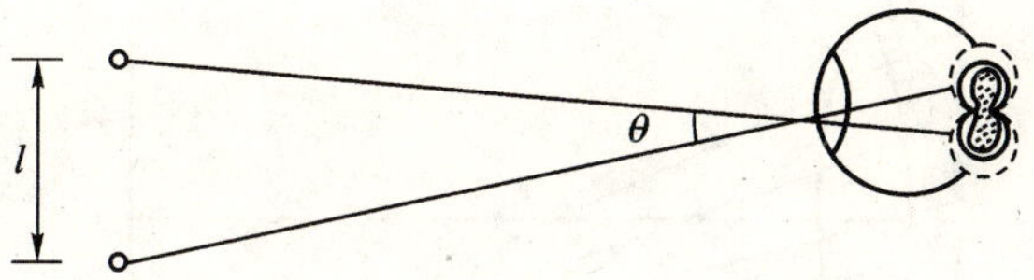

图5.22 例5.7用图

可见人眼分辨能力是惊人的,当然由于其他因素的影响,人眼的分辨能力实际上达不到此值.

5.4 光栅衍射 晶体对X射线的衍射

1. 衍射光栅 单缝衍射中,缝越窄,衍射越显著.但缝越窄,通过光的能量越少,衍射明纹的强度越小以致看不清楚.增大缝宽,虽然条纹有足够的强度,但各级条纹挤得很密也不易分辨.加大缝的个数,这一情况可以得到改善,能够给出明锐而分得很开的明条纹.

由大量等宽等间距的平行狭缝组成的光学元件称为**衍射光栅**.在玻璃片上刻以大量等宽等间距的平行刻痕便制成**透射光栅**,在每条刻痕处犹如毛玻璃,入射光不易透过;而刻痕之间的光滑部分可以透光.这种光栅相对光透过的情况呈空间周期性结构.也可以对反射情况呈空间周期性结构,如在金属表面刻一系列槽,刻槽部分被弄毛对入射光进行漫反射.未刻部分作规则反射,这样的结构称为**反射光栅**.光通过这两种光栅的衍射规律是相似的,在应用上透射光栅仅用于可见光,反射光栅还可用于红外线等不可见光.本书主要讨论透射光栅.

精制的光栅在1 cm内,刻痕可以达 1×10^4 条以上,缝宽 a 和刻痕宽 b 之和 $(a+b)$ 称为

光栅常量.

2. **光栅公式** 以平行光垂直入射光栅,在光栅后透镜的焦平面上便能观察到一组明锐的光栅衍射条纹.两刻痕间的透光部分相当于一条缝,光通过它们时要产生衍射.各缝的衍射光相互重叠时,彼此间又会相互干涉,因此,光栅产生的条纹是光栅的每条透光缝的衍射和各衍射光之间相互干涉的综合结果.

当波长为 λ 的单色光垂直入射光栅时,透过缝沿衍射角为 φ 的方向前进的平行光被透镜聚焦于 P 点(图 5.23).从相邻缝射出的两条光线的光程差为 $(a+b)\sin\varphi$,当它等于入射光波长整数倍时,这两条光线在 P 点彼此加强.由于从任意两相邻缝出射的,在与入射线成 φ 角的方向上的平行光的光程差都是 λ 的整数倍,它们会聚于 P 点的干涉效果都彼此加强,因而 P 点有可能出现明条纹,即当

$$(a+b)\sin\varphi = \pm k\lambda,\quad k=0,1,2,\cdots \tag{5.16}$$

时屏幕上出现明条纹.$k=0$ 时 $\varphi=0$ 为中央明条纹;$k=1$ 为第 1 级明纹;$k=2$ 为第 2 级明纹…….式(5.16)称为光栅公式.

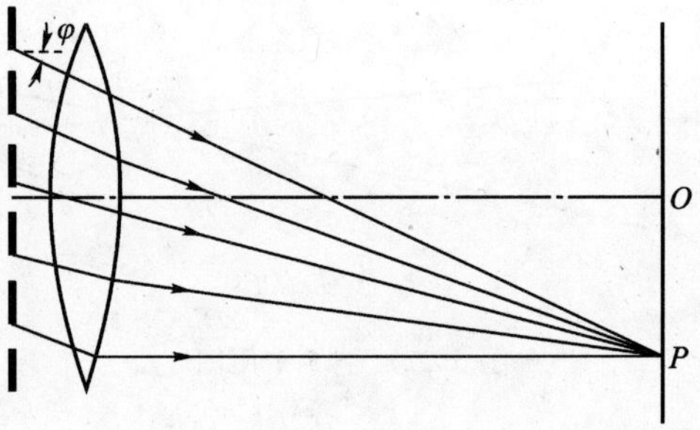

图 5.23 光栅衍射

衍射角不满足式(5.16)的地方,都将因干涉而相消.例如:在对应于屏上某点 P' 的 φ 满足 $(a+b)\sin\varphi=\lambda/8$,那么第 1 条与第 5 条缝出射光在相遇时的光程差为 $\lambda/2$,这两条缝发出的光将相互抵消.同样第 2 与第 6 条缝,第 3 与第 7 条缝,第 4 与第 8 条缝也一样,以每四条缝为一组看,相邻两组的光在 P' 点相遇时抵消,即使最后剩下少量不足 4 条缝的光没有完全抵消,由于光栅的缝数很多,实际上几乎没有光到达 P' 点,所以这里是暗的,其他情况可以类推.总之,在光栅衍射中,仅当衍射角 φ 满足式(5.16)时才有可能形成明纹,而形成暗条纹的机会远较形成明纹的机会多得多,所以在明纹间充满大量的暗条纹,光栅条纹实际上是在一片暗背景上的一些明锐条纹.

由式(5.16)可以看出,在给定光栅常量的情况下,出现明纹条件的衍射角 φ 的大小与入射光波长有关.当入射光为白光时,组成它的各单色光将产生各自分开的条纹,形成白光的光谱——**光栅光谱**.其中央条纹或零级条纹仍为白光,在其两旁,对称地排列着第 1 级、第 2 级等光谱…….在同一 k 值内,波长愈短,φ 愈小,每级光谱由中央向外从紫色到红色排开.φ 与波长成正比,因此光栅光谱是一个匀排光谱.

白光入射经光栅后形成不同颜色的光分开的现象叫做**分光**,许多光学仪器采用光栅作

为分光元件.

3. 光谱分析 式(5.16)表明,已知 φ 可以求得 λ,使用专门的仪器可以测定光栅光谱线的 φ,从而实现谱线的波长测定.

光谱分为发射光谱和吸收光谱两大类.光源发出的光直接经分光元件分光后得到的是发射光谱.让白光通过某种物质经吸收后再分光,得到的是吸收光谱.同一物质的发射光谱和吸收光谱之间有着严格的对应关系,在发射光谱中的明线与其吸收光谱中的暗线一一对应,也即某种物质自身发射哪些波长的光,它也强烈地吸收那些波长的光.

光谱仪是研究光谱的常用仪器,它由光源、分光元件和接收器组成,这些元部件随研究的光谱区域可以有所不同,光谱仪不仅能测量谱线的波长,还能测定其强度.

如果是分析光源的辐射,这个光源是给定的.如果要研究物体的吸收光谱或其在外界辐射激励下的发射光谱,那么就要选用一定的激励光源,光谱仪常备有若干用于观察吸收光谱的光源供选用.

分光元件有光栅、棱镜和滤色片等.由于光栅不仅可用于可见光,还可用于红外、紫外等不可见光,而且其光谱是匀排的,因而用得较广泛.

接收器常因研究的光谱波段而异,在可见光区域最方便的是用眼睛直接观察,或用照相机拍片.用得较多的是利用光电效应制成的光电元件,当光照到光电元件上时,物质中的电子吸收入射光的光子后,其状态会发生变化,从而引起材料电学性质的变化.结果能将照射在其上面的光的强度转换成电流、电导、电压等电学量.观察红外光谱时可利用其热效应将辐射强度转换成温度及有关电学信号.

各种元素的原子都具有一组特征的光谱线,即在一些固定的波长处出现谱线.已经测定了各种原子或离子激发时产生的十几万条光谱线,一旦在分析某种物质的光栅光谱中发现在某些波长出现谱线,通过对照已知谱线,便能判断该物质中存在某种元素.人们就是从太阳光谱来获知太阳上所含有的元素的.由于测定波长能达到很高的准确度,因而光谱中的大部分谱线可以精确无误地确定它是由什么元素产生的,光谱分析方法可靠、灵敏、快速、简单,周期表中约70种元素可用光谱方法进行分析.

4. 晶体对X射线的衍射 上面讨论的光栅对光的透射具有一维周期性,称为一维光栅.具有两维或三维周期性透射(或反射)的结构称为两维或三维光栅.两片交叉的一维光栅就构成一个二维光栅,张开的尼龙伞便是一个易于获得的二维光栅,它是周期性排列的网络.图5.24是光通过矩形网格时产生的衍射图像,稍稍变换网格的网孔大小和形状就能获得变化多端的图像,在娱乐场所,可以用这样的方法获得绚丽多姿的灯光.

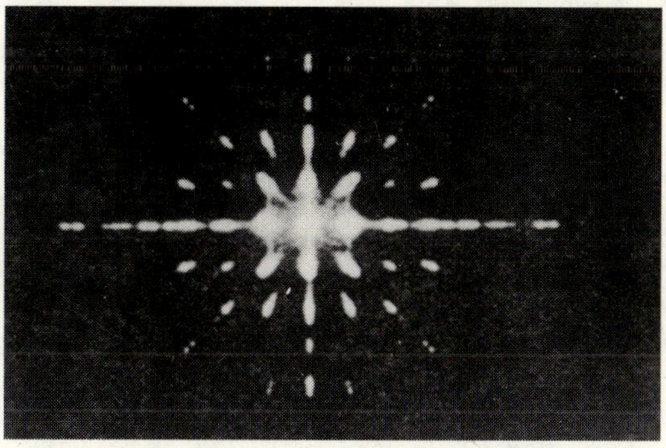

图5.24 二维光栅衍射图像

晶体的晶格具有三维周期性结构.晶体原子间距仅约0.1 nm数量级,可见光的波长远比这大得多,它照射到晶体上时不会产生衍射效应.X射线的波长小于0.1 nm,用它射到晶体上,就能“观察”到衍射图像,图5.25(a)是实现晶体对X射线衍射的实验装置示意图.

一束X射线穿过铅板上的小孔,照射到晶体C上产生衍射,在胶片E上形成衍射图像,图5.25(b)为NaCl单晶对X射线衍射时形成的斑点状图像,它由一些称为劳厄斑点的亮点组成,这是X射线经晶体衍射后加强的结果.

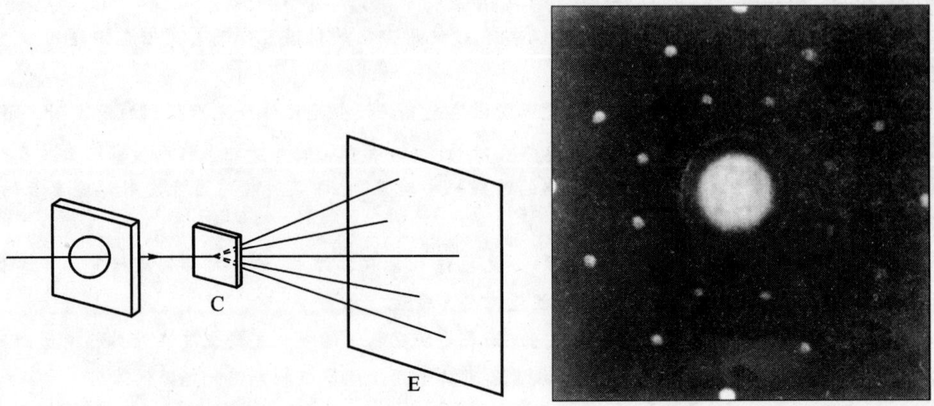

(a) 实验装置 (b) 晶体衍射图像照片

图 5.25 晶体对 X 射线的衍射

为了讨论晶体对 X 射线衍射加强的条件，想象晶体是由一系列平行的原子层构成，每一原子层称为一个**晶面**，如图 5.26 所示. 当 X 射线照射到晶体上时，晶体中每一个原子成为一个子波中心，向各个方向发出子波射线，这种现象称为**散射**. 不仅表面有散射，晶体内层也有散射，X 射线衍射图像就是这些散射子波相干叠加的结果. 各晶面间的距离为 d，称为**晶格常量**，由于 d 远小于晶体到 X 射线源及到照相底片的距离，因此入射的 X 射线细束和沿一定方向散射的射线束均可看成平行射线.

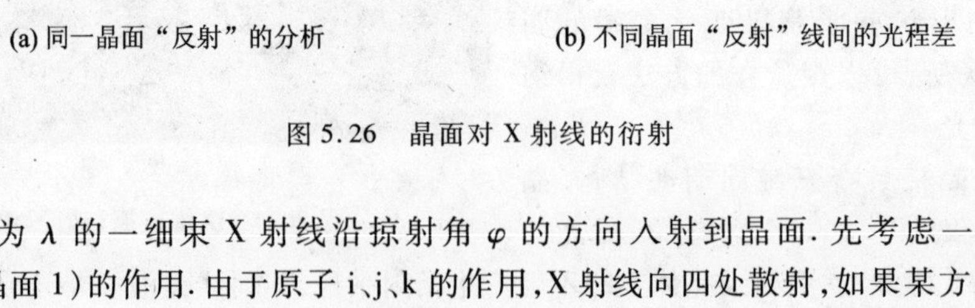

(a) 同一晶面“反射”的分析 (b) 不同晶面“反射”线间的光程差

图 5.26 晶面对 X 射线的衍射

设波长为 λ 的一细束 X 射线沿掠射角 φ 的方向入射到晶面. 先考虑一层晶面（如图 5.26 中晶面 1）的作用. 由于原子 i、j、k 的作用，X 射线向四处散射，如果某方向的散射光束中诸射线同相，它们就相互加强，形成亮点，这称为零级主极强. 在实际工作中，只需考虑零级主极强就够了. 由图可见，只有与晶面夹角等于 φ 的散射线满足上述加强条件. 这表明，当一束细射线沿任一掠射角 φ 射向晶面时，零级主极强方向就是以晶面为镜面的“反射”线方向（反射角等于入射角）. 这样，一个晶面上各晶格对 X 射线的衍射结果，可简化为这个晶面对 X 射线的“反射”.

再考虑图 5.26(a)中 1、2、3 等相互平行的晶面(称为一晶面族)对 X 射线的作用. 一束从掠射角 φ 方向入射的 X 射线,受到各晶面"反射",相邻晶面(如晶面 1 和 2)的"反射"线间的光程差为 $AC+CB=2d\sin\varphi$,当满足

$$2d\sin\varphi=k\lambda,\quad k=1,2,3,\cdots \tag{5.17}$$

时各晶面"反射"的 X 射线相互加强,式(5.17)称为**布拉格公式**.

按照布拉格公式,一定波长的 X 射线入射某一晶体后,只在某固定方向加强. 但由于除了平行晶体表面的一系列晶面外,晶体内还可取许多不同方向的晶面[图 5.26(a)中虚线给出几个例子],一束 X 射线对不同的晶面族而言其掠射角 φ 不同,晶格常量 d 也不同,所以衍射的结果,会在一系列方向上形成加强产生亮点.

从布拉格公式可知,用已知波长的 X 射线在晶体上衍射就可以测定晶体的晶格常量. 根据这一思想,我们可以认为晶体的 X 射线的衍射图像,反映了晶体微观结构的信息,即反映了晶体中的原子在空间中的排列. 如果十分准确地知道相当多的点的位置,就可推测晶体的微观结构. 不同晶体的衍射图像也不同,可用预先摄制的衍射图,以对照的方法来鉴定晶体的种类,或研究晶体的缺陷等. 20 世纪在布拉格领导下,卡文迪什实验室持续 15 年对红蛋白进行 X 射线结构分析. 生物学家华生和物理学家克里克在 X 射线图的启示下,采用搭模型的方法,确定了 DNA 的晶体结构,揭示了遗传密码的本质. 成为 20 世纪生物科学的重大突破.

5.5 偏 振 光

在橱窗前照相,路边的景物会通过橱窗的反射被照进去,使画面显得杂乱无章. 在相机镜头上罩一偏振片,可以消除这些反射光. 利用偏振现象可以制作和观看立体电影. 偏振现象还可用来测定物体受到外界作用时其内部的受力情况;用来实现光的强度调制;偏振光显微镜常用于精密测量.

1. 偏振态 光是一种电磁波,是交替变化的电场和磁场的传播. 实验指出,在对人眼的刺激以及使照相底片感光等方面,电场的光学作用比磁场的要大得多,所以把光波中的电场强度 $\boldsymbol{E}$ 称为**光矢量**,把 $\boldsymbol{E}$ 的振动称为**光振动**,在光波中主要讨论光矢量,光矢量垂直于光的传播方向,光是横波.

光是分子、原子、离子等粒子从高能级向低能级跃迁的结果. 实际光源都包含着大量分子、原子,因而由一光源向某一方向发出光时,在垂直于传播方向的平面内,任何方向上都有光矢量分布. 通常粒子数量非常之大,它们发出的光矢量,其取向、大小都随时间作无规则变化. 因此,在相当长时间内(10^{-6}s 已足够长),在各个取向上光振动振幅的时间平均值是相等的,这种具有各个方向的振动,并且各方向振动强度相等的光称为**自然光**.

图 5.27 是自然光的表示方式,(a)图中光从图面射出,带箭头的直线表示光振动振幅的时间平均值. 每一方向振动的光矢量都可以分解为相互垂直的两个方向,如 x 方向和 y 方向的振动. 把所有光振动在这两个方向的分量分别合成,由于各方向光振动的强度相等,因而合成的 x 方向振动和 y 方向振动的强度相等,各占总强度的一半. 图 5.27(b)用同时存在

的相互垂直的两个光振动来表示自然光，它们之间没有固定的相位关系，图 5.27(c)是从光传播的侧面表示自然光，用竖线和点子表示两个相互垂直的光振动，竖线表示光振动在图面内(并垂直传播方向)，黑点表示光振动垂直于图面. 同时用竖线和黑点数相等表示两个方向振动的强度相等. 常见的光如灯光、太阳光都是自然光.

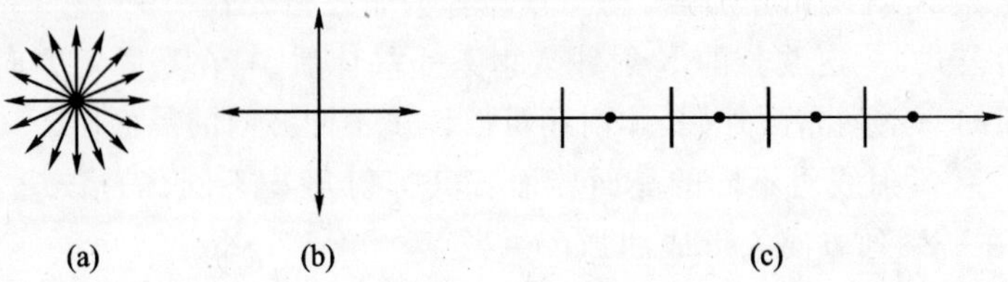

图 5.27　自然光

如果只存在某一确定的方向的光振动，如图 5.28(a)所示，这种光叫**线偏振光**，又叫**完全偏振光**，或平面偏振光，简称**偏振光**. 如果在某一方向的光振动比其他方向的振动强，如图 5.28(b)所示，这种光叫**部分偏振光**. 将部分偏振光各方向振动在 x 和 y 方向进行分解，再在这两个方向合成，必然是一个方向的合振动强度比另一个强，在传播方向侧面表示时，用竖多于点或点多于竖来表示两个方向强度不相同.

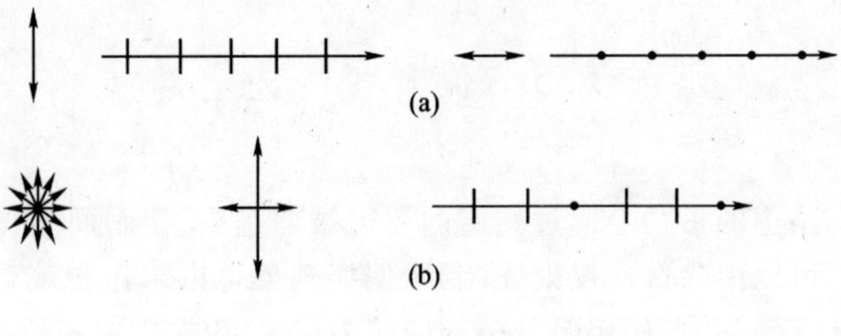

图 5.28　偏振光(a)和部分偏振光(b)

光线可以是自然光或是各种偏振光，我们称它们处于不同的偏振态，图 5.27 及图 5.28 给出各种偏振态的图示.

自然光经过吸收、反射、折射及散射后会变成偏振光或部分偏振光.

2. 起偏与检偏　将自然光变成偏振光最简便的方法是采用**偏振片**. 在透明材料薄片表面涂上一层含长链的碳氢化合物分子，将薄片在某方向拉伸，使碳氢化合物分子链整齐地排列起来. 然后把薄片浸在含碘的溶液中，晾干后就成偏振片. 光入射到偏振片时，平行于链长方向的光矢量推动碘中具有导电能力的电子沿链长方向运动而做功，其光能被吸收. 垂直于链长方向的光矢量不对电子做功，因而能透过，于是透射光就成偏振光. 偏振片允许通过的光振动方向称为偏振化方向，图示中常在偏振片上用记号 ↕ 标出. 由自然光获得偏振光的过程称**起偏**，由于偏振片只允许一个方向的光振动通过，因此可用它来起偏.

偏振片也可用来检验一束光是否为偏振光. 检验入射光偏振状态的过程称为**检偏**. 一束自然光通过偏振片时，以光的传播方向为轴转动偏振片，由于自然光包含各不同方向的光振动，不论偏振片转到哪个位置，也就是不论偏振化方向在哪个位置，都有光透过，因而在偏振片后面观察不到光强的变化. 由于自然光可以在任意两个相互垂直的方向分解成强度相等、各为总强度一半的两个分振动，因而从偏振片出射的光的强度总为入射光的 1/2. 如果入射的是完全偏振光，当偏振片的偏振化方向转到与入射光的光振动方向一致时，光全部透过偏振片；当偏振片转到其偏振化方向垂直于光振动方向时，光便不能透过. 处于两者之间时，则可将光振动在垂直于偏振化方向和平行于偏振化方向进行分解，其沿偏振化方向的分量能透过偏振片，因此在转动偏振片过程中，在某一位置透射光最强，之后逐渐减弱，到转过 90°时，透射光为零（图 5.29）. 如果入射光是部分偏振光，出现的情况类似，只是偏振片从透射光最强时的位置转过 90°时，透射光为最弱，但不是零. 从上述讨论可以看出，从光通过偏振片时的行为可以判断入射光的偏振态.

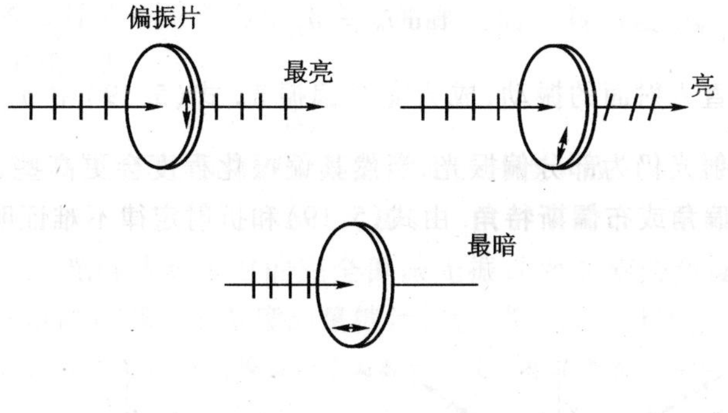

图 5.29 偏振片检偏

3. 马吕斯定律 这里讨论一束偏振光入射到偏振片后出射光的强度与入射的偏振光的振动方向的关系.

如图 5.30 所示，P_1、P_2 分别为起偏用的偏振片（称为起偏器）和检偏用的偏振片（称为检偏器），它们的偏振化方向的夹角为 α，自然光通过起偏器后变成平面偏振光，其振幅为 A_0，相应强度为 I_0，光振动方向与 P_1 的偏振化方向一致，将 A_0 在检偏器的偏振化方向及与之垂直的方向上分解为 $A_0\cos\alpha$ 和 $A_0\sin\alpha$ 两个分量，其中只有平行于检偏器偏振化方向的分量 $A_0\cos\alpha$，可以通过检偏器射出，由于光的强度 I 与振幅的二次方成正比，因而

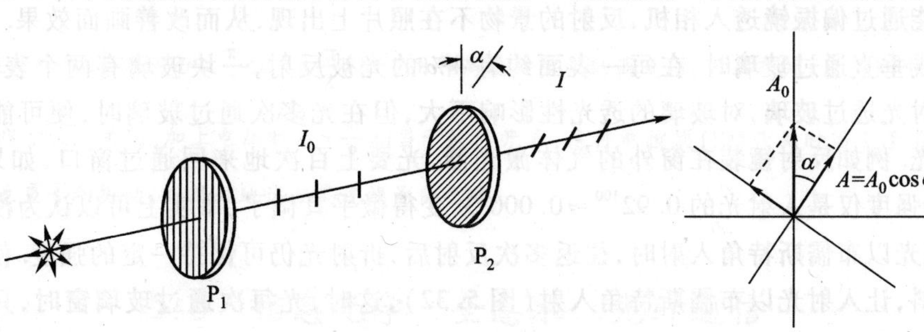

图 5.30 马吕斯定律

然而光学并没有停止发展，麦克斯韦之后的100多年里，它又取得了惊人的进展. 20世纪40年代，有人将傅里叶变换概念引入光学领域，为古老的学科注入了新的方法. 1960年激光器的诞生为光学的飞速发展提供了强有力的技术支撑. 激光是一种单色性好、亮度高、相干性强、方向性好的理想光束(见7.5节)，它的出现推动了傅里叶光学、全息术、信息光学、光纤通信、非线性光学等的发展，形成了现代光学. 现代光学的这些进展从理论上说是在经典基础上发展起来的.

当然经典概念无法完整地给出光的本性，人们把建立在光的量子性基础上，深入到微观领域研究光与物质相互作用的光学分支，称为量子光学.

本节对光信息处理、全息术和光纤通信作一介绍.

1. 光信息处理　下面我们对光信息处理方面作一简要介绍.

(1) **正弦光栅**　5.4节讨论的光栅是在玻璃片上相间刻出一系列刻痕的空间周期性结构，光只能从未刻处通过，透过光的光强为I，这种非黑即亮的光栅可用图5.33(a)表示，又称为黑白光栅. 光栅常数d即是其空间周期，其倒数$\nu=1/d$，称为空间频率. 如果有一种光栅使通过它的光强按正弦变化，如图5.33(b)所示，这种光栅称为正弦光栅，透过它的光的光强可写为

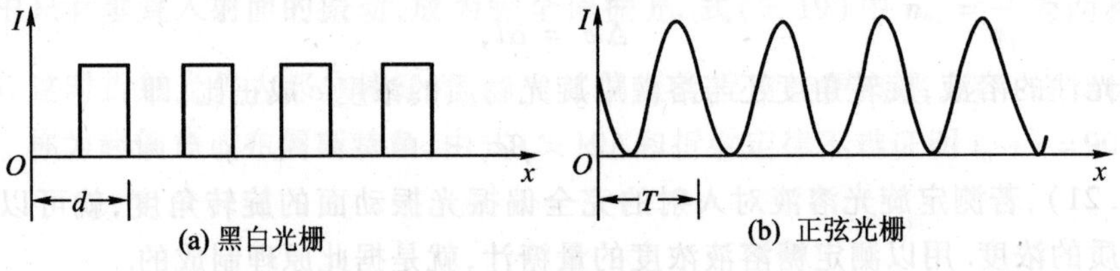

图5.33　光栅

$$I = I_0 + I_1\cos\frac{2\pi}{T}x$$
$$= I_0 + I_1\cos 2\pi\nu x.$$

与图5.7对比，不难看出，用照相底片将双缝干涉条纹记录下来，就能得到正弦光栅. ν为正弦光栅的空间频率.

那么正弦光栅的夫琅禾费衍射结果又是怎样的呢？可以证明，用波长为λ的平面波垂直入射到正弦光栅. 衍射后将出现三列分离的平面波(图5.34)一束沿原来方向，旁边两束沿着与入射方向对称地分开，衍射角分别为θ_{+1}和θ_{-1}，满足

$$\sin\theta_{\pm1} = \pm\nu\lambda. \tag{5.22}$$

在此光栅后放一透镜，在置于其后焦面处的观察屏上将出现三个亮点. 两旁的两个亮点离中央一点的距离决定于光栅的空间频率ν，光栅方位不同，亮点的方位也不同.

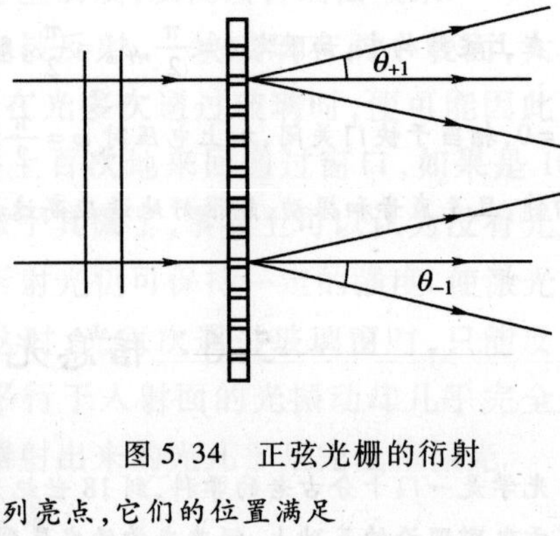

图5.34　正弦光栅的衍射

非简谐振动分解问题用数学语言可概括为将任何函数分解为一系列简谐函数之和，数学上把这称为傅里叶定理. 这种把函数变换成简谐函数之和的运算称为傅里叶变换. 据此，图5.33所示的黑白光栅可视为由一系列类似图5.34所示的正弦光栅重叠而成. 黑白光栅的频率$\nu=1/d$，这一系列正弦光栅的频率分别为$\nu, 2\nu=2/d, 3\nu=3/d, \cdots$，每个正弦光栅在透镜的后焦面上给出三个亮点，中间一点重合，旁侧两点分开，对应的频率$k\nu=k/d(k=1,2,3,\cdots)$，于是就获得一系列亮点，它们的位置满足

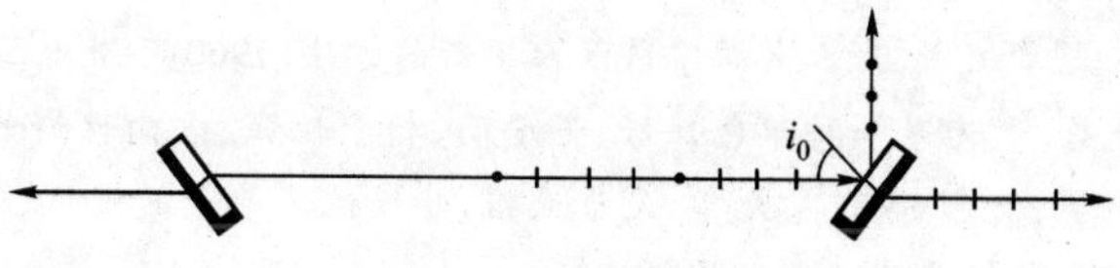

图 5.32 激光器中的窗口

5. 旋光现象 当一束完全偏振光通过某些物质时,其振动面相对于入射时的振动面会以入射光的传播方向为轴旋转一个角度,这种现象称为**旋光现象**. 物质的这种性质称为**旋光性**,具有旋光性的物质称为**旋光物质**. 某些蒸汽和液态物质,某些晶体和有机物分子具有旋光性.

实验证明,旋光物质对某一完全偏振光产生的振动面旋转角度 $\Delta\varphi$ 与光在该物质中所通过的路程长度 l 成正比,即

$$\Delta\varphi = \alpha l, \tag{5.20}$$

对于有旋光性的溶液,旋转角度还与溶液中旋光物质的浓度 c 成正比,即

$$\Delta\varphi = \beta c, \tag{5.21}$$

根据式(5.21),若测定旋光溶液对入射的完全偏振光振动面的旋转角度,就可以确定溶液中旋光物质的浓度. 用以测定糖溶液浓度的量糖汁,就是据此原理制成的.

旋光现象还可用来调制光的强度,在起偏器和检偏器之间放一有旋光性的石英片,完全偏振光通过石英片时,振动面将发生旋转,若起偏器和检偏器的偏振化方向夹角为 $\theta\left(\text{通常取为}\dfrac{\pi}{2}\right)$,偏振光通过石英片后振动面旋转 φ 角,则从石英片射出的偏振光振动方向与检偏器偏振化方向夹角为 $\theta\pm\varphi=\dfrac{\pi}{2}\pm\varphi$,根据马吕斯定律,从检偏器射出的光强度与 $\cos^2\left(\dfrac{\pi}{2}\pm\varphi\right)$ 成正比. 若在石英片上加以电压,则振动面的旋转角度 φ 与电压成正比,如果加在石英片上的电压随时间作正弦变化,则 φ 也随时间作正弦变化,即 $\varphi=\varphi_m\sin\omega t$,那么,从检偏器出射的光将按

$$I = I_0\cos^2\left(\frac{\pi}{2}\pm\varphi_m\sin\omega t\right)$$

变化,从而获得光强作周期性变化的光信号,其频率与电源电压的变化频率有关,这就实现了光强的电调制.

在上述结构中,如限定 $\theta=\dfrac{\pi}{2}$,$\varphi_m=\dfrac{\pi}{2}$,则可用作高速摄影机的高速快门. 石英片(或陶瓷片)未加电压时 $\varphi=0$,相当于快门关闭,加上电压时 $\varphi=\dfrac{\pi}{2}$ 相当于快门开启,这种电控快门的开关时间小于 10^{-4} s,可持续动作,且无声音和振动,能很好地适应高速摄影的需要.

5.6 信息光学 全息术 光纤通信

光学是一门十分古老的学科,到 18 世纪为止,人们已经发现了大部分光学原理,19 世纪麦克斯韦把光学置于电磁理论的基础上,经典光学的发展到了一个高峰.

然而光学并没有停止发展,麦克斯韦之后的100多年里,它又取得了惊人的进展.20世纪40年代,有人将傅里叶变换概念引入光学领域,为古老的学科注入了新的方法.1960年激光器的诞生为光学的飞速发展提供了强有力的技术支撑.激光是一种单色性好、亮度高、相干性强、方向性好的理想光束(见7.5节),它的出现推动了傅里叶光学、全息术、信息光学、光纤通信、非线性光学等的发展,形成了现代光学.现代光学的这些进展从理论上说是在经典基础上发展起来的.

当然经典概念无法完整地给出光的本性,人们把建立在光的量子性基础上,深入到微观领域研究光与物质相互作用的光学分支,称为量子光学.

本节对光信息处理、全息术和光纤通信作一介绍.

1. 光信息处理 下面我们对光信息处理方面作一简要介绍.

(1) **正弦光栅** 5.4节讨论的光栅是在玻璃片上相间刻出一系列刻痕的空间周期性结构,光只能从未刻处通过,透过光的光强为I,这种非黑即亮的光栅可用图5.33(a)表示,又称为黑白光栅.光栅常数d即是其空间周期,其倒数$\nu=1/d$,称为空间频率.如果有一种光栅使通过它的光强按正弦变化,如图5.33(b)所示,这种光栅称为正弦光栅,透过它的光的光强可写为

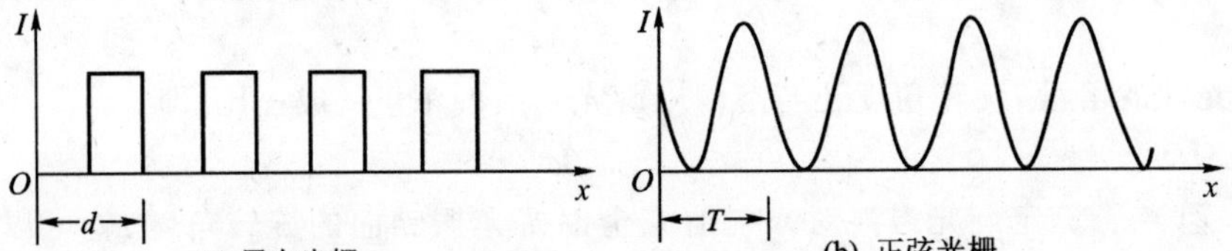

(a) 黑白光栅

(b) 正弦光栅

图5.33 光栅

$$I = I_0 + I_1\cos\frac{2\pi}{T}x$$
$$= I_0 + I_1\cos 2\pi\nu x.$$

与图5.7对比,不难看出,用照相底片将双缝干涉条纹记录下来,就能得到正弦光栅.ν为正弦光栅的空间频率.

那么正弦光栅的夫琅禾费衍射结果又是怎样的呢?可以证明,用波长为λ的平面波垂直入射到正弦光栅.衍射后将出现三列分离的平面波(图5.34)一束沿原来方向,旁边两束沿着与入射方向对称地分开,衍射角分别为θ_{+1}和θ_{-1},满足

$$\sin\theta_{\pm 1} = \pm\nu\lambda. \tag{5.22}$$

在此光栅后放一透镜,在置于其后焦面处的观察屏上将出现三个亮点.两旁的两个亮点离中央一点的距离决定于光栅的空间频率ν,光栅方位不同,亮点的方位也不同.

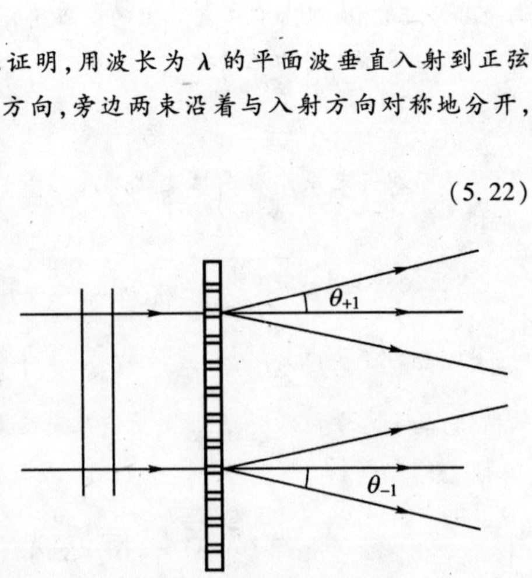

图5.34 正弦光栅的衍射

非简谐振动分解问题用数学语言可概括为将任何函数分解为一系列简谐函数之和,数学上把这称为傅里叶定理.这种把函数变换成简谐函数之和的运算称为傅里叶变换.据此,图5.33所示的黑白光栅可视为由一系列类似图5.34所示的正弦光栅重叠而成.黑白光栅的频率$\nu=1/d$,这一系列正弦光栅的频率分别为$\nu,2\nu=2/d,3\nu=3/d,\cdots$,每个正弦光栅在透镜的后焦面上给出三个亮点,中间一点重合,旁侧两点分开,对应的频率$k\nu=k/d(k=1,2,3,\cdots)$,于是就获得一系列亮点,它们的位置满足

$$\sin\theta_{\pm k} = \frac{k}{d}\lambda,$$

这正是我们熟悉的光栅公式，这也实证了式(5.22)的正确性.

不同空间频率的正弦光栅衍射产生的亮点在后焦面上出现的位置不同. 低频光栅的亮点靠近中央($\theta_{\pm1}$小)；高频光栅的亮点离中央远. 因而后焦面上的亮点可以看作光栅的方位和空间频率的记录. 黑白光栅上一系列的亮点则记录了组成它的一系列正弦光栅的空间频率. 一张透明的照片，其复杂的图像用傅里叶定理的观点看，相当许多正弦光栅的叠加. 用一束单色光入射，各分光栅在屏上相应的位置形成各自的亮点，这样，就在后焦面上记录了这幅照片的频谱. 因此可以认为一个夫琅禾费光栅衍射装置就是一套图像的空间频谱分析器，图像在后焦面上形成的衍射图像就是它的傅里叶空间频谱图.

(2) **阿贝成像原理** 一个物体或画面上各点发出的光线经凸透镜会聚成各自的像，所有像点的组合就成了整个物体的像. 这是大家熟悉的几何光学观点的成像规律(图5.35).

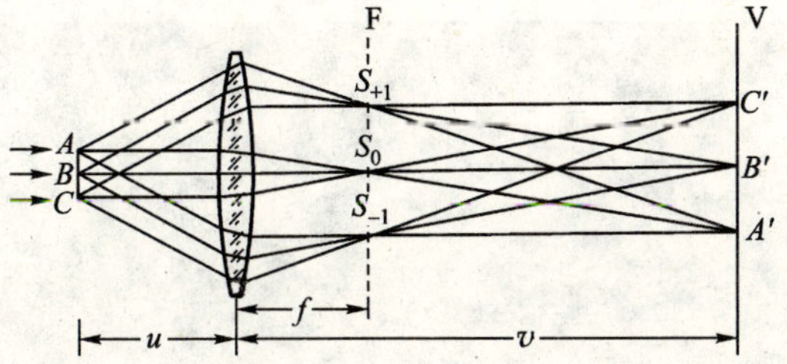

图5.35 几何光学成像

用波动观点可以这样看，即把物体、画面看作由一系列不同空间频率组成的光栅(常称为衍射屏)，它通过透镜分两步成像. 第一步通过衍射屏发生夫琅禾费衍射，在后焦面F上形成其频谱图；第二步是此频谱图上各点发出的光波在像面V上相干叠加形成了像. 前者是物的信息的分解，后者是频谱上信息的合成. 这种观点是阿贝于1873年论述显微镜成像原理时首次提出的，常称为**阿贝成像原理**.

(3) **图像处理系统** 利用阿贝成像原理可以进行图像处理. 常用的图像处理系统装置如图5.36所示，物面、透镜 L_1、频谱面F、透镜 L_2 和像面的距离都相隔一个焦距 f，常称为 $4f$ 系统.

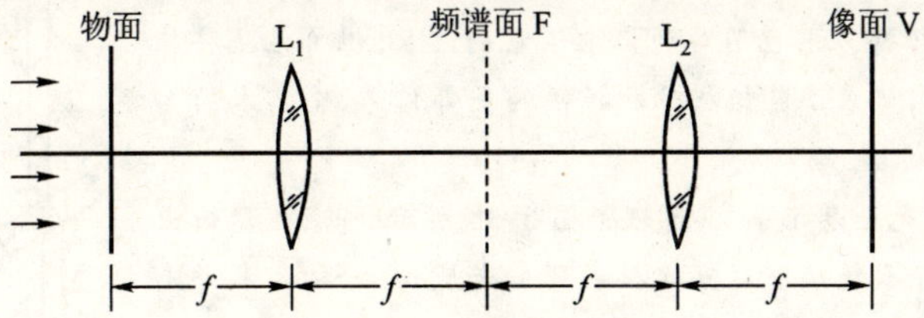

图5.36 图像处理系统

用平行激光入射处于物面上的图像，经衍射在 L_1 的后焦面F上形成图像的频谱. 此频谱通过 L_2 后在像面V上相干叠加形成像. 如果在F处的频谱面不加任何遮光屏，则完整的频谱将通过透镜 L_2 在像平面叠加成原图像的像，用几何光学光路图不难证实这一点. 如果在F面上放一遮光屏，则情况就不同了. 它只允许某些空间频率的光信息通过，这样所得到的像中就只含那些被允许通过的空间频率相应的光信息，像发生了变化. 用这种方法可以取得原图像中那些我们需要的信息，而将不需要的信息隐去. 放在F面上的遮光屏实际上起到了选谱作用,因而把它称为空间滤波器.如遮光屏只在中间开个圆孔,它只允许低频信号通过,这种滤波器称为低通滤波器.如果遮光屏是个较小的不透光圆屏,则只有较高空间频率的光信号可从其周围通过,因而称为高通滤波器.

如果在物面上放置一张有几点尘埃的正交网格,则在频谱面上得到图5.37那样的空间频谱.其中规则排列的纵横交叉的亮点是网格的空间频谱,中心雾状的图纹是尘埃的频谱.如果在F面上插入一块将尘埃空间频谱挡住的光阑,只让网格的空间频谱通过,在像面上将得到没有尘埃的网格的像;反之,如果只让中心附近的雾状频谱通过,则像面上就会只剩下尘埃的像.如果我们在一动物园中拍得在笼中的老虎照片,可以用这种方法,将笼的空间频谱滤去,就实现了"放虎出笼",这就是图像处理.

空间滤波是信息光学的一个重要内容,已有了广泛的应用.例如用来检查集成电路板的缺陷.用白光照射物体在像面上得到彩色图像(赝彩色图).矫正摄影时抖动引起的像面模糊及其他因素造成的失真照片.图像识别和文字读取也是利用了这一原理.由于产生衍射,要求入射光有很好的相干性和一定的强度,因此光学信息处理的实现有赖于激光光源.

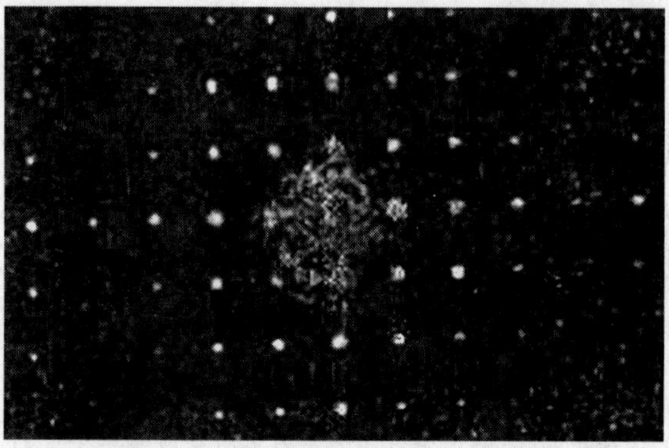

图5.37　带有尘埃网格的频谱

2. 全息照相　全息术是利用光的干涉和衍射原理,将携带物体信息的光波以干涉条纹的形式记录下来,并在一定条件下再现而形成原物逼真的立体像的技术.

光波的信息包含在其波长、振幅和相位之中,波长描述光的颜色,振幅代表光的强度,相位则表征光的振动状态.普通的照相底片只记录物体各点发出的光波的强度(振幅),彩色照片还记录了它的波长,但都无法将相位记录下来.全息照相则记录了包括相位和振幅的全部信息,全息术的名称就是由此得来的.

全息照相的第一步是全息记录,其原理如图5.38所示.将激光器输出的光分为两束,一束经平面镜反射后直接投射到感光底片上,称为参考光束R;另一束经另一平面镜反射后投射到需要拍摄的物体上,经物体反射或透射后再到达感光底片,称为物光O.光束R与O相干叠加,在感光底片上形成干涉条纹.这种干涉条纹称为**全息图**.尽管这种全息图与原物没有任何几何上的相似,但它通过干涉方法记录了物光的全部信息.上述过程中要求参考光束是相干的,而且要求很高,只有激光光源才能实现,图5.39是一张全息记录的部分放大图.

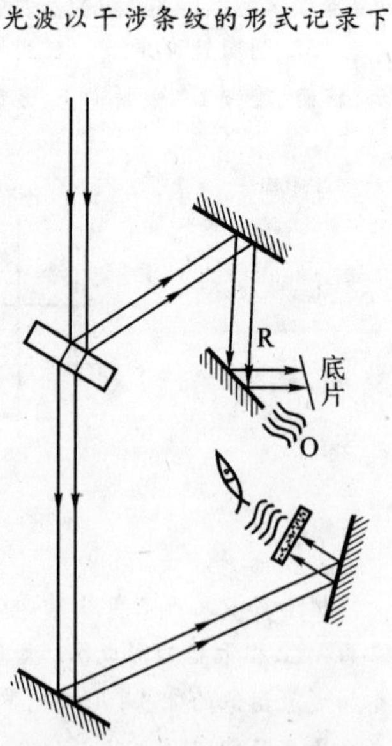

图5.38　全息记录原理

全息照相的第二步是物波的重建,用一束同参考光的波长和传播方向相同的光束照射全息图.用眼睛就可以看到非常逼真的立体的原物形象悬

空地出现在全息图后面,全息图如同一个窗口,从不同角度观察,就能看到原物不同侧面的像.

实际上物波的重建是一个衍射过程,布满干涉条纹的全息图可以看成一张复杂的光栅.照明光经全息图衍射后产生三列波;沿照明光前进方向的零级波和两旁的 ±1 级衍射波.从实用角度出发,希望这三列波分得越开越好,互不干扰.为此用离轴装置进行全息记录,使参考光波和物光波之间有较大的夹角,图 5.40 表示离轴全息记录的物波重建原理.

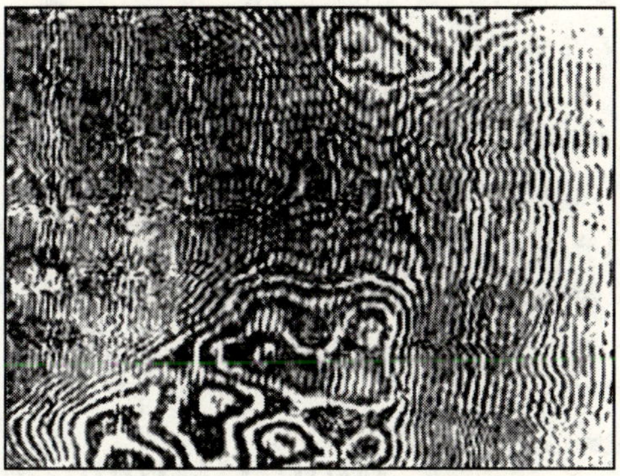

图 5.39 全息记录图

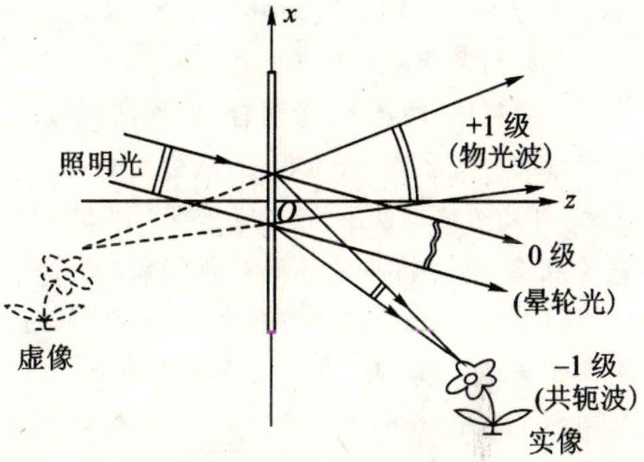

图 5.40 物波的重建

全息照相除了给出一个生动的能反映不同视角的三维像外还提供了一种新的信息存储功能,在体积格式里把信息存储在不同深处,在这种堆栈式全息列阵里,有可能得到高达每立方厘米 1 万亿比特的密度.

3. 光纤通信 在信息技术领域中,已经出现了光信息技术与电信息技术相匹敌,乃至最终超越的势头.光学技术与电子学技术相结合,使现代社会生活大为改观.大量信息通过光纤进行低成本传输,其处理也更为便宜、有效.电子技术与使人目眩的光结合在一起,形成功能极强、价格不高、使用方便的计算机网络.人们可以迅速、方便地同任何人、数据库、单位和图书馆进行联系.

史前人类用于山顶间通信的烟火信号大概是最早的光通信.这样原始的光通信也包含了现代光通信的基本要素:一个光信号源,一种传输信号的介质和一种检测信号、提取信号的适当方案.当社会变得更为复杂时,对信息传输容量的需求也迅速增长.19 世纪以来,这种增长按指数方式进行,每 5 年增加一倍.电磁波的发现,使快速的远距离通信成为现实,激光器的发明、光纤技术和半导体技术的发展使以光为信息载体的现代通信成为可能.

目前的光通信系统,先将电信号处理后进行光电转换变成光信号由光纤传输,在接收端将接收到的光信号再转换成电信号处理后输出.这种通信方式主要用光纤作为传输介质.未来的光纤通信,将发展成全光通信系统,将传送的光信号直接通过光学元件送入光纤,在接收端也将直接用光学器件放大后还原信号.光学集成技术可将所用的光学器件如激光器、光开关、调制器、匹配器等制成集成光路,实现光通信系统的小型化.

光通信有以下一些优点.

(1) 频带宽、通信容量大 通信传递的是声或图像信号,这种信号的频率太低,不能直接传输,通常是将它们叠加到高频的等幅振荡上去.前者称为调制波,后者称为载波,这种叠加的过程称为调制.常用的调制方式有调幅和调频两种.调幅调制是使载波的振幅随调制信号而改变,调频调制则是使载波频率随调制信号而变,所得的信号分别称为调幅波和调频波.图 5.41 给出了这两种调制波.接收器收到这种信号后,用特定的器件将高频与低频成分各自分开.这一过程称为检波.其中低频成分即原来的信号.

载波是单一频率的正弦信号,调制后的波则是非正弦信号,它可以分解成许多不同频率的正弦信号.可见,调制后的波包含了许多频率成分,或者说有一定范围的频宽,这一范围称为频带.为了使同时传输的各路信号互不干扰,每路信号的频带不能重叠.这样,在一定波段上允许传输的信号数目就受到限制.电磁波传输信号的容量,取决于所用波段的频率范围.光通信用的红外波段,其频带宽度为 3×10^6 MHz,可同时传输上亿路电话和几十万路电视,光通信系统的容量是十分可观的.

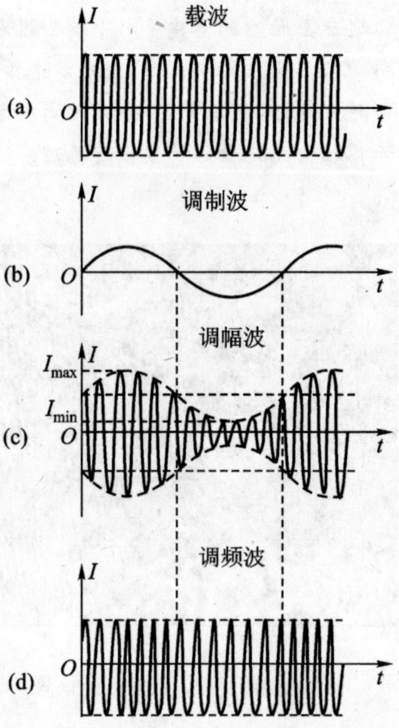

图 5.41 调制波

(2) **损耗低、线径小、重量轻、价格低** 传输光信号的介质是光学纤维又叫光导纤维,简称光纤,它由两层介质组成,内层为玻璃芯线,外层为玻璃包层,再外是套筒[图 5.42(a)].芯线的折射率高于包层,两者均用玻璃和塑料制成.光导现象基于全反射原理.光线从折射率较高的介质射向折射率较低的介质,当光线入射角满足 $\theta_i=\arcsin n_{21}$ 时,在两种介质分界面上全部被反射回折射率较高的介质中.确保这一条件成立,入射到芯线上的光线就在光纤内靠全反射从一端传输到另一端[图 5.42(b)],这时集光能力也达到最大.

在远距离传输中,光损耗是需要重视的因素.直至 20 世纪 60 年代后期,研究用的光纤可达的最低损耗是每千米几百分贝.目前大批量生产的光纤在 1.5 μm 波长附近可达 0.15 dB/km 的低损耗.这种光纤传输光信号20 km 其强度才衰减一半,中继站间距可达几十千米.随着技术的进步,损耗更低的光纤材料将会不断问世.

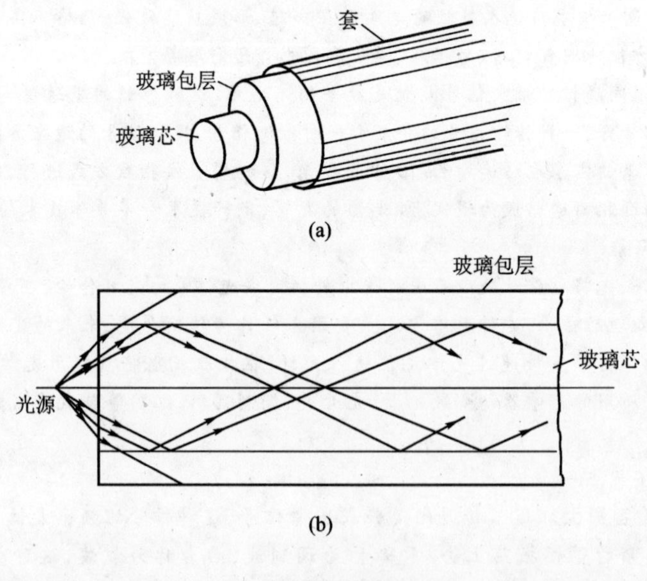

图 5.42 光纤

光纤非常细,单根光纤的直径为几微米至一百微米,和人的头发丝差不多.光纤材料的密度只有铜的

1/4，一根外径 125 μm 的光纤每千米的质量仅 29 g. 一根直径为 12 mm 的 18 芯光缆包括抗张线，供中继用的铜线和防护材料在内每千米质量约 90 kg，仅为同样芯数的铜电缆线质量的 1/20. 此外制造光纤的原材料十分丰富，硅到处可得，价格低廉. 由于常见的电磁干扰频率不在光波波段内，光纤本身是电中性的，因此光纤通信的抗电磁干扰能力强. 光纤里很少有光泄漏，这就排除了偷听泄密的可能性.

电视、电话已大量采用光纤传输. 1988 年美、英、法合作铺设了第一条跨大西洋的海底光缆，可同时传输 4 万个电话. 光纤是数字通信网的理想传输介质. 在局域网和用户网领域，光纤将成为数据库及干线与支路连接的宽带通道入口. 光缆将成为世界通信网的骨干.

小　结

一、教学要求

1. 了解波的叠加原理和干涉现象. 理解波的相干条件. 掌握干涉加强、减弱条件.

2. 了解相干光的获得. 理解光程概念. 掌握光程差与相位差的关系. 能确定光垂直入射时双缝干涉条纹、薄膜等厚干涉条纹的位置.

3. 了解惠更斯－菲涅耳原理. 了解单缝夫琅禾费衍射条纹分布规律. 了解光学仪器分辨本领. 理解光栅衍射公式. 了解光栅衍射光谱特性.

4. 了解自然光和线偏振光. 理解布儒斯特定律和马吕斯定律. 了解偏振光的获得方法和检验方法.

二、知识结构框图

- 光的波动性
  - 光的干涉
    - 光的相干性
    - 相干光的获得
    - 光程、光程差
    - 双缝干涉 / 薄膜等厚干涉
      - 条纹分布规律
      - 极大、极小位置
  - 光的衍射 — 惠更斯－菲涅耳原理 — 夫琅禾费衍射
    - 单缝衍射
    - 圆孔衍射　分辨率
    - 光栅衍射　光栅公式
  - 光的偏振
    - 自然光
    - 偏振光
      - 偏振态及其图示
      - 偏振光的获得、偏振片、反射光和折射光的偏振性、布儒斯特定律
      - 起偏与检偏、马吕斯定律

三、内容提要

1. 波的叠加

(1) 波的叠加原理　几列波同时在介质中传播时，各自保持自己的特点，好像没有其他波存在一样. 在它们重叠的区域，各点的振动是各个波单独在该点引起的振动的合成.

(2) 波的干涉

1) 相干波　频率相同，振动方向一致，波源相位相同或相位差恒定的波.

2) 干涉现象　相干波叠加后，在交叠处有些地方波动加强(相长)，有些地方波动减弱(相消)，在空间形成稳定分布的现象.

3）加强减弱条件

$$\Delta\varphi = \varphi_1 - \varphi_2 - 2\pi\frac{r_1 - r_2}{\lambda} = \begin{cases} 2k\pi, & k = 0, \pm1, \pm2, \cdots \quad \text{加强} \\ (2k+1)\pi, & \quad \text{减弱} \end{cases}$$

当 $\varphi_1 = \varphi_2$ 时，

$$r_1 - r_2 = \begin{cases} k\lambda, & k = 0, \pm1, \pm2, \cdots \quad \text{加强} \\ (2k+1)\dfrac{\lambda}{2}, & \quad \text{减弱} \end{cases}$$

2. 光的干涉

(1) 光程及光程差

光程　光在介质中的几何路程 l 与介质折射率 n 的乘程

$$\text{光程} = nl,$$

$$\text{相位差} = 2\pi\frac{\text{光程差}}{\lambda},$$

λ 为光在真空中的波长，在折射率为 n 的介质中，光的波长为

$$\lambda_n = \frac{\lambda}{n}.$$

(2) 干涉条纹明暗条件

$$\text{光程差} = \begin{cases} \pm k\lambda, & k = 0,1,2,\cdots \quad \text{明纹中心} \\ \pm(2k+1)\dfrac{\lambda}{2}, & \quad \text{暗纹中心} \end{cases}$$

(3) 典型干涉

1）杨氏双缝干涉　光垂直入射双缝，缝间距为 d，双缝至观察屏距离为 D，$d \ll D$，屏上以轴线与屏交点为坐标原点，x 轴与双缝垂直

明纹中心位置　$x = \pm k\dfrac{D\lambda}{d}$，$k = 0,1,2,\cdots$

暗纹中心位置　$x = \pm(2k-1)\dfrac{D\lambda}{d}$，$k = 1,2,\cdots$

条纹特征　以中央明纹（$k = 0$）为对称中心的一系列等间距、等宽度、平行于缝的直线条纹，相邻明（暗）条纹中心距离

$$\Delta x = \frac{D}{d}\lambda.$$

2）薄膜等厚干涉　光垂直射到折射率为 n，厚度为 d 的薄膜上，从上、下界面反射的光产生干涉. 其明暗条件为

$$2nd + (0, \frac{\lambda}{2}) = \begin{cases} k\lambda, & k = 0,1,2,\cdots \quad \text{明纹中心} \\ (2k+1)\dfrac{\lambda}{2}, & \quad \text{暗纹中心} \end{cases}$$

括号内取 0 还是 $\dfrac{\lambda}{2}$，根据半波损失情况而定，顺着光线入射方向，三种介质折射率分别为 n', n, n''.

当 $n' > n > n''$ 或 $n' < n < n''$ 时取 0；当 $n' > n < n''$ 或 $n' < n > n''$ 时取 $\dfrac{\lambda}{2}$.

3. 光的衍射

(1) 惠更斯-菲涅耳原理

(2) 夫琅禾费衍射　衍射屏离光源和观察屏都是无穷远.在实验中用入射光为平行光,衍射屏后放一凸透镜,观察屏放在透镜焦平面处等方法来实现.

(3) 单缝夫琅禾费衍射条纹　波长为 λ 的光垂直射在缝宽为 a 的单缝

$$a\sin\varphi=\begin{cases}\pm k\lambda, & \\ \pm(2k+1)\dfrac{\lambda}{2}, & \end{cases}\quad k=0,1,2,\cdots\quad \begin{matrix}\text{暗纹中心}\\ \text{明纹中心}\end{matrix}$$

φ 为衍射角.

条纹特点　以中央明纹为对称中心的一系列平行于缝的直线条纹.

(4) 光栅衍射

光栅由一系列等宽度 a,等间距 b 的狭缝组成.$(a+b)$ 称为光栅常量.

光栅公式　光栅主极大位置　$(a+b)\sin\varphi=\pm k\lambda,\quad k=0,1,2,\cdots$

条纹特点　窄而明亮,分得较开.

4. 光的偏振

(1) 自然光　与光传播方向垂直的平面内,各个方向的光振动强度都相等的光.

(2) 线偏振光　光振动被限定在某一固定方向的光,又称完全偏振光.

(3) 部分偏振光　某些方向光振动较另一些方向强的光.

(4) 偏振片　只允许某一特定方向(偏振化方向)振动的光通过.强度为 I_0 的自然光入射偏振片后,透过的光成为线偏振光,其强度 $I=\dfrac{I_0}{2}$.

(5) 马吕斯定律　光强为 I_0 的偏振光通过偏振片后强度为

$$I=I_0\cos^2\alpha,$$

α 为入射的偏振光光振动方向与偏振片偏振化方向的夹角.

(6) 布儒斯特定律　自然光射到折射率分别为 n_1 和 n_2 的两种介质界面时,反射光和折射光都为部分偏振光.当入射角 $i=i_0$ 满足 $\tan i_0=\dfrac{n_2}{n_1}$时,反射光为完全偏振光,其光振动方向垂直于入射面.

练 习 题

讨论题

5.1　试说明如果 $I_1\neq I_2$,则在发生干涉的地方将有一个光强为 $I_{\min}=(\sqrt{I_1}-\sqrt{I_2})^2$ 的亮背景.

5.2　为什么双缝干涉中的缝距 d 必须足够小?

5.3　说明用白光垂直照射薄膜时,将会呈现彩色条纹,在同一级中由薄到厚,颜色的排列顺序是怎样的?

5.4　牛顿环的中心为什么呈现为暗斑?如果从平板玻璃一侧观察牛顿环,则干涉图样的明暗情况正好与在透镜一侧观察时相反,为什么?

5.5　薄膜透射光的增强,依赖于反射光的减弱;反之,反射光的增强,则依赖于透射光的减弱,为什么?

5.6 为什么在单缝衍射中,中央明纹要比其他各级明纹亮?

5.7 为什么单缝宽度大时观察不到衍射现象?

5.8 为什么越是高档的照相机其镜头的尺寸越大?

5.9 能否用下面的方法提高透镜的分辨本领?为什么?并比较(2)与(3)的优缺点.

(1) 提高透镜的放大倍数;

(2) 加大透镜的直径;

(3) 加用滤色片滤去波长较长的入射光.

5.10 能否用偏振片来制作太阳眼镜?为什么?

5.11 用一个偏振片对着自然光看,并以此光线为轴线转动时,为什么强度不会改变?用两个偏振片观察自然光时,转动一个偏振片为什么光的强度就会变化?

5.12 有两种不同的透明介质,折射率各为 n_1 和 n_2,自然光从第一种介质入射到第二种介质时,起偏角为 i_0;从第二种介质入射到第一种介质时,起偏角为 i_0',如果 $i_0 > i_0'$,那么,哪一种介质是光疏介质?

5.13 完全偏振光经偏振片后,光振动方向有何变化?

5.14 用偏振片可以进行光束光强的调节,试提出方案,并说明其原理.

选择题

5.15 人耳能辨别同时传来的不同声音,这是由于(　　)

(A) 波的反射和折射　　(B) 波的干涉

(C) 波的独立传播特性　　(D) 波的振幅不同

5.16 在双缝干涉实验中第一级暗纹所在位置所对应的波程差为(　　)

(A) 2λ　　(B) $3\lambda/2$　　(C) λ　　(D) $\lambda/2$

5.17 双缝干涉实验中,如果拉大光屏与双缝之间的距离,则条纹间距将(　　)

(A) 不变　　(B) 变小　　(C) 变大　　(D) 不能确定

5.18 如题 5.18 图所示,已知 $S_1P = r_1$, $S_2P = r_2$,则由同相位相干光源 S_1、S_2 发出的光,到达屏上 P 点时的光程差为(　　)

(A) $r_2 - r_1$　　(B) $(r_2 + n_2 d_2) - (r_1 + n_1 d_1)$

(C) $[r_2 + (n_2 - 1) d_2] - [r_1 + (n_1 - 1) d_1]$　　(D) $(r_2 - n_2 d_2) - (r_1 - n_1 d_1)$

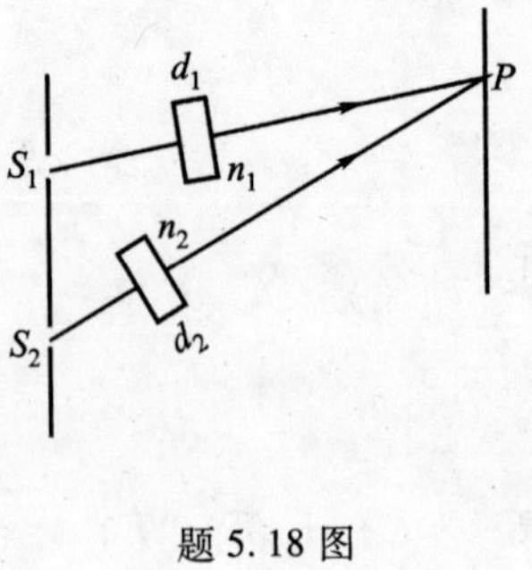

题 5.18 图

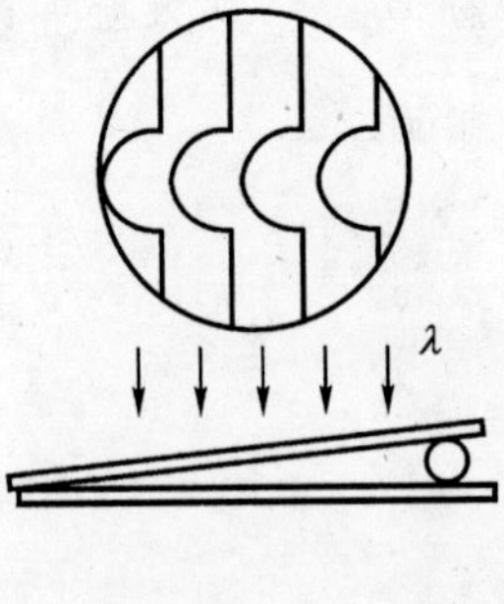

题 5.19 图

5.19 利用空气劈尖干涉检查工件的平整程度时,如题 5.19 图所示,用波长为 λ 的单色光垂直入射,观察到干涉条纹弯曲部分的顶点,恰好与左邻的直线部分的连线相切,据此可知,工件表面(　　)

(A) 有一凸梗,高 $\lambda/2$　　(B) 有一凸梗,高 $\lambda/4$

(C) 有一凹槽,深 $\lambda/2$　　(D) 有一凹槽,深 $\lambda/4$

5.20　对于如题5.20图所示的液体劈尖来说，要使干涉条纹间距增大，可采取的措施是(　　)

(A) 增强入射光的强度

(B) 使用比较厚的玻璃块

(C) 减小液体劈尖的角度

(D) 使用同样角度的较长的液体劈尖

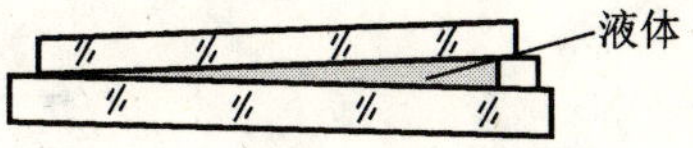

题5.20图

5.21　从平凸透镜一方观察，牛顿环分布的特点是(　　)

(A) 接触点是暗的，同心圆环是等距的

(B) 接触点是暗的，同心圆环是不等距的

(C) 接触点是明的，同心圆环是等距的

(D) 接触点是明的，同心圆环是不等距的

5.22　在照相机镜头的玻璃上，镀有一层折射率 n 小于玻璃的减反射膜，以增强某一波长 λ 的透射光能量，如果光线垂直入射，则介质薄膜的最小厚度应为(　　)

(A) λ/n　　(B) $\lambda/2n$　　(C) $\lambda/3n$　　(D) $\lambda/4n$

5.23　在单缝夫琅禾费衍射中，若缝微微向上平移则(　　)

(A) 衍射条纹上移　　(B) 衍射条纹不动

(C) 衍射条纹下移　　(D) 衍射条纹宽度变化

5.24　白光入射单缝(　　)

(A) 不能形成衍射条纹

(B) 形成彩色衍射条纹，在同一级中，红色条纹比紫色条纹靠近中央明纹

(C) 形成彩色衍射条纹，在同一级中，紫色条纹比红色条纹靠近中央明纹

(D) 形成黑白相间的条纹

5.25　自然光与完全偏振光的区别在于(　　)

(A) 后者可以分解为两个相互垂直的光振动，而前者不能

(B) 两者都可以分解为两个相互垂直的光振动，但前者不论这两个方向如何，两个分振动的强度总相等，后者不一定

(C) 偏振片只对自然光起作用，对完全偏振光则不起作用

(D) 自然光是复色光，完全偏振光是单色的

5.26　自然光以起偏角入射到透明介质上时(　　)

(A) 反射光和折射光均为完全偏振光

(B) 反射光的偏振程度比折射光高

(C) 反射光的光振动平行于入射面

(D) 反射光的偏振程度比折射光低

5.27　光由折射率为 n_1 的介质入射到折射率为 n_2 的介质时，布儒斯特角 i_0 满足(　　)

(A) $\tan i_0 = \dfrac{n_1}{n_2}$　　(B) $\dfrac{\sin i_0}{\sin \beta} = \dfrac{n_1}{n_2}$　(β 为折射角)

(C) $i_0 + \beta = \dfrac{\pi}{2}$　　(D) $i_0 = \beta$

填空题

5.28　可见光波长的数量级为______m，频率数量级为______Hz，在人眼可分辨的最小时间间隔0.1 s内，光振动经历了______次全振动.

5.29　某种单色光通过题5.29图所示的光路 AB 和 BC 的时间相等，已知 AB 段在真空中，$AB = 2$ m，

BC 段在介质中，$BC=1.5$ m，则此种介质的折射率 n 为______，光线由 A 经 B 至 C，总光程为______ m.

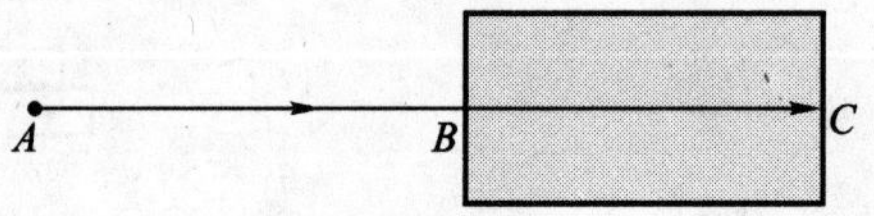

题 5.29 图

5.30　如题 5.30 图所示，同相位的相干光源 S_1 和 S_2 发出的两相干光，在 P 点或透镜焦点 F 相遇，已知$S_1P=S_2P=r$，则两相干光在相遇处的光程差，图(a)中为______；图(b)中为______；图(c)中为______；

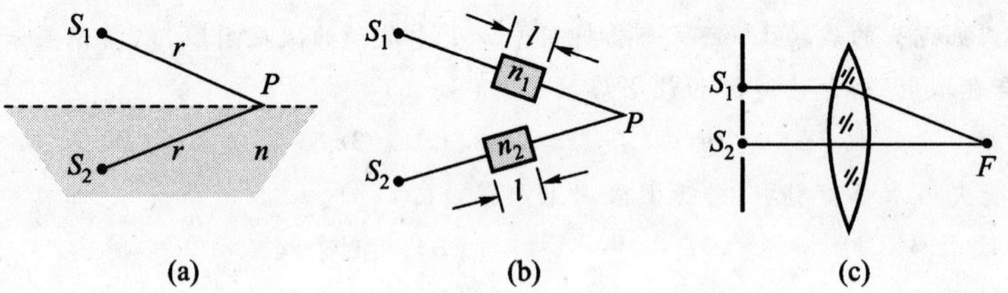

题 5.30 图

5.31　平行光与狭缝的法线方向成 θ 角入射时，若狭缝宽度为 a，则在衍射角为 φ 的方向上，最大光程差为______.

5.32　单缝衍射中狭缝愈窄，条纹间距愈______.

5.33　白光(包含各种不同波长的单色光)入射到单缝时形成的衍射条纹是______的，中央明纹中心是______的，近中央明纹中心是______的，最远处是______的.

5.34　光学仪器的分辨率受到______限制，它与____和____有关.

5.35　透镜的孔径越大，分辨率越______；光的波长越长，分辨率越____.

5.36　光栅常量越小，各级谱线的间距越______；波长越长，相邻两级谱线间距越______.

5.37　光栅的分光作用形成的光栅光谱，在同一级中，对应衍射角从小到大，光谱颜色的排列次序为____、____、____、____、____(任取五种颜色填入).

5.38　光栅衍射图像是__________和__________综合的结果.

5.39　一束 X 射线入射到晶体上，对同一晶面而言，满足“反射”条件的射线得到加强是______的结果，从相邻两层晶面上“反射”的 X 射线，满足布拉格公式时相互加强是两者__________的结果.

5.40　光线射到偏振片上，在偏振片后观察透射光，以光线为轴转动偏振片，若透射光强度无变化，则入射光为______；若偏振片在某一位置时光强最大，转过 90°后光强为零，则入射光为______；若偏振片在某一位置时光强最大，转过 90°后光强最小但不为零，则入射光为______.

计算题

5.41　如题 5.41 图所示，C、D 是处于同一介质的两相干波源，相距 $\Delta x=20$ m，它们激起沿 x 轴传播的平面简谐波，振幅同为 A，频率同为 $\nu=100$ Hz，波速同为 $u=200$ m/s，且波源 C 为波峰时，波源 D 为波谷，以 CD 连线中点为坐标原点，求 CD 连线内因干涉而静止的各点的位置.

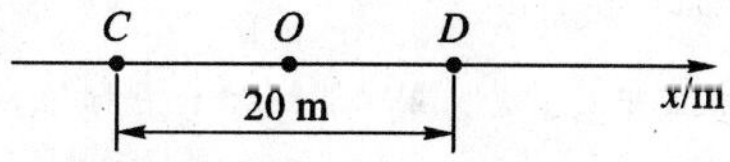

题 5.41 图

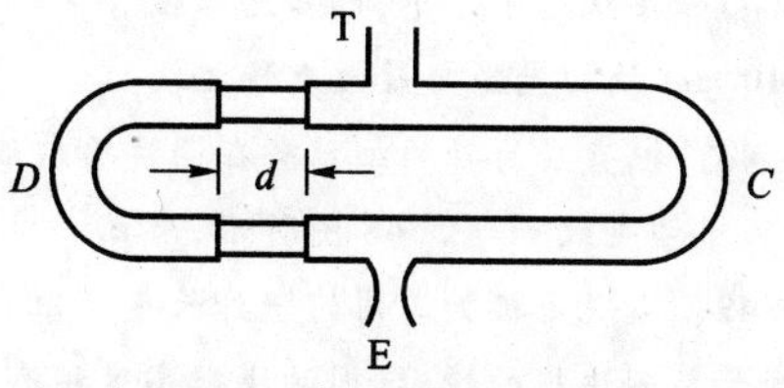

题 5.42 图

*5.42 如题 5.42 图所示的声音干涉仪，可用以演示声波的干涉，也可用于测量声波的波长，其管口 T 置于单一声调的声源之前，声波分 C、D 两股传播到出口 E，其中一股 D 的长度像乐器长号那样，可以伸缩，当 D 股从与 C 股等长逐渐拉开到伸长量 $d=16.0$ cm 时，在管口 E 处的声音第一次消失，求此声音的波长 λ 和频率 ν（已知声速 $u=334$ m/s）.

*5.43 设有两个振幅相同的相干平面波，在 x 轴上反向传播，波函数分别为

$$\xi_1 = A\cos\left(\omega t - \frac{2\pi x}{\lambda}\right),$$

$$\xi_2 = A\cos\left(\omega t + \frac{2\pi x}{\lambda}\right).$$

（1）试利用三角函数知识，证明上述两列波叠加后的波函数为

$$\xi = 2A\left(\cos 2\pi \frac{x}{\lambda}\right)\cos \omega t,$$

这是一个在不同点（不同 x）有不同振幅的简谐振动表达式，振幅随 x 值作具有空间周期性的变化.

（2）由形成波节的条件——$|\cos 2\pi x/\lambda| = 0$，证明波节间的距离为 $\lambda/2$.

*5.44 如图 5.3 所示，驻波右端为波节时，其合振幅为零，设入射波和反射波在右端引起的振动分别为 $\xi_1 = A\cos(\omega t+\varphi_1)$，$\xi_2 = A\cos(\omega t+\varphi_2)$，试证明入射波和反射波反相，即有

$$\Delta\varphi = \varphi_2 - \varphi_1 = (2k+1)\pi, \quad k = 0, \pm 1, \pm 2, \cdots$$

这种发生反相突变的现象，称为半波损失.

5.45 已知双缝实验中的缝距 $a=5.0$ mm，缝屏距离 $D=1.0$ m，在屏上观察到两个干涉图像，分别由 $\lambda_1=480$ nm 和 $\lambda_2=600$ nm 的光所产生，求屏上两个不同图像的第 3 级明纹中心之间的距离.

*5.46 如题 5.46 图所示，用壁厚 $d=3\times10^{-3}$ mm 的半圆柱形透明介质片覆盖在杨氏双缝干涉装置的下缝 S_2 上，且缝位于此半圆柱面的轴线上，如果入射光的波长 $\lambda=600$ nm，这时屏上 P 点原第 2 级明纹的位置现被第 4 级明纹占据，试求介质的折射率 n.

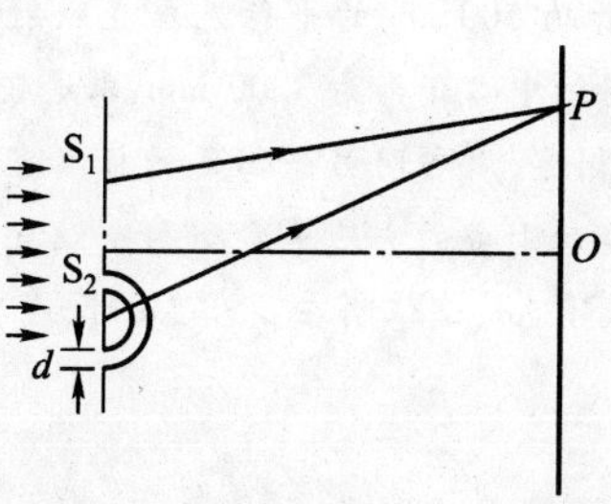

题 5.46 图

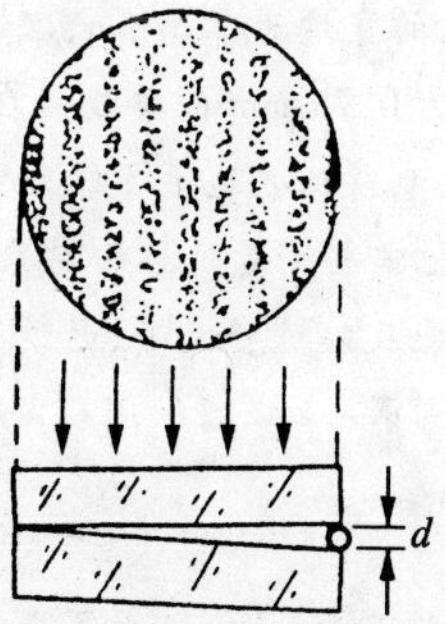

题 5.48 图

5.47 在双缝干涉中，已知光源波长 $\lambda=640$ nm，狭缝间距 $a=0.40$ mm，缝屏距离 $D=50$ cm，求屏上 $x=0.10$ mm 处的光强与最大光强之比.

5.48 把直径为 d 的细丝夹在两块平玻璃砖的一边，形成空气劈尖，在 $\lambda=589.3$ nm 的钠光垂直照射下，形成干涉条纹如题 5.48 图所示，求 d.

5.49 块规是机加工用的一种长度标准，它的端面极平且相互平行，题 5.49 图表示了用标准块规校验同规号待测块规的情形，因两块规高度稍有差别，而与上面的玻璃平板形成空气劈尖，设入射光波长 $\lambda=589.3$ nm，两块规距离 $L=5.0$ cm，空气劈尖上条纹间距均为 $l=0.50$ mm，试求两块规的高度差 Δh.

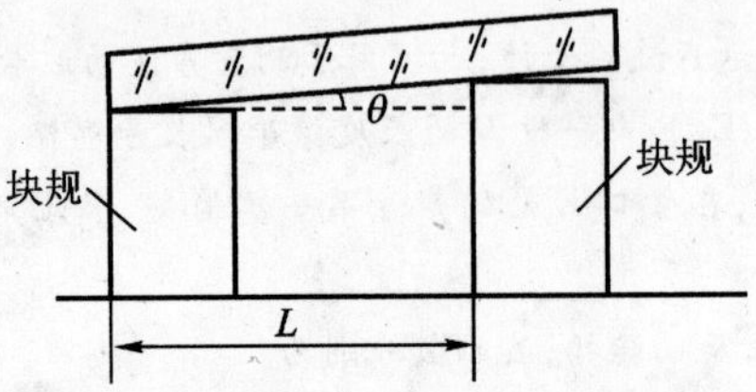

题 5.49 图

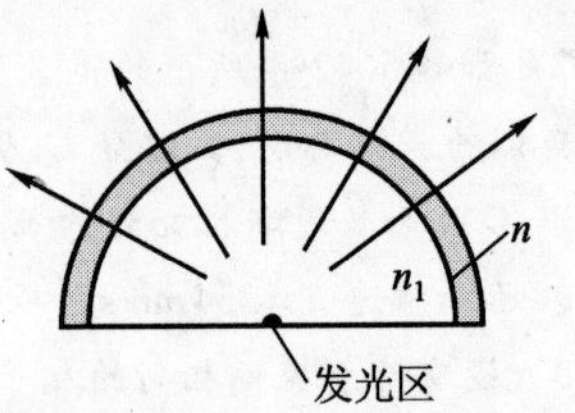

题 5.51 图

***5.50** 从牛顿环的中心数起，第 5 暗环和第 15 暗环的半径，分别为 $r_5=0.70$ mm，$r_{15}=1.7$ mm，设入射光波长 $\lambda=630$ nm，求透镜的曲率半径 R.

***5.51** 砷化镓发光管制成半球形，以增加位于球心的发光区对外输出功率，减少反射损耗，已知砷化镓发射光波长 $\lambda=930$ nm，发光管折射率 $n_1=3.4$，发光管外为空气($n_2=1$)，为进一步提高输出光功率，常在球形表面涂敷一层减反射膜，如题 5.51 图所示，如果要求完全消除反射，减反射膜的折射率 n 应满足 $n=\sqrt{n_1n_2}$，该反射膜的折射率 n 和最小厚度 d 应为多大？

5.52 在折射率 $n_2=1.50$ 的玻璃上，镀一层折射率 $n=2.40$ 的 ZnS 透明薄膜，使用波长 $\lambda=632.8$ nm 的红色激光，要使向薄膜垂直入射的反射光产生相长干涉，薄膜的厚度应为多少？

5.53 把瑞利干涉仪(图 5.10)中一根玻璃管抽成真空，另一管仍充满氢气，已知玻璃管的长度 $l=11.2$ cm，入射光波长 $\lambda=589.3$ nm，测得干涉条纹移过的数目 $m=1\ 225.1$ 条，求氢气的折射率.

5.54 有一缝宽 0.10 mm 的单缝，在缝后放一焦距为 0.50 m 的凸透镜，在透镜焦平面上放一屏，用波长为 546.1 nm 的平行绿光垂直照射在该缝上，求中央明纹的宽度以及两旁明纹的宽度和中央明纹中心到第 3 暗纹的距离.

5.55 波长为 700 nm 的平行红光垂直照射到一单缝上，缝后置一焦距为 0.70 m 的凸透镜，在焦距处垂直光轴放置一屏，若屏上呈现的中央明纹的宽度为 2.0 mm，求该缝的宽度是多少？若用另一种光照射后，测得中央明纹的宽度为 1.5 mm，求这种光的波长是多少？

5.56 一宽为 0.75 mm 的单缝放在凸透镜前，用波长为 500 nm 的平行光垂直照射，衍射条纹形成在透镜的焦平面上，测得从左边第 3 级暗纹到右边第 3 级暗纹中心距离为 3.00 mm，求透镜的焦距.

***5.57** 可以把需要测量位移的对象和一个标准直边相连，用它同另一固定的标准直边形成一单缝，这个单缝宽度变化能反映位移大小，通过测定单色光在此缝后形成的夫琅禾费衍射条纹就能求得这一位移，通常测量第 k 级到第 $-k$ 级暗纹间距改变量 Δx 以求此位移 Δa，试证明在 $a>>\Delta a$ 时，在数值上

$$\Delta a=\frac{a^2}{2k\lambda f}\Delta x,$$

式中 λ 为单色光的波长，f 为衍射装置中透镜的焦距.

5.58 月球表面上的两点，刚好被一天文台孔径为 5.0 m 的望远镜所分辨，试求这两点之间的距离. 假定这个距离取决于衍射效应，计算时光波的波长取为 500 nm，月球到地球的距离取 3.8×10^8 m.

5.59 黑板上有相距2.8 mm的两条平行直线，问距黑板多远处的学生就不能分辨出这是两条直线，假设光的波长为550 nm，人眼瞳孔直径为3.0 mm.

5.60 当X射线投射在岩盐晶体上发生反射加强时，测得射线与晶体表面的最小掠射角为10°5′. 已知岩盐的晶格常量 $d=2.814\times10^{-10}$ m，求X射线的波长.

5.61 设将单色X射线（$\lambda=0.0275$ nm）投射到方解石晶体上，当发生反射加强时，测得射线与晶体表面的最小掠射角为2°36′，求方解石的晶格常量.

5.62 用波长为589.3 nm的钠光垂直射在一衍射光栅上，测得第2级谱线的偏转角（即衍射角）是10°11′，而另一未知波长的单色光照射时，其第1级偏转角是4°12′，求此单色光的波长及光栅的光栅常量.

5.63 用波长为400 nm的平行紫光垂直地照射在光栅上，用2.0 m焦距的透镜把光谱会聚在处于焦平面的观察屏上，光栅常量为 1.00×10^{-5} m，问第1级明纹离中央条纹中心多远？若用波长为760 nm的红光照射，则其第1级明纹和紫光第2级明纹的距离是多少？

5.64 用布儒斯特定律可以测定介质的折射率，今测得某介质的起偏角 $i_0=58°$，试求其折射率（光从空气射入介质）.

5.65 已知玻璃和水的折射率分别为1.52和1.33，求光在玻璃和水的分界面上反射时的起偏角（光从玻璃向水入射）.

5.66 当两偏振片的偏振化方向由相交30°的角变成相交45°角时，透射光的强度变化多少？

5.67 自然光通过偏振化方向成60°角的两个偏振片时，如果每个偏振片吸收了30%的通过光线，试求穿出光的强度与原来入射光的强度之比.

5.68 一束自然光连续通过两个偏振片，第二个偏振片以角速度 ω 绕光线旋转时，求从第二个偏振片出射的光强度的变化规律.

5.69 在两块偏振化方向正交的偏振片A、B间插入第三块偏振片，其偏振化方向与A的偏振化方向成 α 角，若自然光入射A偏振片，求从B偏振片出射的光的光强与自然光的光强之比.

第六章　电磁场与电磁波

场是物质的重要形态，我们周围充斥着电磁场. 电磁波无处不在. 举目所见，是光与人眼作用的结果. 借助于无线电波，电台、电视台为我们播送丰富的节目. 红外线不仅用于取暖，它在遥控、遥测、遥感中有着广泛的应用. 紫外线能够杀菌. X 射线能窥视肉眼看不到的体内. 无线电波、可见光、红外线、紫外线、X 射线都是电磁波，来自宇宙远处的电磁波带来了宇宙奥秘的信息. 电磁波作为信息的重要载体，理当引起我们的关注.

本章将讨论电场和磁场的基本概念，电磁场的能量和电磁波的产生及在工程技术中的应用.

6.1　电荷的电场

带电粒子在电场中会受到电场的作用. 示波管中阴极发射的电子束途经电场，在电场的作用下发生偏转，打到荧光屏上不同的位置而描出曲线. 各种半导体器件中的载流子在其电场作用下进行电流分配从而达到放大、振荡等目的. 那么电场是怎样产生的呢？示波管、半导体器件要工作都必须外加电压，在有关部件上形成某种电荷分布，是电荷产生了电场.

1. 电荷与场强　一个很自然的问题是，电场与产生它的电荷之间的关系如何？我们先来求在真空中点电荷产生的电场的场强 $\boldsymbol{E}$. 已知点电荷 q，在相对它的位置矢量为 $\boldsymbol{r}$ 处的 P 点放一检验电荷 q_0，由库仑定律，q_0 受到的力

$$\boldsymbol{F} = \frac{1}{4\pi\varepsilon_0}\frac{qq_0}{r^2}\boldsymbol{e}_r, \tag{6.1}$$

式中 ε_0 称为真空介电常量，$\boldsymbol{e}_r = \frac{\boldsymbol{r}}{r}$ 即 $\boldsymbol{r}$ 方向的单位矢量，其大小为 1，方向与 $\boldsymbol{r}$ 一致，它的引入不改变 $\boldsymbol{F}$ 的值，但将 $\boldsymbol{F}$ 的方向同时表示了出来. 大家不难根据 q、q_0 的符号及“同性相斥、异性相吸”来判定其正确性. 这样，式(6.1)不仅表示了两点电荷相互作用力的大小，同时也表示了它们的方向. 根据场强定义 $\boldsymbol{E} = \boldsymbol{F}/q_0$，$P$ 点的场强

$$\boldsymbol{E} = \frac{1}{4\pi\varepsilon_0}\frac{q}{r^2}\boldsymbol{e}_r. \tag{6.2}$$

图 6.1 给出了 q 为正负两种情况下 P 点场强的方向. 在介质中，情况要复杂得多，如果我们讨论的是各向同性的均匀介质充满整个电场不为零的空间的情况，那么形式上比较简单，这时点电荷的场强

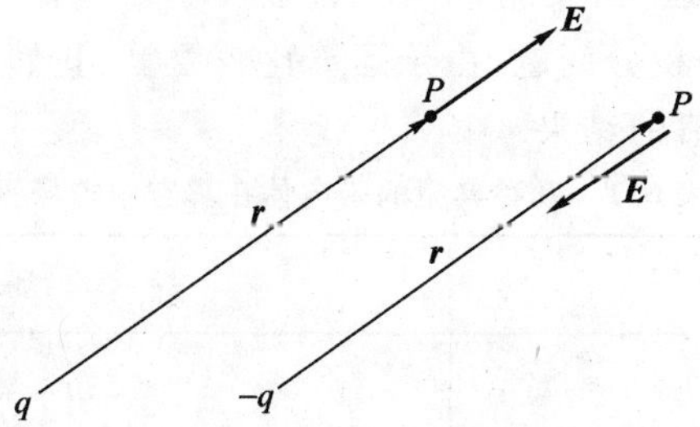

图 6.1 点电荷的场强

$$E = \frac{1}{4\pi\varepsilon}\frac{q}{r^2}e_r, \tag{6.3}$$

式中 $\varepsilon=\varepsilon_0\varepsilon_r$，$\varepsilon$ 称为介质的介电常量，ε_r 称为介质的相对介电常量，在所有介质中均有 $\varepsilon_r>1$. 当介质处于交变电场中时，它还与频率有关，在静电场中 ε_r 称静态相对介电常量，简称相对介电常量.

例 6.1 电偶极子 真空中两点电荷带等量异号电荷 $\pm q$，相距 l，求在其延长线上一点 P 处的场强. P 点在正电荷一侧，P 到正负电荷中心的距离为 r，设 $r \gg l$，这种带电系统称为电偶极子.

解：P 点的电场由两电荷共同激发，其场强等于两电荷各自激发的场强 E_+、E_- 之和. 由于场强是矢量，这个和应当是矢量和：

$$E = E_+ + E_-.$$

图 6.2 电偶极子

由式(6.2)可知，点电荷激发的电场的场强方向在电荷与所求点(称为场点)的连线上，正电荷的场强方向背向电荷，负电荷的场强方向指向电荷，如图 6.2 所示，E_+、E_- 方向相反，因而总场强 E 的大小

$$E = E_+ - E_- = \frac{1}{4\pi\varepsilon_0}\frac{q}{\left(r-\frac{l}{2}\right)^2} - \frac{1}{4\pi\varepsilon_0}\frac{q}{\left(r+\frac{l}{2}\right)^2}$$

$$= \frac{q}{4\pi\varepsilon_0}\frac{2rl}{\left[r^2-\left(\frac{l}{2}\right)^2\right]^2} \approx \frac{1}{4\pi\varepsilon_0}\frac{2ql}{r^3}$$

$$= \frac{1}{4\pi\varepsilon_0}\frac{2p}{r^3},$$

式中 $p=ql$，称为电偶极子的电偶极矩. 上述第四步用到了 $r \gg l$ 时的近似. E 的方向，由图可见与 E_+ 的方向一致.

在例 6.1 的计算中，我们认为若干个点电荷在同一点产生的场强等于这些点电荷在该点产生的场强的矢量和，这一结论称为**场强叠加原理**. 只要电场不太强，这一结论就成立. 更一般的情况是带电体，而带电体一般不能看作点电荷，但总能将它看成许多足够小的电荷元(它们可以看成点电荷)的集合. 这样从式(6.1)出发，运用场强叠加原理就可求

出各种形状的带电体的场强. 由于组成一个有限大小带电体的电荷元有许多个，在理论上是无限多个，因而这是个积分问题，由于运算比较繁复，我们不进行具体计算，在表 6.1 中给出了一些较有实用价值的结果.

表 6.1 几种典型的带电体在真空中的场强

带 电 体	场 强
半径为 R 均匀带电 q 的球壳	$E=\begin{cases}\dfrac{1}{4\pi\varepsilon_0}\dfrac{q}{r^2}, & r>R\\ 0, & r<R\end{cases}$ r 为场点到球心的距离. $q>0$ 时 $\boldsymbol{E}$ 沿半径向外，$q<0$ 时 $\boldsymbol{E}$ 沿半径指向球心
半径为 R 均匀带电 q 的球体	$E=\begin{cases}\dfrac{1}{4\pi\varepsilon_0}\dfrac{q}{r^2}, & r>R\\ \dfrac{1}{4\pi\varepsilon_0}\dfrac{qr}{R^3}, & r<R\end{cases}$ r 为场点到球心的距离. $q>0$ 时 $\boldsymbol{E}$ 沿半径向外，$q<0$ 时 $\boldsymbol{E}$ 沿半径指向球心
单位面积上均匀带电 σ 的无限大平板（即考虑非常靠近平板处的电场）	$E=\dfrac{\sigma}{2\varepsilon_0}$ 方向垂直平板，σ 为正时 $\boldsymbol{E}$ 向外，σ 为负时 $\boldsymbol{E}$ 指向平板

例 6.2 平板电容器极板间电场 两相距为 d，面积为 S（S 的线度比 d 大得多）的两导体板，构成的电容器称为平板电容器. 工作时两极板充以等量异号的电荷，两极板单位面积上所带电荷分别为 $\pm\sigma$，求极板间的电场.

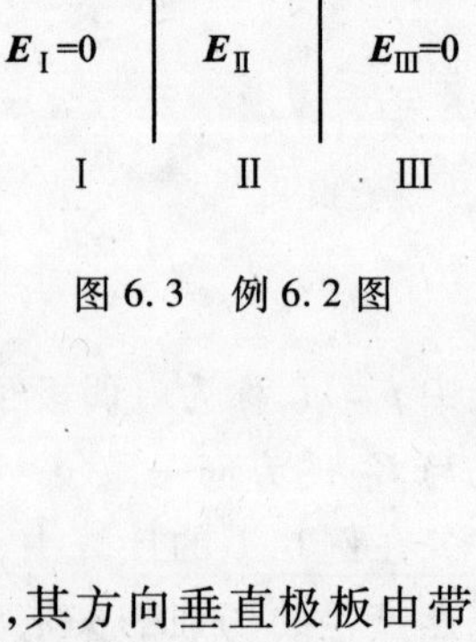

图 6.3 例 6.2 图

解：两极板在各自的两侧产生的场强方向如图 6.3 所示，其大小均为

$$E_{+}=E_{-}=E=\frac{\sigma}{2\varepsilon_0},$$

根据场强叠加原理，在图中三个区域的电场强度，在忽略边缘的情况下为：

$$\text{Ⅰ 区：}\quad E_{\mathrm{I}}=E_{+}-E_{-}=0,$$

$$\text{Ⅱ 区：}\quad E_{\mathrm{II}}=E_{+}+E_{-}=\frac{\sigma}{\varepsilon_0},$$

$$\text{Ⅲ 区：}\quad E_{\mathrm{III}}=0.$$

可见，在极板外场强为零，在极板间为一匀强电场，其大小为 σ/ε_0，其方向垂直极板由带正电的极板指向带负电的极板. 当极板间充满介电常数为 ε 的均匀介质时，$E=\sigma/\varepsilon$.

2. 电场的能量 将充电的电容器两端短接一下，就会看到一个火花，这说明充电电容器贮有能量. 更确切地说是电容器中的电场贮有能量,这种能量就是**电场能**,简称**电能**. 充电电容器贮有能量是电容器带电过程中外力克服电场力做功的结果. 为了便于理解,我们把电容器带电过程想象为从一板不断将电荷搬往另一板,最终使它们分别带上 $\pm Q$ 电荷的过程. 由高中物理知识知道,在电场中移动电荷 q 的功 $A=qU$,U 为起讫两点的电势差. 由于电容器充电过程中两极板电荷不断变化,两板电势差也在不断改变,不能简单地套用此式来计算功. 在某一瞬间,将很小的电荷 $\mathrm{d}q$ 从一板移至另一板,由于 $\mathrm{d}q$ 很小,在此微小过程中两板间的电压 u 还没有明显变化,元功 $\mathrm{d}A=u\mathrm{d}q$ 整个过程中,每板上的电荷从零开始最后变为 Q,外力的功

$$A=\int \mathrm{d}A=\int u\mathrm{d}q=\int_0^Q \frac{q}{C}\mathrm{d}q=\frac{Q^2}{2C},$$

即电容器的能量

$$W_{\mathrm{e}}=\frac{Q^2}{2C}.$$

根据电容器电容的定义,$C=\dfrac{Q}{U}$,U 为两板间的电势差,所以上式可写为

$$W_{\mathrm{e}}=\frac{Q^2}{2C}=\frac{1}{2}CU^2=\frac{1}{2}QU. \tag{6.4}$$

所以更确切地说,电容器的能量储存在电容器内的电场之中,为此,我们将能量 W_{e} 与描述电场的物理量直接联系起来. 对平板电容器,有

$$C=\frac{Q}{U}=\frac{\sigma S}{Ed}=\frac{\sigma S}{\dfrac{\sigma}{\varepsilon_0}d}=\frac{\varepsilon_0 S}{d}. \tag{6.5}$$

这里用到了匀强电场公式 $U=Ed$,平板电容器电场强度 $E=\sigma/\varepsilon_0$ 等关系,所以式(6.5)只适用于平板电容器. 一般地说,电容器的电容决定于极板面积、两板间距离及极间介质,还与其几何形状有关. 由式(6.4)得

$$W_{\mathrm{e}}=\frac{1}{2}CU^2=\frac{1}{2}\frac{\varepsilon_0 S}{d}(Ed)^2=\frac{1}{2}\varepsilon_0 E^2 Sd=\frac{1}{2}\varepsilon_0 E^2\tau,$$

式中 $\tau=Sd$,是极间电场的体积,所以单位体积的能量为

$$w_{\mathrm{e}}=\frac{1}{2}\varepsilon_0 E^2, \tag{6.6}$$

称为**电场能量密度**. 式(6.6)虽然是利用平板电容器公式导出来的,但可以证明它对任何电场都成立. 根据上式,如果知道电场的分布,就可以根据 w_{e} 的定义求出总的电场能量

$$W_{\mathrm{e}}=\int_\tau w_{\mathrm{e}}\mathrm{d}\tau=\int_\tau \frac{1}{2}\varepsilon_0 E^2\mathrm{d}\tau. \tag{6.7}$$

6.2 电流的磁场

示波管中电子束的运动由电场的作用来调节,而显像管中的电子束则由磁场来控制. 打开电视机盒可以看到在显像管外包着一个线圈,正是这个线圈通电时产生的磁场控制电子

束的偏转，在荧屏上打出美丽的画面.

1. 电流的磁场 磁场是由电流产生的. 即使磁铁的磁场也是由构成它的带电粒子的种种运动所形成的电流激发的，那么，磁场与激发它的电流之间的关系如何呢？一般说来，通电导线产生的磁场与通电导线的形状、电流的大小和方向以及场点（求场的那一点称为场点）的空间位置有关. 最简单的例子是通电直导线附近的磁场. 可以想象，电流越大，磁场越强，越靠近导线的点，即离直导线距离 r 越小的点，磁场越强. 磁场用磁感应强度 B 来描述. 可以证明在通电长直导线附近的磁感应强度 B 的大小与电流 I 成正比，与距离 r 成反比，引入比例系数 k，则有

$$B = k\frac{I}{r}, \tag{6.8}$$

k 常写作 $k=\mu_0/2\pi$，μ_0 为真空中的磁导率，$\mu_0=4\pi\times10^{-7}\,\mathrm{N/A^2}$. 在介质中，情况要复杂得多，在各向同性均匀介质充满整个磁场不为零的空间的情况下，形式上很简单，只要将式(6.8)中的 μ_0 换成 μ 就可以了，即

$$B = \frac{\mu}{2\pi}\frac{I}{r}, \tag{6.9}$$

$\mu=\mu_0\mu_r$ 称为介质的磁导率，μ_r 称为相对磁导率，它可以大于或小于 1. 通电直导线磁场的磁感应线是在垂直于导线平面内的圆，圆心在导线与平面的交点处，磁感应线的方向与电流方向成右手关系（图 6.4）. 在一般情况下，磁感应线的形状不再是圆，但总是闭合的.

线圈是常用的电气元件，这里再给出通电线圈的磁场（图 6.5）. 均匀密绕的长直螺线管（长度比管径大得多）通以电流 I 时，不考虑两端的情况，管中的磁场基本上是均匀的，其方向平行于轴线，与电流方向成右手螺旋关系，磁感应强度的大小在真空中为

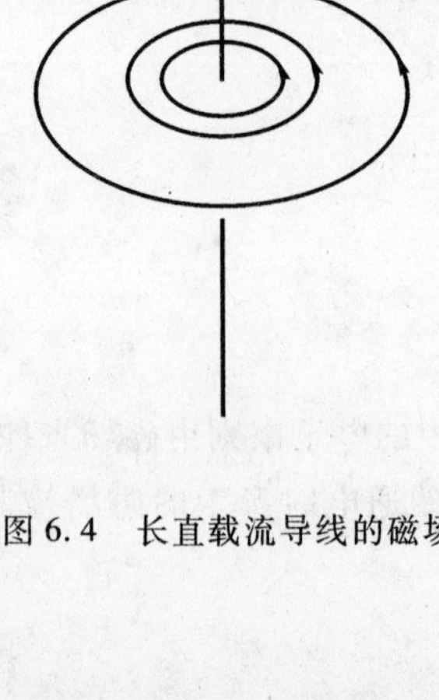

图 6.4 长直载流导线的磁场

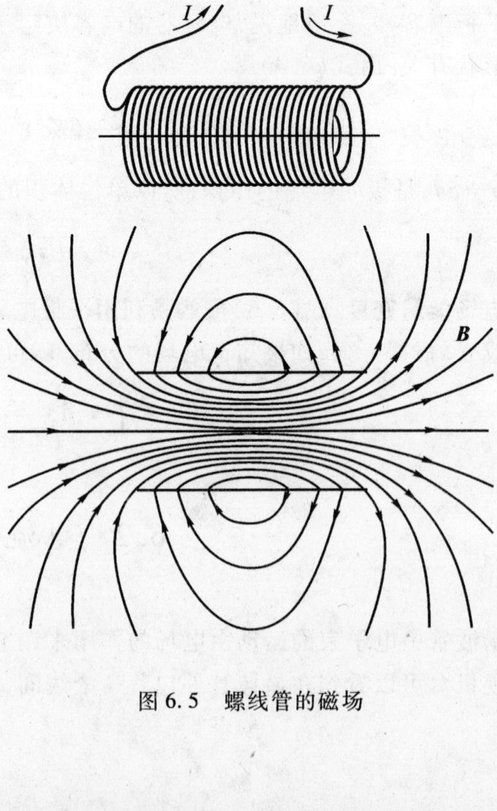

图 6.5 螺线管的磁场

$$B = \mu_0 nI, \tag{6.10}$$

在管中充满均匀介质时,

$$B = \mu nI, \tag{6.11}$$

式中 n 为单位长度内线圈的匝数,螺线管总长为 l,总匝数为 N,则 $n = N/l$. 式(6.10)、(6.11)也适用于均匀密绕的细螺线环,这时磁感应线为与环平行的圆,方向也与电流成右手螺旋关系.

2. 磁感应强度的环流

真空中在垂直于通电长直导线的平面内,取以平面与导线的交点为圆心,R 为半径的圆为积分回线 L,取绕行方向与电流成右手关系,这时积分回线与磁感应线重合,于是 $\cos\theta = 1$,由式(6.9),

$$\oint_L B\cos\theta \mathrm{d}l = \oint_L B\mathrm{d}l = \oint_L \frac{\mu_0}{2\pi}\frac{I}{R}\mathrm{d}l = \frac{\mu_0}{2\pi}\frac{I}{R}\oint_L \mathrm{d}l = \mu_0 I. \tag{6.12}$$

如果取绕行方向与电流成左手关系,则 $\cos\theta = -1$,只要把这种情况下的电流 I 看作负值,上式仍然成立. 式(6.12)是一个普遍成立的关系,表示电流与其激发的磁场间的关系. 在真空中磁感应强度 $\boldsymbol{B}$ 沿闭合回线的积分等于穿过以此闭合回线为边界的截面的电流的 μ_0 倍.

6.3 磁场变化激发电场

前面我们分别讨论了电场和磁场. 实际上,它们之间密切相关,存在着内在联系. 在一定条件下,它们还相互激发.

1. 电磁感应 如果把电流产生磁场说成“电生磁”,那么是否有“磁生电”呢? 回答是肯定的。法拉第正是沿着这一思路在“电生磁”的启发下,去寻找“磁生电”的。经过从1821年到1831年10年的求索,终于发现磁在一定条件下会产生电流。那就是,当通过闭合回路所围的磁通量发生变化时,回路中便产生感应电流. 这就是大家熟悉的电磁感应现象.

电路中的电流由电动势产生的. 产生感应电流的电动势称为**感应电动势**. **法拉第电磁感应定律**指出,通过闭合回路所围面积的磁通量 Φ_m 发生变化时. 回路中产生的感应电动势 $\mathscr{E}_\mathrm{i}$ 的大小与穿过回路磁通量的变化率 $\frac{\mathrm{d}\Phi_\mathrm{m}}{\mathrm{d}t}$ 成正比. 写成数字关系式为

$$\mathscr{E}_\mathrm{i} = -K\frac{\mathrm{d}\Phi_\mathrm{m}}{\mathrm{d}t},$$

K 为比例系数,在国际单位制中 $K = 1$,则

$$\mathscr{E}_\mathrm{i} = -\frac{\mathrm{d}\Phi_\mathrm{m}}{\mathrm{d}t}, \tag{6.13}$$

负号是**楞次定律**的数学表达,它指出感应电流的方向,总是使得其产生的磁通量抵抗引起感应电流的磁通量的变化.

当回路内的感应电流发生变化(如通以交流电流)时,它所激发的磁场通过自身回路所

围的磁通量发生变化，产生的电磁感应现象称为**自感现象**，相应的感应电动势称为**自感电动势**. 通常用 $\mathscr{E}_L$ 来表示.

我们以均匀密绕的长直螺线管（单位长度匝数 n，线圈长 l，截面积 s）为例，进一步讨论一下自感现象. 由式(6.11)，当通以电流 I 时，螺线管内的磁感应强度

$$B=\mu nI,$$

通过每一匝的磁通量

$$\Phi_m=BS=\mu nIS.$$

线圈共有 $N=nl$ 匝，通过整个线圈的磁通量总数（称为磁通链）Ψ_m 为

$$\Psi_m=N\Phi_m=N\mu nIS=\mu n^2ISl=\mu n^2I\tau \tag{6.14}$$

$\tau=Sl$ 为线圈的体积. 当电流 I 发生变化时，在线圈内产生的自感电动势 $\mathscr{E}_L$

$$\mathscr{E}_L=-\frac{d\Psi_m}{dt}=-\mu n^2\tau\frac{dI}{dt}.$$

对一个线圈，$\mu n^2\tau$ 为一常量记为 L，则

$$\mathscr{E}_L=-L\frac{dI}{dt}. \tag{6.15}$$

这表示，线圈中的自感电动势与通过线圈的电流变化率成正比. 比例系数 L 称为**自感系数**，简称**自感**. 密绕长直螺线管的自感 $L=\mu n^2\tau$. 它只与线圈的几何尺寸、单位长度内的匝数及周围的介质有关. 它是描述线圈本身属性的重要电学参数. 单位为亨利，符号为 H，1 H = 1 V·s/A = 1 Ω·s. 由于亨利的单位比较大，实用上常用毫亨（mH）和微亨（μH）作为自感单位.

式(6.15)指出，自感 L 在数值上等于单位电流变化率所产生的自感电动势. 将 $L=\mu n^2\tau$ 代入式(16.14)得

$$\Psi_m=LI.$$

此式具有一定的普遍性. 只要回路形状不变，周围没有铁磁性物质，对任何形状的回路均成立. 此式指出，此时回路的自感 L 在数值上等于单位电流产生的通过回路自身的磁通量.

2. 磁场变化激发电场　不仅电荷能够激发电场，磁场变化也能激发电场. 电磁感应现象告诉我们，当通过闭合导体回路所围的磁通量发生变化时，在闭合导体中便产生感应电流. 导体中的电流是电荷克服导体的阻力所作的定向运动形成的，电荷必定受到某种力的驱动，由此推测必定存在产生这种驱动作用的电场. 如果磁通量的变化是由磁场变化引起的，那么这种电场就是由磁场变化所激发的. 事实上，不论导体是否存在，只要有磁场变化，就有它所激发的电场.

根据中学物理对电动势的定义，在电荷 q 从电源负极移至电源正极过程中，电动势 $\mathscr{E}$ 的功为 $A=q\mathscr{E}$. 由于电荷在外电路移动时电动势不做功，因而 A 也等于电荷 q 沿回路运动一周时的功：

$$A=q\mathscr{E}_i=-q\frac{d\Phi_m}{dt}. \tag{6.16}$$

同一问题，从电场力做功来考虑，在移动电荷 q 过程中，变化的磁场所激发的电场 E_i 所做的功

$$A=\oint_L F\cos\theta dl=\oint_L qE_i\cos\theta dl=q\oint_L E_i\cos\theta dl, \tag{6.17}$$

式(6.16),(6.17)计算的是同一个功,因而

$$\oint_L E_i \cos\theta \mathrm{d}l = -\frac{\mathrm{d}\Phi_m}{\mathrm{d}t}. \tag{6.18}$$

这种由磁场变化激发的电场称为**感应电场**. 它与电荷激发的电场不同,电荷激发的电场$\oint_L E\cos\theta \mathrm{d}l = 0$〔见式(2.11)〕,而感应电场$\oint_L E_i\cos\theta \mathrm{d}l = -\frac{\mathrm{d}\Phi_m}{\mathrm{d}t} \neq 0$. 前者的电场线由正电荷指向负电荷,是不闭合的,而后者则是一些闭合回线. 根据电场线的这一特征,感应电场又称为**涡旋电场**,由于涡旋电场$\oint_L E_i \cos\theta \mathrm{d}l \neq 0$,所以它是非保守场.

式(6.18)涉及E_i绕回线L的积分(即E_i的环流)与穿过L的(严格地说是穿过以L为边界线的面上的)磁通量. 为了明确式中的"-"号的意义,我们任意取定回线的绕行正方向,并规定与其成右手螺旋关系的方向为通量及通量的增量的正方向,如图6.6(a)所示. 在这种规定下,根据楞次定律,必有

$$\mathscr{E}_i = \oint_L E_i\cos\theta \mathrm{d}l = -\frac{\mathrm{d}\Phi_m}{\mathrm{d}t},$$

故"-"号是楞次定律的数学表示,或者说E_i的环流$\oint_L E_i\cos\theta \mathrm{d}l$与磁通量的变化成左手关系〔图6.6(b)〕

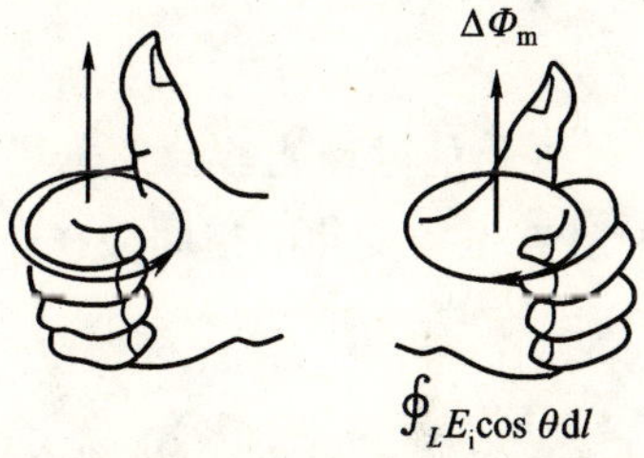

图6.6 楞次定律符号法则

3. 磁场的能量 将充电电容器接入一线圈回路,在回路中便形成电磁振荡,能量在电容器与线圈之间轮换转移. 线圈中的能量,更确切地说是贮存在空间磁场中的能量,称为**磁场能**,简称**磁能**.

在学中学物理时,我们看到过这样一个实验. 一个串接在电源电路中的白炽灯,电路一接通,它便立即发光. 但若在电路中串接一个线圈,情况就不同了,白炽灯要慢慢地亮起来. 这是因为由于电磁感应,线圈通电后,电流要经历由零到I的增长过程. 在此过程中,线圈内的自感电动势阻止电流增长. 为此,需要消耗电源的能量来克服这一电动势做功. 其结果是使线圈获得了能量. 可以证明,通电线圈中的能量

$$W = \frac{1}{2}LI^2, \tag{6.19}$$

L为线圈的自感系数.

在电流增加过程中,电流在不断变化,用i表示电流的瞬时值. 电动势$\mathscr{E}_L$也在不断变化,在很短时间$\mathrm{d}t$内,电源克服自感电动势所做的元功

$$\mathrm{d}A = -\mathscr{E}_L i\mathrm{d}t,$$

等式右边的负号表示,此时电源克服自感电动势做负功. 整个过程

$$A = \int \mathrm{d}A = \int -\mathscr{E}_L i\mathrm{d}t = \int L\frac{\mathrm{d}i}{\mathrm{d}t} i\mathrm{d}t = \int Li\mathrm{d}i.$$

当线圈中电流达到I时,电源共做功

$$A = \int_0^I Li\mathrm{d}t = \frac{1}{2}LI^2.$$

比照电场能量的表达式,我们把通电长直螺线管磁场能量的表达式写作

$$W_m = \frac{1}{2}LI^2 = \frac{1}{2}\mu_0 n^2 \tau I^2 = \frac{B^2}{2\mu_0}\tau.$$

单位体积的磁场能量

$$w_m = \frac{B^2}{2\mu_0}, \tag{6.20}$$

称为**磁场能量密度**.此式是普遍成立的,利用它可以求得任意磁场的总能量

$$W_m = \int w_m d\tau. \tag{6.21}$$

6.4 电场变化激发磁场

变化的磁场能够激发电场,那么,变化的电场会激发磁场吗?回答是肯定的.麦克斯韦假设,在电场变化的空间存在一种特殊的电流,麦克斯韦将它称为**位移电流** I_d,其值

$$I_d = \varepsilon_0 \frac{d\Phi_e}{dt}, \tag{6.22}$$

Φ_e 是电场强度的通量.位移电流虽然与电荷定向运动形成的电流有许多不同,但它们按同样的规律激发磁场.将式(6.22)代入式(6.12)得

$$\oint_L B\cos\theta dl = \mu_0 \varepsilon_0 \frac{d\Phi_e}{dt}. \tag{6.23}$$

此式表示了变化的电场与其激发的磁场 B 之间的关系.它与表示变化的磁场与其激发的电场间关系的式(6.18)十分对称.

用式(6.12)讨论存在电容器的电路时会出现矛盾.例如图 6.7 中,在合上开关 S 的瞬间,电路中存在充电电流 I,围绕电路作一闭合回线 L,以此为边界在电容器外作一面 Σ(用阴影表示)则

$$\oint_L B\cos\theta dl = \mu_0 I \neq 0 \tag{6.24}$$

以同样的 L 为边界通过电容器内作一面 Σ',由于充电电流不通过面 Σ',似应有

$$\oint_L B\cos\theta dl = 0 \tag{6.25}$$

比较式(6.24)、(6.25),等式左边都是 B 沿同一回线 L 的积分,却得到了不同的结果,也就是说这两个式子是相互矛盾的.

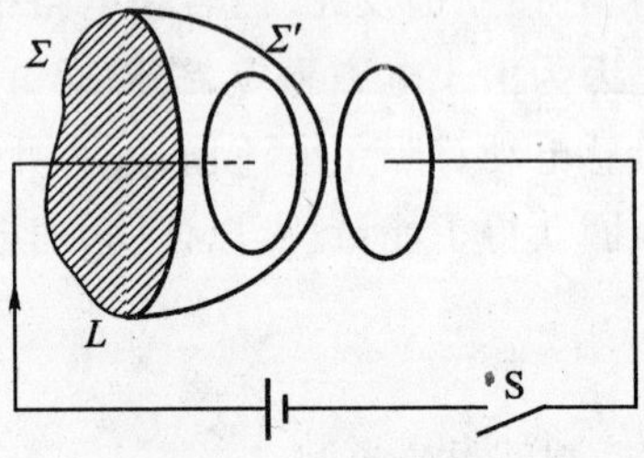

图 6.7 位移电流

如何解决上述矛盾呢,我们再作进一步的分析.考虑到在充电过程中电容器上的电荷在变化,电容器极板间的电场 E 也在变化,因而通过面 Σ' 的电场强度的通量 Φ_e 也在变化,这里 $\Phi_e = ES$,S 为电容器极板面积.在充电过程中 Φ_e 的变化率

$$\frac{d\Phi_e}{dt} = S\frac{dE}{dt},$$

而电路中的电流

$$I = \frac{dq}{dt} = \frac{d\sigma S}{dt},$$

σ 为电容器一板上的电荷面密度.真空电容器极板间的场强 $E = \sigma/\varepsilon_0$,将此式代入上式得

$$I = \varepsilon_0 S \frac{\mathrm{d}E}{\mathrm{d}t} = \varepsilon_0 \frac{\mathrm{d}\Phi_e}{\mathrm{d}t},$$

即通过Σ'面的电场强度通量变化率的ε_0倍在数量上等于电路中的电流.麦克斯韦假设在电容器内存在着一种电流,不过它不是由电荷的定向移动产生的,而是由电场的变化形成的,这就是位移电流:

$$I_d = \varepsilon_0 \frac{\mathrm{d}\Phi_e}{\mathrm{d}t}.$$

相应地把电荷流动形成的电流称为**传导电流** I_c,两者之和称为**全电流**:

$$I = I_c + I_d.$$

若把式(6.12)中的I理解为全电流,矛盾便得到了解决.在图6.7中,穿过Σ面的$I_{d1}=0, I_{c1}\neq 0$;穿过Σ'面的$I_{c2}=0, I_{d2}\neq 0$,且$I_{c1}=I_{d2}$,穿过两面的全电流是相等的,$\oint_L B\cos\theta \mathrm{d}l$的值无论从穿过$\Sigma$面还是从穿过$\Sigma'$面的全电流考虑,都是一样的.这一假设的实质是位移电流同传导电流一样能激发磁场,也就是变化的电场激发磁场,这是麦克斯韦电磁场理论的要旨.

引进全电流的另一个好处,是在有电容器的电路中全电流是连续的,而传导电流却不一定是连续的.至此,我们得到了非常对称的关系:

变化的磁场激发电场 $$\oint_L E\cos\theta \mathrm{d}l = -\frac{\mathrm{d}\Phi_m}{\mathrm{d}t} \qquad (6.26)$$

变化的电场激发磁场 $$\oint_L B\cos\theta \mathrm{d}l = \mu_0\varepsilon_0 \frac{\mathrm{d}\Phi_e}{\mathrm{d}t} \qquad (6.27)$$

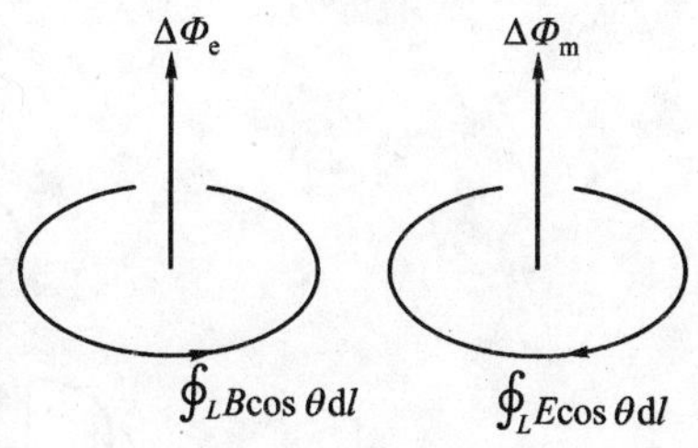

图6.8 右手关系和左手关系

式(6.26)右边的"-"号表示感应电场$\boldsymbol{E}$的环流与磁通Φ_m的变化成左手关系,相应式(6.27)则表示变化电场激发的磁场$\boldsymbol{B}$的环流与电场强度通量的变化成右手关系(图6.8).

6.5 电 磁 波

1. 电磁波的传播 麦克斯韦集前人之大成,加上他极具创造性的感应电场和变化电场激发磁场的假设,建立了完整的宏观电磁场理论.麦克斯韦理论的一个重大成果是预言了电磁波的存在,下面通过一个电磁扰动在空间的传播,说明电磁波的产生.

图6.9(a)为一发射天线,在左边,振荡回路中有变化的电流,在右边,天线(实际上是一开放的LC回路)中通过感应也产生一变化电流.若某一瞬间向上的电流增大,在图6.9(a)中用一段直线上两个向上箭头表示.这个电流产生的磁场在左边垂直纸面向外,其右边则垂直纸面向里.由于电流在增大,这个磁场也在增强,它在空间激发一感应电场,其方向由左手关系,可确定右边为逆时针,左边为顺时针〔图6.9(b)〕.(为免赘述,以下只叙述右边的情况),由于这一电场也在变化,它将激发一磁场,其方向由右手定则确定,在右外侧方向垂直纸面向里〔图6.9(c)〕,这一变化的磁场同样激发逆时针方向的感应电场,它在更远处激发变化的磁场〔图6.9(d)〕.以此类推我们看到,天线中的电流变化(电磁扰动)所激发的变化的磁场,通过电场、磁场的交链激发由近及远地传播出去,天线中持续不断地电磁振荡,就产

生了连续的电磁波.

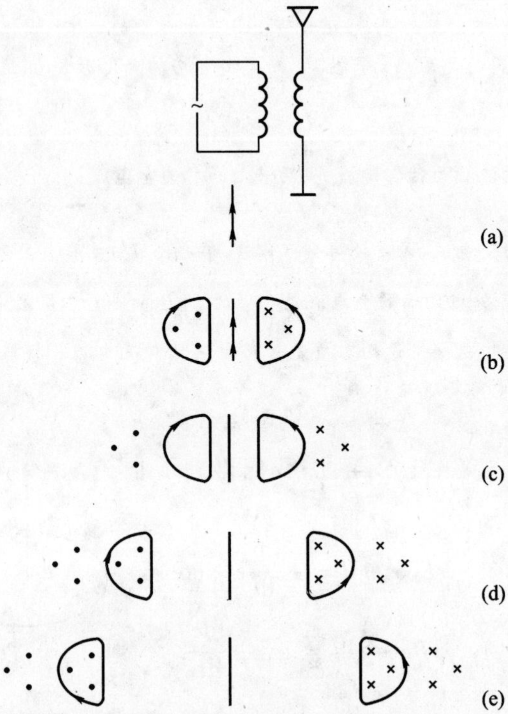

图 6.9 电磁波的产生

2. 赫兹实验 麦克斯韦于1864年发表了《电磁场的动力学理论》,预言电磁波的存在,22年后赫兹用实验证实了电磁波的存在. 实验中赫兹用一个感应圈与两根一端装金属板、另一端有一金属小球的金属杆相连接. 两球靠得很近,相当一个电容器,从而构成了一个由感应线圈和电容器组成的振荡回路. 在其附近放一开口的金属圈(图 6.10).

当振荡回路中存在高频振荡时,右边开口的金属圈会发生火花. 这是因为当振荡回路振荡时电容器两极间形成交变电场,发出电磁波. 当电磁波传到附近的金属圈时,引起金属圈高压电磁振荡. 这一电压致使开口处产生火花. 赫兹实验轰动了当时整个物理学界,全世界实验室纷纷投入电磁波及其应用的研究,不久意大利工程师马可尼和俄国的波波夫利用电磁波实现了无线电讯号的远距离传送,迎来了 20 世纪的电讯通信产业,开信息时代之先河.

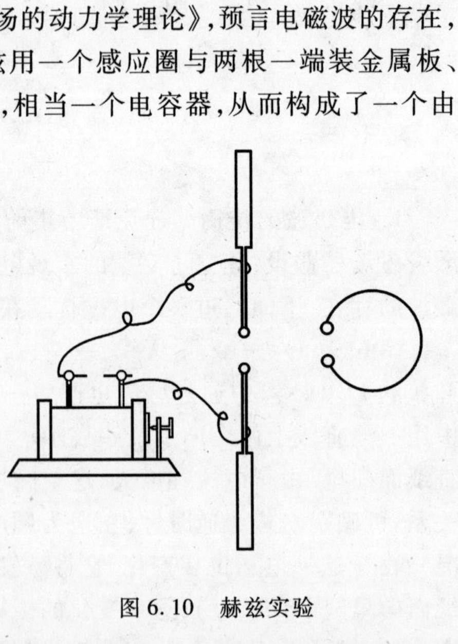

图 6.10 赫兹实验

3. 电磁波的性质 在远离振源的地方,电磁波可视为平面波,平面电磁波具有如下一些性质.

(1) 任何给定点上,电场强度和磁感应强度都在作同周期的变化,且两者相位相同.

(2) 电场强度和磁感应强度的方向相互垂直并都与传播方向垂直,平面电磁波是一种横波(见图 6.11).

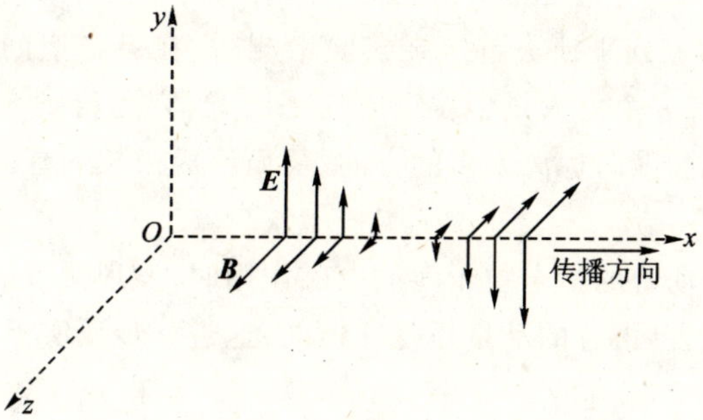

图 6.11 平面电磁波

(3) 在空间同一点 E 和 B 的数量关系为

$$\sqrt{\varepsilon}E = B/\sqrt{\mu}.$$

(4) 电磁波传播的速度 $v = 1/\sqrt{\mu\varepsilon}$,在真空中 $c = 1/\sqrt{\varepsilon_0\mu_0} = 2.997\,9 \times 10^8\,\text{m/s}$,正好等于光速. 麦克斯韦正是在此启发下,提出了光是一种电磁波的科学论断.

4. 电磁波的能量 电磁波具有的能量称为辐射能,电磁波的能量密度 w 称为电磁能密度,在真空中

$$w = w_e + w_m = \frac{1}{2}\varepsilon_0 E^2 + \frac{1}{2}\frac{B^2}{\mu_0} = \varepsilon_0 E^2 = \frac{B^2}{\mu_0}. \tag{6.28}$$

其强度即平均能流密度

$$S = wv = \left(\frac{1}{2}\varepsilon_0 E^2 + \frac{1}{2}\frac{B^2}{\mu_0}\right)\frac{1}{\sqrt{\varepsilon_0\mu_0}} = \frac{1}{\mu_0}EB. \tag{6.29}$$

5. 电磁波的动量 电磁波不仅具有能量,而且还有动量. 根据相对论,可以证明,在真空中以光速 c 传播的平面电磁波单位体积内具有动量

$$p = \frac{w}{c} = \frac{\varepsilon_0 E^2}{c}, \tag{6.30}$$

称为**电磁波的动量密度**. 由于电磁波具动量,当它入射到物体表面上时会对表面产生压力,这个压力称为辐射压力或**光压**.

例 6.3 太阳光对地面的压强 太阳光投射到与其入射方向垂直的地球表面的平均能流称为太阳常数 $I_{\odot} = 1.35\ \text{kW/m}^2$. 设太阳光全部为地球吸收,求它对地球形成的压强.

解:表面积为 S 的表面,在 Δt 时间吸收的电磁动量即电磁波动量的变化为

$$\Delta p = pSc\Delta t.$$

作用在 S 面积上的力

$$F = \frac{\Delta p}{\Delta t} = pSc.$$

压强

$$p_e = \frac{F}{S} = cp = w = \frac{I_\odot}{c} = \frac{1.35\times10^3}{3\times10^8}\text{N/m}^2 = 4.5\times10^{-6}\text{N/m}^2.$$

这与大气压 10^5N/m^2 相比,这是个非常小的值.

在地球上的自然现象中,光压作用比其他力的作用小得多,因而不易观察到,所以直至1899年才由俄国物理学家列别捷夫首次在实验中测得. 在宇宙空间,光压的作用会形成颇为壮观的场面,如彗星有一个由大量尘粒组成的尾巴,当它运行到太阳附近时,由于尘粒受到阳光的光压的作用而被推向远离太阳的方向,从而形成很长的彗尾,被太阳光照得十分明亮,能被肉眼观察到.

人们在研究两个运动着的带电粒子间的电磁作用时,发现两者的动量似乎不守恒,当把电磁场的动量也考虑进去后,总的动量还是守恒的,这进一步证实了动量守恒定律是自然界最普适的原理之一.

大家知道,能量和动量都是物质运动的量度,运动是物质存在的形式,电磁场具有能量和动量,说明它是物质的一种形态. 事实上场和实物都是物质,随着现代科学的进展,两者的界限也日益消失,并发现它们在一定条件下还可以相互转化.

6. 电磁波谱 麦克斯韦认为光是一种电磁波,而赫兹实验一方面证实了电磁波的存在,同时也证明了光是电磁波. 后来人们还发现 X 射线,γ 射线等都是电磁波,它们在真空中传播的速度都是 c,并都具有电磁波的共同特性,但它们的波长(或频率)却有很大差别,按其波长大小的次序排列成的谱,称为电磁波谱(见图 6.12). 不同波长范围的电磁波,其产生的方法以及它们与物质相互作用时产生的效应都不相同,因而在不同领域中获得了不同的应用.

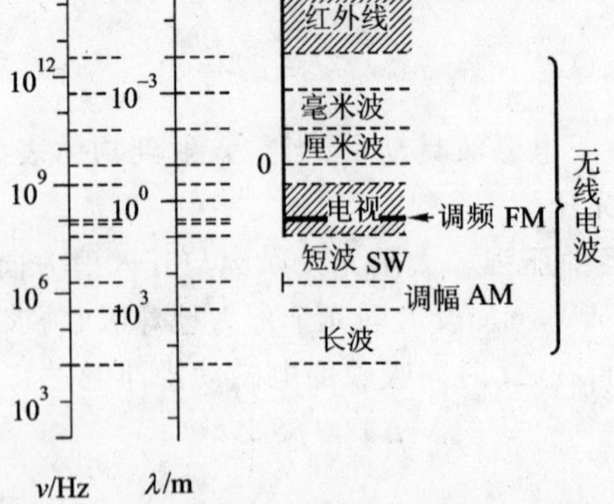

图 6.12 电磁波谱

无线电波，按波长又分为长波（波长大于10^3m）、中波（波长为$10^2\sim10^3$m）、短波（波长为$1\sim10^2$m）和微波（波长约$10^{-4}\sim1$ m）四个波段. 无线电波主要用于通讯，由于地面、高山、电离层等对各段无线电波的吸收、反射、透射等性能不同，在空间传播无线电波通常采用地波、天波和空间波三种不同的方式.

地波沿地球表面附近空间传播，这时无线电波只有绕过地面障碍物才能传到较远的地方，长波和中波由于波长较长，衍射现象显著，能绕过各种障碍物.

天波通过大气外层的电离层对无线电波的反射来进行传播，由于电离层中自由电子的密度开始随高度而增大，到达一定值后又随高度逐渐减少，所以电离层只能反射入射角较大的无线电波. 此外，波长越长，越易反射. 长波、中波、短波都能被电离层反射. 超短波、微波能穿透电离层而不被反射. 由于电离层对无线电波有吸收作用，而且这种吸收作用随波长增大而增大，所以波长太长，电离层吸收太大，但波长太短，又不能被电离层反射，因此天波最适宜于传播短波.

空间波是沿直线在空间传播的，其传播最远距离不超过视线距离.

综上所述，长波衍射能力强，大气对它的吸收少，适宜用地波传播. 这种传播方式稳定性好，受干扰影响小，传播距离远. 超长波能作环球传播，但它需要庞大的天线设备，实际上用得不多，仅用于潜艇和远洋航行通信. 中波可用天波和地波两种方式传播，白天电离层吸收较大，主要用地波，晚上用天波，所以中波昼夜强度差别较大，不适合远距离通信，常用于区域内广播. 短波靠天波能传播到很远的地方，缺点是不稳定. 超短波和微波衍射能力差，又会穿透电离层，只能以空间波方式传播，但传播距离有限，为了实现长距离传播，可采用增高发射天线和接力通信等方法.

微波频率在$0.3\times10^9\sim3\times10^{11}$ Hz之间，占据高频无线电波很大的一段，利用其中的厘米波段（频率为$3\times10^9\sim30\times10^9$ Hz）进行通信可同时容纳上百套电视节目和数万路电话. 为了进行远距离微波通信，可采用同轴电缆传输的方法. 通信卫星的出现，使微波通信能很方便地实现全球通信. 从20世纪80年代发展起来的小型卫星地面站，为人们交换信息带来了方便，一个用户用直径1.2～1.8 m的小天线，就可通过卫星与世界各地交换信息.

微波与物质相互作用时，不同物质对其反射、透射和吸收的比例不同. 水、脂肪之类介质对微波的吸收较好，通过分子碰撞，转化为内能，温度升高，这就是微波加热的机理. 由于微波能透入介质表面一定深度，因而能实现表里同热.

红外线，其波长在780 nm～1 mm之间，其特点是热效应明显，并能透过浓雾和较厚的云层，常用来加热、遥测、遥感等. 关于红外技术，将在6.6节中作专门的介绍.

紫外线的波长在10 nm～0.4 μm之间，由于波长比可见光更短，粒子性已较明显. 紫外光子的能量足以破坏细胞等生命物质，因而具有消毒、杀菌、灭虫等作用. 紫外线的长期照射会损害人的免疫系统，还会影响海洋、陆地的生命系统，抑制农作物生长，损害海洋生物，破坏海洋食物链. 地球上的人和其他生物能安然无恙，要归功于大气中的臭氧层，它能吸收太阳光中相当一部分紫外线. 保护臭氧层不受破坏是环保的一个重要课题.

紫外线还有较强的荧光作用，某些物质如煤油、含有氢化钠的玻璃或含有稀土元素的纸币、人的牙齿、指甲、皮肤等，在紫外线的照射下，会发生微弱的可见光，这种现象叫荧光效应. 对在紫外线照射下物质发出的紫外光谱进行分析，可以获得物质结构的信息，这就是紫外分析.

X 射线的波长范围为 0.001 ~ 10 nm,具有很强的穿透能力,常用于工业探伤,晶体结构分析和医疗检查. γ 射线的波长更短,其穿透能力比 X 射线还强,可用于金属探伤,物位测定等.

天然和人造的电磁波无处不在. 而人体生命活动中,包含着一系列生物电过程. 因此,电磁辐射可能对人体产生影响. 在日益重视环境的今天,电磁波对人的影响也备受关注. 目前已经对不同频率、强度、波形和持续时间的电磁波对生物大分子、细胞、器官、个体或群体的生物效应已开展了研究. 但这种研究实验的理论解释还不够.

6.6 红外辐射与红外技术

波长在 0.78 ~ 1 000 μm 之间的电磁波称为红外辐射,又称红外线、红外光. 应用红外辐射的红外技术,如红外线测温技术、红外线遥感和遥控技术以及红外线加热技术等已得到广泛的应用. 作为光电子技术一部分的红外技术是一门新兴技术.

1. 热辐射 将一枚钢针放在火焰上加热,随着温度升高,相继呈现暗红、赤红、橙色,最后变成黄白色. 其他物体也有加热发亮,颜色随温度而变化的现象. 这说明在不同温度下,物体能发出不同波长的电磁波. 事实上,在任何温度下,一切物体都向外发射各种波长的电磁波,而且电磁波的能量按波长的分布随温度而不同,这种电磁辐射称为**热辐射**.

在通常温度下,物体发射的辐射能量集中在波长比可见光长的红外波段,所以我们无法用眼睛来观测它,但有时还是能感受到它的存在. 将手放在散热器附近能明显地感到热,就是由于散热器发出的热辐射作用到手上的结果. 温度更低的物体的热辐射,用手也无法感受到它,需要用专门的仪器测定.

物体不但能辐射电磁波,还会吸收投射到它上面的电磁辐射能量. 在任何温度下,能全部吸收投射到它上面的所有辐射能量的物体称为**黑体**. 一个密闭腔上的小孔是一个非常接近黑体的模型(图 6.13). 经小孔入射的辐射在空腔内壁多次往复反射,每次反射吸收一部分能量,多次反射后能量所剩无几,况且也很少有机会从小孔射出. 白天从室外看窗户总是黑的,就是这个道理. 实验表明,黑体辐射的情况只与黑体的温度有关,而与组成的材料无关,它是研究热辐射性质的一个理想模型.

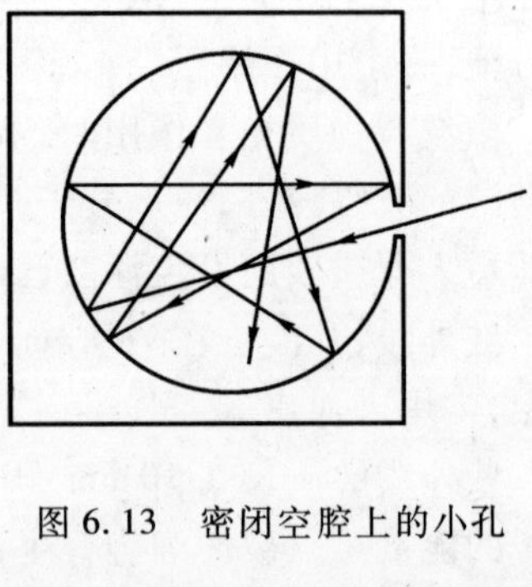

图 6.13 密闭空腔上的小孔

2. 黑体辐射规律 单位时间内从辐射体表面单位面积上所发射的总辐射能叫作**辐出度**,单位为 W/m^2,它是描述物体辐射本领的物理量. 物体的辐出度与表面温度、物质类型和表面状况有关. 工程上常将辐出度称为**辐射功率**. 实验证明,一个物体的辐射本领越大,其对外来辐射的吸收能力也越强.

实验指出,黑体的辐出度 M 与热力学温度 T 的四次方成正比,这一规律称为**斯特藩-玻尔兹曼定律**,可表示为

$$M = \sigma T^4, \tag{6.31}$$

式中 $\sigma = 5.67 \times 10^{-8} W/(m^2 \cdot K^4)$，称为斯特藩常量.

例 6.4　太阳表面辐出度　太阳可近似地被看作温度约 5 500 K 的黑体，试计算太阳表面的辐出度.

解：根据斯特藩－玻尔兹曼定律，太阳表面的辐出度为

$$M = \sigma T^4 = 5.67 \times 10^{-8} \times 5\,500^4 W/m^2 = 5.19 \times 10^7 W/m^2.$$

太阳的半径为 $R_\odot = 6.96 \times 10^8 m$，用上述数据可估算出太阳辐射功率约 $4 \times 10^{26} W$. 由于地球离太阳相当远（日－地相距约 $1.5 \times 10^8 km$），到达地球大气层的太阳辐射只占其总辐射的 22 亿分之一，其中约 50% 又为大气层反射和吸收. 即使这样，到达地面的太阳辐射功率仍有 10^{16} W，每平方米地面上接收的太阳能约为 1 kW. 使用太阳能不会引起污染，不会破坏生态平衡，取之不尽.

物体辐射的电磁波中包含着各种不同的波长，用**单色辐出度** e 来描述辐射能按波长的分布，它等于单位时间内从单位面积上发射出来的、波长在 λ 到 $\lambda + d\lambda$（$d\lambda$ 很小）之间的辐射能 dM_λ 与波长间隔 $d\lambda$ 之比，它是波长和温度的函数：

$$e = \frac{dM_\lambda}{d\lambda} = e(\lambda, T), \tag{6.32}$$

e 单位为 W/m^3，工程上常用 $W/(m^2 \cdot \mu m)$. 显然，所有波长上单色辐出度 dM_λ 的总和即为辐出度 M：

$$M = \int dM_\lambda = \int_0^\infty e(\lambda, T)\, d\lambda. \tag{6.33}$$

用实验方法测定不同温度下黑体在不同波长上的单色辐出度，绘成黑体辐射曲线（图 6.14），可形象地描述黑体辐射能按波长的分布，这一分布又称**辐射曲线**或**发射谱**. 由图可见，随着温度的升高，曲线下所围面积增加. 由式（6.29），这一面积等于黑体的辐出度，实验结果与计算结果一致.

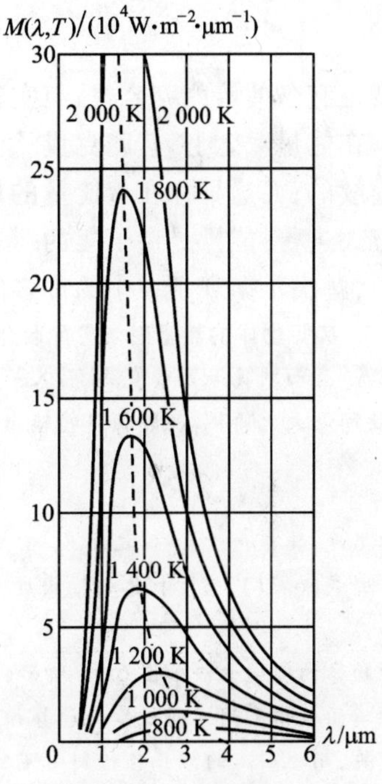

图 6.14　黑体辐射曲线

从图 6.14 还可以看出，在一定温度下，黑体辐射曲线在某一波长 λ_m 处，单色辐出度有一极大值，随着温度升高，λ_m 向短波方向移动. 实验证明，λ_m 与黑体的热力学温度 T 成反比，即有

$$T \lambda_m = b, \tag{6.34}$$

$b = 2.898 \times 10^{-3} m \cdot K$，这一结论称为**维恩位移定律**.

例 6.5　太阳表面温度　与太阳的最大单色辐出度相应的波长 λ_m 约为 $5.3 \times 10^{-7} m$，若将太阳看成黑体，估计其表面温度.

解：根据维恩位移定律，太阳的热力学温度为

$$T = \frac{b}{\lambda_m} = \frac{2.898 \times 10^{-3}}{5.3 \times 10^{-7}} K = 5.5 \times 10^3 K.$$

3. 量子论的诞生 人们虽然在19世纪就用实验获得了黑体辐射曲线，却一直无法用当时知道的物理学理论也就是经典物理学来加以解释，从而导出 $e(\lambda, T)$ 的具体形式. 有的理论甚至给出了 $e(\lambda, T)$ 在短波区会出现无穷大这种令人费解的结论，这就是著名的"紫外灾难"，一时间真可谓"山重水复疑无路".

1900年，普朗克不受传统观念的束缚，提出了能量量子化假设. 他把组成黑体的带电粒子的运动看成简谐振子，它们辐射电磁波，也从周围电磁场吸收能量. 假设振子只能处于某些特殊状态，在这些状态中它们的能量只能取某一最小能量 ε（ε 称为**能量子**）的整倍数，即只能取为 $\varepsilon, 2\varepsilon, 3\varepsilon, \cdots, n\varepsilon$，$n$ 为正整数，称为**量子数**. 对于频率为 ν 的简谐振子，能量子为

$$\varepsilon = h\nu,$$

$h = 6.62 \times 10^{-34}\ \mathrm{J \cdot s}$，称为**普朗克常量**. 以此假设为基础，终于"柳暗花明又一村"，普朗克导出了黑体单色辐出度随波长变化的公式：

$$e(\lambda, T) = \frac{2\pi hc^2}{\lambda^5} \frac{1}{\mathrm{e}^{\frac{hc}{\lambda kT}} - 1},$$

这就是有名的普朗克公式，与实验曲线十分吻合.

在能量概念上，普朗克量子假设与经典物理有着质的差别. 在经典物理中，能量的变化是连续的，而这里存在着能量的最小单元 ε. 物体辐射或吸收能量，只能整份整份地按不连续方式进行，能量是量子化的. 量子假设不仅是解决热辐射问题所必需，在进一步推广的基础上，解决了微观领域中的许多问题，形成了量子理论，它是近代物理的重要支柱.

4. 实际物体的热辐射 实际物体发射或吸收的辐射能量都低于同温度下的黑体. 且与构成物质的材料性质，表面状况等因素有关. 引入一个与材料有关的系数（发射率），便可把黑体辐射定律应用于实际物体，使问题大大简化. 实际物体的辐出度 M 与同温度黑体辐出度 M_0 之比定义为物体的发射率 ε：

$$\varepsilon = \frac{M}{M_0}, \tag{6.35}$$

又称黑度，其值介于 0～1 之间.

由式(6.31)，实际物体的辐出度

$$M = \varepsilon M_0.$$

实际物体的辐射曲线如图6.15所示，很不规则，其辐出度不再同热力学温度 T 的4次方成正比. 在工程上要对不同物体采用不同规律来计算很不方便. 通常是这样处理的，把一切物体的辐出度仍写为与 T 的4次方有关，而把引起的修正包括到由实验确定的发射率 ε 中，这样，ε 通常便不再是一个常数.

ε 为常数的物体称为**灰体**. 灰体的辐射曲线与黑体相似，其辐出度与热力学温度 T 的4次方成正比. 某一温度 T 时，灰体的辐射曲线与比这温度低的另一温度 T_c 时的黑体辐射曲线重合. 这时灰体的"颜色"和温度为 T_c 的黑体"颜色"相同. T_c 便称为灰体的色温. 色温总低于物体的实际温度. 色温已不是通常意义上的温度，它实际上描述了一种辐射谱，或者一种"颜色". 对于一般物体，其性质与黑体有显著差异，色温也就失去了其意义.

例6.6 发射率对计算温度的影响 铁和铝的发射率分别为 $\varepsilon_{\mathrm{Fe}} = 0.8$ 和 $\varepsilon_{\mathrm{Al}} = 0.1$，均加热到 800 ℃. 如把它们当作黑体，用斯特藩－玻尔兹曼定律来计算其温度会产生多大误差.

解：对灰体，$M = \varepsilon\sigma T^4$，如将它们当作黑体，则 $M = \sigma T_0^4$，T_0 为具有相同辐出度的黑体温度：

$$\varepsilon\sigma T^4 = \sigma T_0^4,$$

$$T_0 = \sqrt[4]{\varepsilon} T.$$

将 T_0 作为测得温度，相对实际温度 T 的相对误差

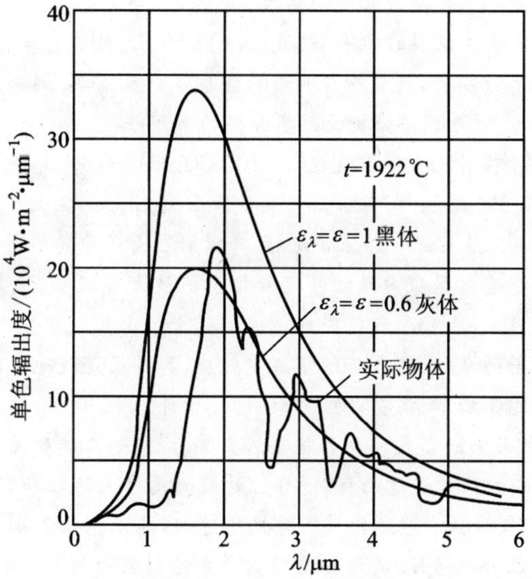

图 6.15 实际物体、灰体与黑体的辐射曲线比较

$$\delta = \frac{T - T_0}{T} = (1 - \sqrt[4]{\varepsilon}).$$

对铁

$$T_{0\mathrm{Fe}} = \sqrt[4]{0.8}(800 + 273)\,\mathrm{K} = 1\,015\ \mathrm{K}(= 742\ ℃),$$

$$\delta_{\mathrm{Fe}} = (1 - \sqrt[4]{0.8}) = 5.4\%.$$

对铝

$$T_{0\mathrm{Al}} = \sqrt[4]{0.1}(800 + 273)\,\mathrm{K} = 603\ \mathrm{K}(= 330\ ℃),$$

$$\delta_{\mathrm{Al}} = (1 - \sqrt[4]{0.1}) = 44\%.$$

可见,ε 越小误差越大.

5. 红外辐射 在通常温度下,热辐射的主要能量集中在红外波段.根据红外辐射在地球大气层中传输特性的差异,通常把红外光分成近红外、中红外和远红外三个区[①],其波长范围分别为 0.75 ~ 3 μm、3 ~ 30 μm和 30 ~ 1 000 μm.

所有物体都在发射红外辐射,从这个意义上说,一切物体都是红外源.常说的红外源主要指以下三种情况:一种是作为辐射标准或有源红外装置中使用的人工红外源;一种是红外系统探测的目标;还有一种是干扰红外探测的背景辐射.

在全部电磁波谱中,产生红外辐射是最容易的,只需加热物体就行.从微观看,红外辐射光子的能量大体上对应分子的振动或转动能级的间隔.振动对应近红外,转动对应远红外.不论用什么方法,将分子激发到高的振动或转动能级上,它就会很快跃迁回到低能级,并放出相应的红外光子.

当红外辐射投射到物体上时,如果物体中存在两个间隔为 E 的能级,当红外光子的能量 $h\nu \approx E$ 时,光子就可能被吸收.当物质分子吸收红外光子跃迁到高能级后,如果又跃迁回低能级并放出与原来同样能量的光子,那么这个过程便是散射.如果在此之前,存在某种机制,使它"退激",即把能量以热能形式转移出

① 有的文献上将 3 ~ 6 μm 称为中红外,6 ~ 15 μm 称为远红外,15 ~ 1 000 μm 称为极远红外.

去，这就形成了吸收．吸收在宏观上表现为红外辐射的热效应．

物质对红外的吸收并不发生在很窄的某一个（或几个）频率上，往往展布为一相当宽的吸收带．吸收的强度，吸收带按频率（通常表示为波长）的分布与物质的组成及结构有关．因而对物质的红外吸收谱的分析可以获得有关物质结构的信息．红外光谱分析是仪器分析的常用手段．

气体中的 N_2、O_2 等对红外辐射几乎没有吸收．而 HF、CO、CO_2 和 H_2O、O_3 等都有各自的红外吸收带，如水汽的吸收带在 1.1 μm、1.38 μm、1.87 μm、2.7 μm 和 6.3 μm 处，在大于 18 μm 的区域中，还有吸收带．CO_2 的吸收带则在 2.7 μm、4.3 μm 和 15 μm 处．红外辐射在大气中传输时，由于大气的吸收，其强度会衰减，实验指出，在 15 μm 以下有些区域内的红外辐射几乎不被大气吸收，通常称为大气窗口，具体来说，约在0.3～2.5 μm、3.2～4.8 μm、8～13 μm 范围内．

大气中的 CO_2 对红外辐射的吸收，造成了所谓温室效应，其结果是使地球变暖，海平面上升．随着排放到大气中的 CO_2 等气体总量逐年增加，温室效应更加明显．预计到 2030 年，全球气温将上升 1.5～4.5 ℃，海平面上升 20～140 cm，随之而来的是气候异常与自然灾害，应引起人类的关注．

在红外技术中要使用能让红外光透过的材料，如红外检测元件上的红外窗．没有能让整个红外波段都能透过的光学材料．一种材料只能让一些波段的红外光透过．锗晶体能让 2～15 μm 波段的红外光透过，而石英则能让 1～3 μm 波段的红外光透过．要根据实际需要来选用窗口材料．

红外光同可见光一样具有直线传播等几何光学性质，也具有干涉、衍射、偏振等波动特性，还能产生光电效应等而呈现波粒二象性．

6．红外探测　根据红外辐射与物质相互作用时所表现出来的各种物理效应，将肉眼看不见的红外辐射转变为可见的或可测量的物理量从而实现红外探测，制成红外探测器．常用的红外探测器按红外辐射引起的效应分为热敏和光敏两类．

（1）**热敏红外探测器**　红外辐射投射到热敏红外探测器，被探测器吸收转化为内能引起其温度升高，进而使有关物理参数发生变化，通过测量这些物理参数的变化就能确定入射的红外辐射的强度．热敏探测的优点是响应波长范围宽，基本上无选择性．常用的有热敏电阻探测器、热电偶探测器和热释电探测器．

热敏电阻探测器由锰、镍、钴的氧化物烧结成的热敏电阻薄片作为敏感元件．当红外辐射照到其上时，因温度升高引起电阻减小，测量阻值的变化，便得知入射红外辐射功率．

两种不同金属或半导体材料相连，形成两个结点，当两结点处于不同温度时，会产生电动势，称为温差电动势，简称热电势．其值与两结点的温度差相关，这种装置称为热电偶．保持热电偶一个结点温度不变，热电势就只与另一结点（作为测温点）温度有关．红外辐射射到测温点上时，引起结点温度变化，产生热电势，其大小反映入射到测温结上的红外辐射功率的大小，这就是热电偶探测器的工作原理．

电中性介质在外电场的作用下，会局部带电，这种电荷称为极化电荷．一般情况下，当外场撤销后极化电荷也随之消失．但有一类称为铁电体的介质，在外电场撤销后，依然保持一定的电荷．保持下来的极化电荷与温度有关，随温度升高而减小．利用这种效应可制成热释电探测器．当红外辐射照到已经极化了的铁电体薄片上时，引起其温度升高，使极化电荷减少，这相当于释放了一部分电荷，因此称为热释电现象．如果将一电阻与热释电薄片相连，则此电阻上就有一电讯号输出，其大小取决于薄片上温度的变化，从而反映出入射红外辐射强度的变化．

（2）**光电红外探测器**　光照到金属或半导体表面时，使电子从表面逸出的现象称为光电效应又称外光电效应．如果入射的光子能量不很大（如红外光子）材料吸收光子后不足以使电子逸出，而使原来束缚的电子变成参与导电的自由电子（或空穴，统称为载流子）从而增大材料的导电能力，或者这种载流子造成电荷积累使材料两面形成一定电压，这种现象称为内光电效应．对前一种情况，光照的结果使材料的电导率增大，当它作为元件接在电路中时，会引起电路参数（电压、电流）的变化，这些参数的变化反映出入射红外辐射的功率，这就是光导探测器．对后一种情况，红外辐射照射在一些半导体材料上，产生电压，这一电压值反映入射红外辐射的功率，这种元件称为光伏探测器．

光电红外探测器的灵敏度高，响应快，其响应往往与波长有关.

7. 红外技术的应用　红外技术大致分两大类，一类是利用辐射的能量来实现加热、干燥等；另一类是利用红外辐射的发射、传输及接收特性来获取有关信息，如红外测温、红外遥控和遥感等.

(1) **红外加热和红外干燥**　物体吸收红外辐射后，转换成内能，使其温度升高，这是红外加热的原理. 如果物体足够厚，红外的透入率又很高，可使物体内部温度高于表面温度，从而导致很大的温度差（约 20～50 ℃/cm）. 这样大的温度差变化可以激发质量的迁移，使物体内的水分蒸发，这就是红外干燥的机理.

每种物质对不同波长的红外辐射的吸收不一样，形成各自特定的吸收谱. 水对红外辐射在 3 μm 附近、5～7 μm 以及 13 μm 以上的波长范围有较强的吸收带. 粮食作物及其制品的吸收带在 3 μm 附近和 7～10 μm 之间. 聚丙烯薄膜的吸收带在 3.3 μm、7.2 μm 等附近. 大多数要干燥的物质，其红外吸收带的波长都在 2.5 μm 以上的区域. 红外加热或干燥的主要设备是产生辐射能的红外辐照装置. 加热、干燥的效率取决于辐照器的正确选择. 为了提高效率，应该使辐照器的发射谱与被加热物质的吸收谱相匹配. 用于干燥的辐照器的发射谱应与水的吸收谱匹配. "匹配"就是要求辐照器的发射峰位置与受照物（或水）的吸收峰值位置尽量一致. 图 6.16 为红外辐照器与受辐照水层吸收谱匹配的一个例子. 辐射源的发射峰在 2.8 μm 处，而水层在 2.9 μm 波长处有一个吸收峰，两者很接近，符合匹配要求.

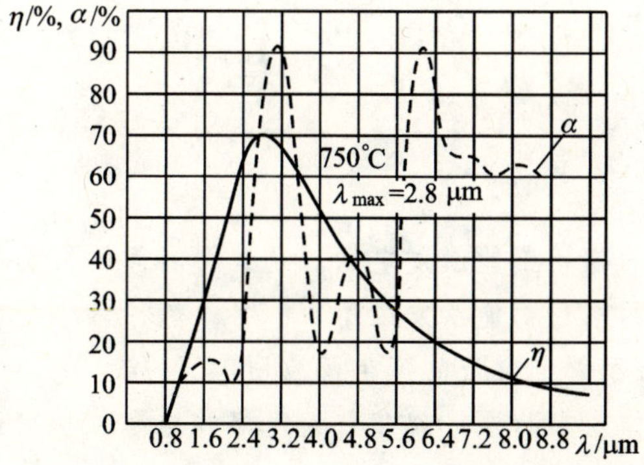

图 6.16　辐射与吸收的匹配（η 为红外辐射源的相对辐射率，α 为水层的吸收率）

红外加热、红外干燥的加热时间短，能在很短时间内达到要求的温度；能按规定的程序控制加热过程，易于实现自动化；其加热的方式为内外同热.

(2) **红外测温**　根据斯特藩－玻尔兹曼定律，测定物体的辐出度，便可确定其温度. 这种方法称为全辐射测温法. 由于实际物体不是黑体，其发射率小于 1，用斯特藩－玻尔兹曼定律定标时需要进行修正（见例 6.6）. 利用维恩位移定律，通过测定最大单色辐出度处的波长 λ_m，也可以测定温度，称为峰值波长测温法，它常用于高温测量.

红外测温的响应速度快，只需 μs～ms 级的时间. 其灵敏度很高，在全辐射测温中，辐出度正比于热力学温度的 4 次方，温度的微小变化，会引起辐出度的明显改变. 红外测温的精度高，测量中不改变原来的温度场. 测温范围广，从零下几十摄氏度到零上几千摄氏度.

红外测温的明显优点是可以进行非接触测量. 尤其适用于温度过高，热容量过小的对象，以及像高压大电流的导线，正在旋转的和远距离的等这样一些待测物体难于接近的场合. 例如电视机里显像管阴极是影响寿命的关键部位，为了弄清其工作状态，需要测量其表面温度，但阴极封装在真空管内，其尺寸仅 1 mm² 左右，工作温度达 1 000 ℃以上，只有红外测温才能实现温度的测量. 又如高压输电线的维护中，要从众多的接头中查找温度异常的热接点以及时发现隐患，用传统方法要对横跨于江河山岭之上的高压线进行测量是十分困难的,红外测温能方便地予以解决.

用多点测温或扫描的办法,红外测温还能对整个温度场进行全面的测量.再将温度转换成像,这就是红外热像仪.人体温度为37 ℃,实际上不同部位皮肤的温度并不相同,构成一温度场.当人体患病时,全身或局部的热平衡破坏,其温度场偏离了正常状态,用红外热像仪可对一些疾病进行诊断.又如金属冶炼炉内温度的快速控制,核电站反应堆建筑物的异常监视都可使用热像仪.

(3) **红外遥感** 地球表面温度不但随昼夜变化,而且与地面覆盖物、地下一定厚度内物质的物理性质有关.因此,测量表面温度分布及其变化,可对地质构造、地热、火山活动及地面覆盖物有所了解.一般说,在高空测到地球表面射来的红外线有的是太阳光反射形成的,波长大于12.5 μm的则是地球自身发射的.这些差别可以运用仪器加以区分.1991年海湾战争中装在人造卫星上的红外遥感器成功地监视了地面上导弹的发射情况.气象卫星上的红外遥感装置可以在短时间取得全球的气象和地质资料,摄制云图,收集地面温度垂直分布,大气中水汽分布,臭氧含量及大气环流等.

红外技术的应用很广泛,除上述外还有譬如红外通信、红外安全报警、文物鉴定、红外防伪等,真是不胜枚举.家用电器的遥控器,是一个小功率的红外发射器,不同的按钮对应不同信号红外的发射,电器接收到这些信号后,实现不同的动作.由于红外被墙壁吸收,不会像无线电波那样干扰邻室的电器.

小　　结

一、教学要求

1. 理解电荷和变化的磁场都能激发电场。了解两者间的区别。
2. 理解电流和变化的电场都能激发磁场。
3. 理解电磁场能量,了解电磁波的产生及应用。
4. 了解黑体辐射规律及斯特藩-玻尔兹曼定律和维恩位移定律。

二、知识结构框图

- 电磁场
  - 电场
    - 电荷产生电场
    - 磁场变化激发电场
    - → 电场能量 → 电磁场能量
  - 磁场
    - 电流产生磁场
    - 电场变化激发磁场
    - → 磁场能量 → 电磁场能量
  - 电磁波
    - 平面电磁波的性质　电磁波谱
    - 电磁辐射　黑体辐射
      - 黑体辐射曲线
      - 斯特藩-玻尔兹曼定律
      - 维恩位移定律

三、内容提要

1. 真空中点电荷激发电场的场强

$$\boldsymbol{E}=\frac{1}{4\pi\varepsilon_0}\frac{q}{r^2}\boldsymbol{e}_r,$$

q 为激发电场的电荷(场源电荷),$\boldsymbol{e}_r$ 为场点对场源电荷的位置矢量,$\boldsymbol{e}_r=\dfrac{\boldsymbol{r}}{r}$.

2. 真空平板电容器极板间电场场强(两极板带等量异号电荷)

$$E=\frac{\sigma}{\varepsilon_0},$$

σ 为极板上电荷面密度.场强方向垂直于极板,由带 E 电极板指向带负电极板.

3. 电场能量

带电电容器能量

$$W_{\mathrm{e}}=\frac{1}{2}CU^2=\frac{Q^2}{2C}=\frac{1}{2}QU,$$

Q 为电容器一板所带电量,U 为电容器两极板间电势差,C 为电容器电容,$C=\dfrac{Q}{U}$.

电场能量密度

$$w_{\mathrm{e}}=\frac{1}{2}\varepsilon_0E^2.$$

4. 磁场变化能激发电场 E_{i}

5. 电流激发磁场

真空中无限长通电导线周围磁场的磁感应强度

$$B=\frac{\mu_0}{2\pi}\frac{I}{r}.$$

磁感应线为在垂直于导线平面内的一系列同心圆,圆心在导线与平面交点处.磁感应线方向与电流方向成右手关系.

6. 真空中无限长通电密绕螺线管内磁场磁感应强度

$$B=\mu_0nI,$$

n 为单位长度内导线匝数.方向平行于螺线管轴线,与电流方向成右手螺旋关系.

7. 磁场能量

通电线圈磁场能量

$$W_{\mathrm{m}}=\frac{1}{2}LI^2,$$

L 为线圈自感系数.

磁场能量密度

$$w_{\mathrm{m}}=\frac{B^2}{2\mu_0}.$$

8. 电场变化能激发磁场

9. 电磁波

(1) 平面电磁波是一种横波.$\boldsymbol{E}$、$\boldsymbol{B}$ 垂直于电磁波传播方向.

(2) 电磁波具有能量和动量.

(3) 不同波段的电磁波产生方法不同,具有不同的特性与应用.

10. 黑体辐射

(1) 黑体 在任何温度下,能全部吸收投射到它上面所有辐射能量的物体.

(2) 黑体辐射曲线

(3) 斯特藩-玻尔兹曼定律

$$M=\sigma T^4,$$

M 为辐出度:单位时间从辐射体表面单位面积发射的辐射能量. σ 为斯特藩常量,$\sigma=5.67\times10^{-8}\ \mathrm{W/m^2\cdot K^4}$.

(4) 维恩位移定律

$$T\lambda_m=b,$$

λ_m 为具有最大单色辐出度 e 的波长,$e=\dfrac{\mathrm{d}M_\lambda}{\mathrm{d}\lambda}$,等于单位时间内从单位面积上发射出来的波长为 $\lambda\sim\lambda+\mathrm{d}\lambda$ 之间的辐射能 $\mathrm{d}M_\lambda$ 与波长间隔 $\mathrm{d}\lambda$ 之比,它是波长与温度的函数. $b=2.898\times10^{-3}\ \mathrm{m\cdot K}$.

练 习 题

讨论题

6.1 你所知道的电磁场是物质的依据有哪些?

6.2 按频率由低至高说出各种电磁波的名称,并举出它们的一些应用.

6.3 你是否注意到,听市内无线电广播时,有的电台白天和晚间收听的效果不一样,试解释其原因.

6.4 白炽灯作为一种辐射源,用什么方法能使其单色辐出度的峰值向短波方向移动?为什么?

***6.5** 试证明一般灰体的色温低于实际温度.

填空题

6.6 电荷激发电场,________也能激发电场. 这种电场称为________,其特点是______________.

6.7 电流激发磁场,________也能激发磁场.

***6.8** 传导电流是__________形成的,位移电流是__________引起的,它们的共同点是__________.

***6.9** 温度越高,黑体辐射的总能量越____,能量越向____波区域集中.

***6.10** 红外加热主要应用红外辐射的__________.

***6.11** 红外遥感主要应用红外辐射的__________.

计算题

6.12 一正方形边长为 a,在一侧的两顶点上各放置一点电荷 Q,另一侧两顶点上各放置点电荷 q,求正方形中心的电场强度.

6.13 点电荷 q 和 $-3q$ 相距 $d=0.50\ \mathrm{m}$,求它们连线上场强为零的点的位置.

6.14 有一点电荷 $q=2.0\times10^{-8}\ \mathrm{C}$,放在一原不带电的金属球壳的球心处,由于静电感应的结果,金属球壳的内表面和外表面分别均匀带上 $-q$ 和 q 的电荷,球壳的内、外半径分别为 $R_1=0.15\ \mathrm{m}$ 和 $R_2=0.30\ \mathrm{m}$,求离球心分别为 0.10 m、0.20 m 和 0.50 m 处的电场强度.

6.15 一平板电容器,圆形极板的半径为 8.0 cm,极板间距为 1.0 mm,若将它充电到 100 V,问极板间为真空或充满相对介电常量为 5.5 的均匀介质时,其储有的电能各为多少?

6.16　两根长直载流导线彼此平行，相距 15 cm，导线 1 中电流 $I_1=5$ A，导线 2 中电流 $I_2=10$ A，二者方向相反，求

(1) 在两导线所在平面内的 A 点处的磁感应强度. A 距导线 1 为 9.0 cm，距导线 2 为 24 cm.

(2) 磁感应强度为零的位置.

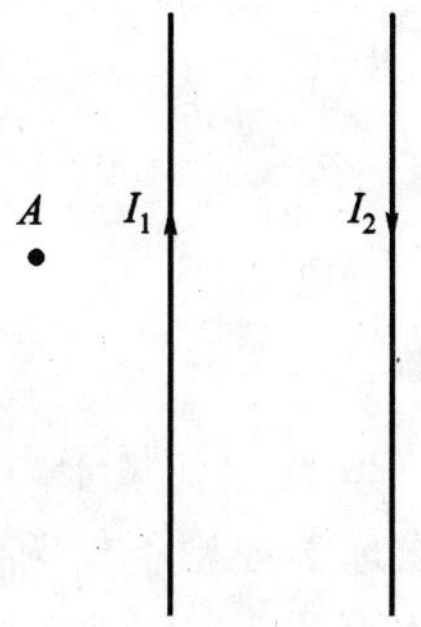

题 6.16 图

6.17　通过一圆形导线线圈的磁通与线圈平面垂直，磁通量随时间变化的关系为 $\Phi=2t^2-12t+2$(SI)，线圈的电阻为 4 Ω，求

(1) 当 $t=1$ s 和 5 s 时，线圈中感应电动势和感应电流的大小和方向.

(2) 经过多长时间后线圈中感应电流的方向发生变化.

6.18　将一半径为 r 的铝环放在交变磁场中，磁场的方向与环面垂直，磁感应强度按余弦规律变化，即 $B=B_m\cos\omega t$，已知铝环电阻为 R，不考虑涡流产生的磁场，求

(1) 铝环中产生的涡流；

(2) 涡流功率的最大值.

6.19　一线圈的自感系数 $L=1.2$ H，当通过它的电流在 0.5 s 内由 0.1 A 均匀地增加到 0.5 A 时，产生的自感电动势为多大？

6.20　测量星体表面温度的一种方法是将星体看作黑体，利用维恩位移律测量 λ_m 决定 T，如测得

太阳：$\lambda_m=0.475\ \mu m$

北极星：$\lambda_m=0.35\ \mu m$

天狼星：$\lambda_m=0.29\ \mu m$

试求这些星球的表面温度.

6.21　黑体在某一温度时辐出度为 $5.67\times10^4\ W/m^2$，试求这时具有最大单色辐出度的波长 λ_m.

6.22　某黑体在 $\lambda_m=600\ \mu m$ 处单色辐出度最大，对该黑体加热使 $\lambda_m=500\ \mu m$，求前后两种情况下辐出度之比.

***6.23**　对大多数物质来说，其发射率(又称黑度) ε 是温度的函数，某物质的黑度为

$$\varepsilon = 0.5 + T/1\ 000,$$

式中 T 处于 500 ~ 1 000 K 的温度范围，试分析其正确性如何.

***6.24**　航天飞船上的平板散热器，在新的时候黑度为 0.70，表面积为 0.30 m^2，以耗散所需的某一数值的热量. 散热器暴露的表面可以改变以适应不同散热的需要，当飞船运行时，由于经历大气层使其黑度变为 0.85，为使飞船仍能像新飞船(表面积为 0.30 m^2)那样散热，暴露的表面积需改变多少？

***6.25**　白炽灯钨丝的工作温度为 2 450 K，黑度为 0.30，求 25 W 灯泡灯丝的表面积.

第七章 量 子

20 世纪初量子力学和相对论的建立，是物理学的一次重大革命. 以量子力学为代表的新物理学理论不仅深化了人们对客观物质世界的认识，还导致了一系列重大发明，带动了新的技术革命. 激光、半导体和计算机，深刻影响了人类的生活，推动了社会的进步. 20 世纪中叶后，物理学与生物学相结合，在探索生命现象的微观机理方面取得了突出的成就，使人们对生命的微观本质有了更深刻的认识. 近几年来量子力学与信息科学相结合发展起来的量子计算机和量子通信在理论和实验研究上取得了重大进展，引起科学界、信息产业界乃至各国政府的高度重视.

本章对量子理论中的基本概念和基本思想作一简要介绍，包括微观粒子的波粒二象性、波函数、薛定谔方程、氢原子的量子理论等内容. 同时介绍量子理论在新技术中的应用，如激光、半导体技术、纳米技术和扫描隧道显微技术等.

7.1 微观粒子的波粒二象性

1. 光电效应——波的粒子性 光电效应是赫兹在 1887 年研究电磁波时偶然发现的. 图 7.1 是光电效应实验装置. 将金属电极 A、K 置于真空玻璃管内，用光线照射阴极 K，就可能有电子从阴极飞出，并向阳极 A 运动，电路中产生微弱的电流. 光线一旦停止照射，电路中的电流就会立即消失. 这种金属表面在光照射下逸出电子的现象称为**光电效应**，逸出的电子称为光电子，形成的电流称为**光电流**.

实验中有一个非常有趣且令人费解的现象：对于给定的阴极来说，当照射光的频率低于某一频率下限，不论照射的光线多强，也不会有光电子从阴极逸出. 但无论光线多弱，只要它的频率高于该频率下限，就会有光电子产生. 如对用金属钠制成的阴极，若用频率低于 4.39×10^{14} Hz 的光照射时，无论光强如何，都不会产生光电效应. 这一频率下限称为**截止频率**（或**红限**）. 此外，光电效应是瞬时的，即只要用高于截止频率的光线照射在阴极上，几乎同时就有光电子逸出，其时间间隔不超过 10^{-9} s，且与光强无关.

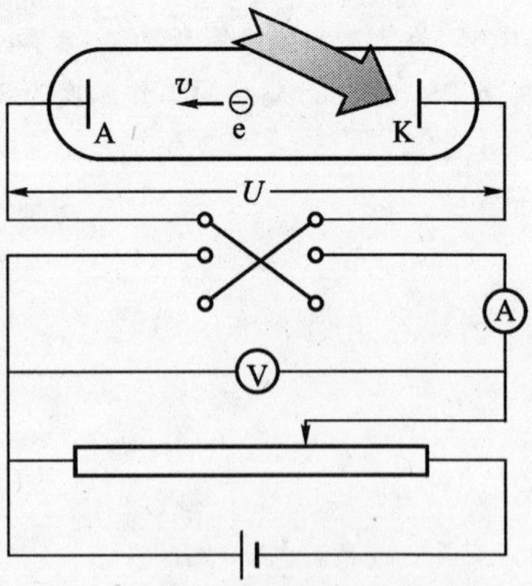

图 7.1 光电效应

上述实验现象显然与光的电磁波理论相矛盾. 按照光的电磁波理论，光电效应的产生应取决于光强而不是频率. 只要光强足够大，电子就能吸收到足够的能量克服金属表面的束缚而逸出. 而实验结果却是只要用高于截止频率的光照射，无论光强多么微弱，都会有光电子逸出．此外，计算表明，电子要从光波中吸收足够的能量需要一段时间的积累才能从金属表面逸出．但实验表明光电效应几乎是瞬时的．

为了解释光电效应，爱因斯坦从一个完全不同于经典理论的角度考察光电效应，于1905年大胆地提出了光子假设．他指出：光本身可看成是粒子流，这些粒子叫做**光子**，每个光子的能量为

$$\varepsilon = h\nu, \tag{7.1}$$

式中 ν 为光的频率，h 为**普朗克常量**，其值为

$$h = 6.63 \times 10^{-34}\,\mathrm{J \cdot s}.$$

爱因斯坦认为，当频率为 ν 的光线照射在金属表面时，一个电子吸收一个光子的能量后，获得能量 $h\nu$. 该能量一部分用来克服金属表面对电子的束缚而做功，余下部分转化为电子的动能. 由能量转化与守恒定律，

$$h\nu = \frac{1}{2}mv^2 + W, \tag{7.2}$$

这个方程就是著名的**爱因斯坦光电效应方程**．式中 W 为金属的**逸出功**，不同的金属其逸出功不同．

当$\frac{1}{2}mv^2 = 0$ 时，入射光的频率为**截止频率** ν_0，即

$$\nu_0 = \frac{W}{h}. \tag{7.3}$$

由于不同金属的逸出功不同，因此其截止频率也不同．表 7.1 给出了几种金属的截止频率.

表 7.1　几种金属的截止频率

金　属	铯	钠	锌	银	铂
截止频率/Hz	4.55×10^{14}	4.39×10^{14}	8.07×10^{14}	1.15×10^{15}	1.53×10^{15}

由此可见，当光子的能量大于金属的逸出功时，才会产生光电效应．这就解释了为什么只有用高于截止频率的光照射才会出现光电效应．

根据光子假设，对于给定频率的光，光的强弱只表明光子数的多少．每个光子的能量仅取决于光的频率，与光强无关．当一个电子吸收了一个超过一定能量的光子，电子将立即逸出金属的表面，并不需要时间去积累能量，这就很自然地说明了光电效应的瞬时性．

光的干涉、衍射和偏振等现象无可辩驳地说明光的波动性，而光电效应实验却只能用爱因斯坦的光子理论加以解释．那么光究竟是什么？是波还是粒子？回答是，光既具有波动性又具有粒子性，即光具有**波粒二象性**．

例 7.1　可见光光子的能量范围　试计算一个可见光光子的能量范围．

解：可见光的波长范围为 400 ~ 760 nm，由式(7.1)得

$$\begin{aligned}\varepsilon_1 &= h\nu_1 = h\frac{c}{\lambda_1} = 6.63 \times 10^{-34}\frac{3 \times 10^8}{400 \times 10^{-9}}\ \mathrm{J} \\ &= 4.97 \times 10^{-19}\ \mathrm{J} = 3.11\ \mathrm{eV},\end{aligned}$$

$$\varepsilon_2 = h\nu_2 = h\frac{c}{\lambda_2} = 6.63\times10^{-34}\frac{3\times10^8}{760\times10^{-9}}\ \text{J}$$
$$= 2.62\times10^{-19}\ \text{J} = 1.64\ \text{eV},$$

所以,可见光光子的能量在 1.64 ~ 3.11 eV 范围内.

例 7.2　光子数的计算　一束太阳光照射在地球的表面,其强度为 1 400 W/m^2,假设一个光子的平均能量为 2 eV,试计算每秒照射在 1 cm^2 上的光子数.

解:由已知可得,1 s 照射在 1 cm^2 上的光能量为

$$E = \frac{1\ 400\ \text{J}}{\text{m}^2}\times 0.000\ 1\ \text{m}^2 = 0.14\ \text{J} = 8.75\times10^{17}\ \text{eV},$$

其包含的光子数为

$$N = \frac{E}{\varepsilon} = \frac{8.75\times10^{17}}{2} = 4.38\times10^{17}.$$

由此可见,每天照射在地面上的光子数目是非常巨大的,因而在日常生活中人们很难觉察到光的粒子性.

光电效应的应用极为广泛. 利用光电效应的原理可制成真空光电管(如图 7.2 所示). 当光照射到光电管的阴极 K 上,电子吸收光子的能量从阴极逸出,飞向阳极 A,从而形成光电流. 光电流的强度与入射光的强度成正比,通过测量光电流的强度便可测定入射光的强度,此即为光电光度计的工作原理.

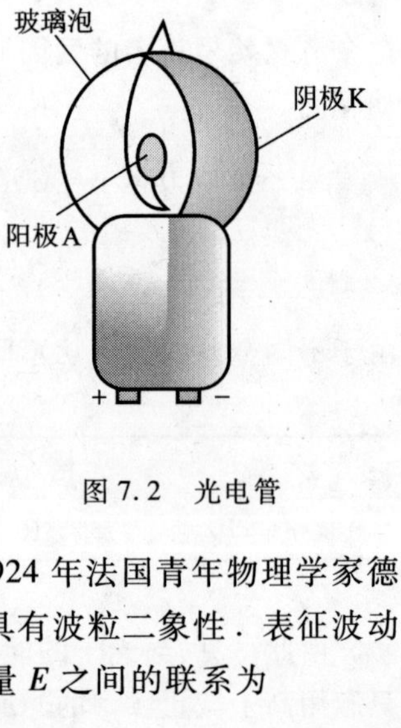

图 7.2　光电管

在光照很微弱的情况下,光电管所产生的电流太小,不易探测. 常用光电倍增管使光电流放大,它能将光电流放大 $10^5 \sim 10^8$ 倍. 光电倍增管受到微弱的光照,就能产生很大的电流,它在工程技术、天文和军事等领域都有重要的应用.

2. 电子衍射——粒子的波动性　自然界在许多方面是对称的,光具有粒子性,则实物粒子,如电子,应该也具有波动性. 1924 年法国青年物理学家德布罗意在光的波粒二象性的启发下,大胆提出假设:实物粒子也具有波粒二象性. 表征波动性的物理量波长 λ 和频率 ν 与表征粒子性的物理量动量 p 和能量 E 之间的联系为

$$\nu = \frac{E}{h} = \frac{mc^2}{h}, \tag{7.4}$$

$$\lambda = \frac{h}{p} = \frac{h}{mv}, \tag{7.5}$$

称为**德布罗意公式**,式中 λ 称为实物粒子的**德布罗意波长**.

例 7.3　子弹的德布罗意波长　计算质量为 0.01 kg,速率为 300 m/s 的子弹的德布罗意波长.

解:根据德布罗意公式得

$$\lambda = \frac{h}{p} = \frac{h}{mv} = \frac{6.63\times10^{-34}}{0.01\times300}\ \text{m} = 2.21\times10^{-34}\ \text{m}.$$

可以看出,由于普朗克常量是个非常小的量,所以宏观物体的波长非常小,因此宏观物体仅表现出其粒子性的一面.

例 7.4 电子的德布罗意波长 计算经 100 V 电压加速后的电子的德布罗意波长．

解:经过电压 U 加速后,电子的动能为

$$\frac{1}{2}mv^2 = eU,$$

由此得电子的动量为

$$p = mv = \sqrt{2meU}.$$

根据德布罗意公式,此时电子波的波长为

$$\lambda = \frac{h}{p} = \frac{h}{mv} = \frac{h}{\sqrt{2em}}\frac{1}{\sqrt{U}}$$

$$= \frac{6.63 \times 10^{-34}}{(2 \times 9.11 \times 10^{-31} \times 1.6 \times 10^{-19})^{1/2}} \cdot \frac{1}{\sqrt{U}} = \frac{1.23}{\sqrt{U}} \text{ nm}.$$

$U = 100$ V 时

$$\lambda = 0.123 \text{ nm}.$$

该波长与 X 射线的波长相当,与原子尺寸,晶格中原子间隔大小可比.

在上述运算中电子质量 m 用静止质量 9.11×10^{-31} kg,因而算得的电子波长是非相对论性波长. 读者可自己算一下,这种情况下,如用相对论质量,得出的结果与上述十分接近。请考虑这是为什么?

例 7.5 宏观物体德布罗意波长的数量级 求一质量为 10^{-6} kg,以速度 3×10^{-4} m/s 运动着的小颗粒的德布罗意波长.

解:

$$\lambda = \frac{h}{p} = \frac{h}{mv} = \frac{6.63 \times 10^{-34}}{10^{-6} \times 3 \times 10^{-4}} \text{ m} = 2.21 \times 10^{-24} \text{ m}.$$

这样的颗粒虽然很小,但仍是宏观物体,其相应的德布罗意波长非常短,所以在许多场合不必考虑其波动性。

在微观领域,德布罗意假设提出之后,很快被实验所证实．干涉和衍射是波的特有性质. 有否干涉、衍射现象,可作为是否是波的判据. 当年杨氏干涉曾作为光的波动性判据,结束了光的微粒说与波动说的争论. 1927 年,戴维逊和革末做了电子束在晶体表面的散射实验,观察到了和 X 射线衍射类似的电子衍射现象,证实了电子的波动性．图 7.3 给出电子衍射实验原理图及衍射图样．

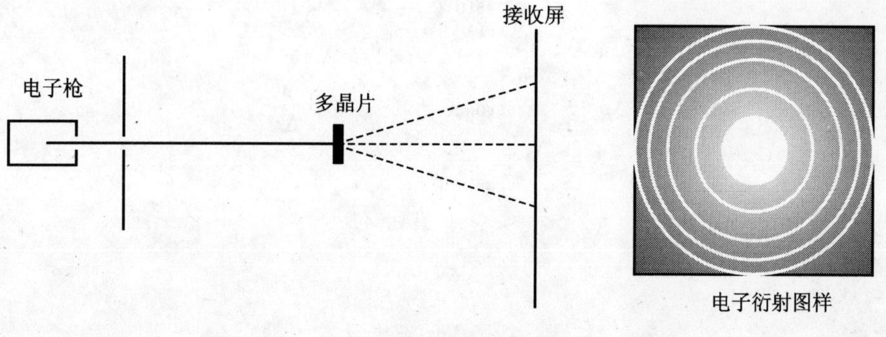

图 7.3 电子的衍射

除电子以外,后来又陆续用实验证实了中子、质子、原子及分子等都具有波动性,且德布罗意公式是普遍有效的.

微观粒子的波动性已经在现代科学技术中得到了广泛的应用,电子显微镜就是一个实例.由于电子的德布罗意波长比可见光短得多,当加速电压达到 10^5 V 时,电子的波长仅为 0.04Å,是可见光的波长的十万分之一左右.所以,利用电子波代替可见光波制成的电子显微镜的分辨率是很高的.电子显微镜是研究分子和原子结构、观察微小物体等方面的有力手段,是当代科学研究的重要工具,它在工业、生物、医学等方面有着非常重要的应用.目前,我国已制造出放大倍数达 80 万倍的电子显微镜.

3. 不确定关系　在经典力学中,质点的运动都沿着一定的轨道,在轨道上任一点质点都有确定的位置和动量.也就是说,可以同时用确定的位置和确定的动量来描述宏观粒子的运动状态.对于微观粒子,怎样描述它的运动状态呢?

下面以电子衍射实验为例对此进行讨论.如图 7.4 所示,一束动量为 p 的电子通过缝宽为 a 的单缝后发生衍射,在接收屏上形成衍射条纹.当一个电子通过狭缝时,我们很难确定它是从缝中哪一点通过的,因此它在 x 方向上的位置不确定量为

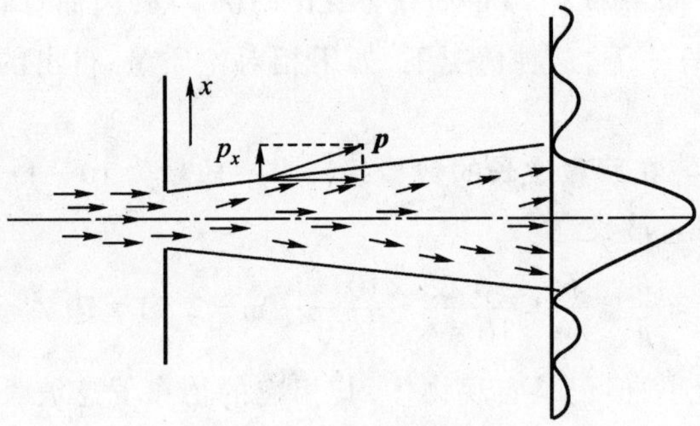

图 7.4　电子衍射

$$\Delta x = a.$$

由于电子的波动性,它们穿过单缝产生衍射现象,从而其动量方向有所改变.若只考虑衍射图样中央亮区,则电子被限制在第一级最小衍射角范围内,即

$$a \cdot \sin \varphi = \lambda.$$

电子在 x 方向上的动量不确定量为

$$\Delta p_x = p \cdot \sin \varphi = p \frac{\lambda}{a} = p \frac{\lambda}{\Delta x}.$$

由德布罗意公式

$$\lambda = \frac{h}{p},$$

上式可写成

$$\Delta x \cdot \Delta p_x = h.$$

考虑到衍射图像还有次极大条纹,上式改写为

$$\Delta x \cdot \Delta p_x \geqslant h.$$

严格推导可得

$$\Delta x \cdot \Delta p_x \geqslant \frac{\hbar}{2}, \tag{7.6a}$$

其中 $\hbar = h/2\pi$，上式就是位置和动量的**不确定关系式**，它不仅适用于电子，也适用于其他微观粒子．不确定关系表明：对于微观粒子不能同时用确定的位置和动量来描述．在某一方向上粒子位置不确定量越小，则同方向上的动量不确定量就越大．如果 $\Delta x \to 0$，即电子的位置完全确定时，则 $\Delta p_x \to \infty$，即电子的动量完全不确定；反之，当电子的动量完全确定时，电子的位置完全不确定．也就是说，不能同时精确测量粒子的位置和动量，这是一个自然规律.

例 7.6　微观粒子无法同时确定其位置和速度　电子在原子中运动，原子尺寸的数量级为 10^{-10} m. 电子速率约为 10^6 m/s，其不确定量至少是本身的 1/10，即 $\Delta v = 10^5$ m/s. 求电子位置的不确定量.

解：

$$\Delta x = \frac{\hbar}{2} \cdot \frac{1}{\Delta P_x} = \frac{h}{4\pi m \Delta v} \sim 10^{-9}\ \text{m}.$$

比原子本身大小 10^{-10} m 还大 10 倍，所以电子位置完全不能确定. 这时用"轨道"来描述电子运动并不恰当，电子在一定范围内都有出现的可能. 人们用"电子云"来描述这一现象. 需要说明的是一个电子并不同时占据这个电子云分布的整个空间，空间某一点电子云密度只是在该点附近单位体积中发现电子的概率（见 7.2 节）.

例 7.7　运动子弹的不确定关系　设子弹的质量为 0.01 kg，枪口的直径为 0.5 cm，试用不确定关系计算子弹射出枪口时的横向速度．

解：子弹射出枪口时的位置不确定量即为枪口的直径

$$\Delta x = 0.5 \times 10^{-2}\ \text{m}.$$

由于 $\Delta p_x = m\Delta v_x$，所以由不确定关系得

$$\Delta x \cdot m\Delta v_x \geqslant \frac{\hbar}{2},$$

取等号计算得

$$\Delta v_x = \frac{\hbar}{2m\Delta x} = \frac{6.63 \times 10^{-34}}{4\pi \times 0.01 \times 0.5 \times 10^{-2}}\ \text{m/s}$$
$$= 1.06 \times 10^{-30}\ \text{m/s}.$$

这一不确定度值也就是子弹的横向速度．与子弹的飞行速度相比，它引起运动方向的偏差是微乎其微的．因此，对于宏观物体而言，不确定关系产生的物理效应实际上是观察不到的.

例 7.8　电视显像管中电子的不确定关系　电视显像管中电子的加速电压为 9 kV，电子枪枪口直径为 0.1 mm，求电子射出电子枪后的横向速度．

解：电子从电子枪射出时位置的不确定量为

$$\Delta x = 0.1 \times 10^{-3}\ \text{m}.$$

电子质量 $m = 9.11 \times 10^{-31}$ kg，根据不确定关系得

$$\Delta v_x = \frac{\hbar}{2m\Delta x} = \frac{6.63 \times 10^{-34}}{4\pi \times 9.11 \times 10^{-31} \times 0.1 \times 10^{-3}}\ \text{m/s}$$

$$=0.579\ \text{m/s}.$$

此即为电子射出枪口时的横向速度．电子经 9 kV 的电压加速后速度约为 $v=6\times10^7$ m/s. 相比之下,电子的波动性仍不很明显,电子的表现跟经典粒子一样．因而电视机中用电子产生的图像清晰可见．

除了位置和动量间存在不确定关系外,还可以证明,在能量和时间之间也存在着不确定关系,即

$$\Delta E\cdot\Delta t\geqslant\frac{\hbar}{2},\tag{7.6b}$$

式中 ΔE 是粒子所处状态的能量不确定性,Δt 是粒子处于此能量状态下的时间(也就是粒子处于该能级的平均寿命 τ)．当粒子处于基态时,由于基态是稳定状态,即基态能量具有完全确定的值,$\Delta E\to0$,粒子可以长久处于基态,其寿命为无限长,$\Delta t\to\infty$．而当粒子处于激发态时,其平均寿命为有限值,$\Delta t=\tau$,由不确定关系得能级宽度与寿命的关系为

$$\Delta E=\frac{\hbar}{2\tau}.$$

例如,假设电子处于某一激发态的寿命为 $\tau=10^{-9}$ s,则该激发态的能级宽度为

$$\Delta E=3.3\times10^{-7}\ \text{eV}.$$

不确定关系划分了经典力学和量子力学的界限．当普朗克常量 h 在讨论的问题中是个非常小量以至于可以认为 $h\to0$ 时,则有

$$\Delta x\cdot\Delta p_x\geqslant0,$$

Δx 和 Δp_x 在任何情况下都可以看作任意小,即 $\Delta x=0$ 时,Δp_x 也可以等于零．这就意味着粒子是可以同时具有确定的位置和动量的经典粒子．反之,若 h 不可以忽略,此时必须考虑粒子的波动性,不能用经典理论来处理,必须用量子力学的方法来处理．

假设在自然界中普朗克常量 $h=6.63\times10^{-2}$ J·s 而并非 6.63×10^{-34} J·s,则例 7.7 中子弹出口的横向速度将等于 106 m·s^{-1},与出口速度几百米每秒相比,子弹出枪口后将发生严重的不确定,这时射击瞄准将变得毫无意义．也就是说,若普朗克常量很大,宏观粒子将表现出明显的波动性．自然界中宏观领域之所以能作经典近似,其原因在于普朗克常量 $h=6.63\times10^{-34}$ J·s 是个非常小的量．

需要指出的是,不确定关系是波粒二象性的必然结果,并非测量仪器的不准确和测量过程中不可控制的“干扰”所致,它是微观粒子本身的属性,不能为测量技术所超越．

7.2 波函数 薛定谔方程

1. 波函数 由于微观粒子具有波粒二象性,其状态不能用经典的位置和动量描述．那么如何描述微观粒子的状态呢？德布罗意提出物质波假设后不久,1925 年,薛定谔便提出用**波函数**来描述．

首先考虑一个自由粒子的波函数．自由粒子不受力,动量不变,所以其德布罗意波长也不变,相应的波是平面简谐波．由波动理论知,平面简谐波的波函数为

$$\xi(x,t) = A\cos 2\pi\left(\nu t - \frac{x}{\lambda}\right). \tag{7.7a}$$

将上式写成复数形式，并用 ψ 来表示波函数

$$\psi(x,t) = A\mathrm{e}^{-\mathrm{i}2\pi\left(\nu t-\frac{x}{\lambda}\right)}, \tag{7.7b}$$

实际上，式(7.7a)是式(7.7b)的实数部分.

对于动量为 p 和能量为 E 沿 x 轴运动的自由粒子，其波长和频率分别为

$$\lambda = \frac{h}{p},\ \nu = \frac{E}{h},$$

代入(7.7b)得自由粒子的波函数

$$\psi(x,t) = \psi_0\mathrm{e}^{-\mathrm{i}\frac{2\pi}{h}(Et-px)}, \tag{7.8}$$

式中 ψ_0 为波函数的振幅.

2. 波函数的统计解释 式(7.8)是一个自由粒子的波函数，波函数究竟代表什么呢？1926 年，玻恩提出了**波函数的统计解释**，认为波函数与粒子在某处出现的概率有关.

先从已熟悉的光的波粒二象性入手，分析光的衍射. 从光的波动理论角度来看，衍射条纹的明暗表示光的强度不同，而光的强度与光波振幅的平方成正比. 用光子概念来说，光的强度表示光子数目的多少，因此衍射条纹的明暗分布实际上是到达屏上光子数的分布，也就是光子在屏上各处出现概率的分布. 即，光波的强度(或光波振幅的平方)与光子在某处出现的概率成正比，光波越强，光子出现的概率也越大.

把电子衍射与光的衍射类比，电子衍射图样实际上是电子在屏上出现概率的分布，明纹处概率大，暗纹处概率小. 于是，电子在某处出现的概率反映了该处电子德布罗意波的强度.

综上所述，粒子在某处单位体积出现的概率与波函数振幅的平方成正比，这就是波函数的统计解释.

由式(7.8)知，波函数 ψ 为一复数，所以波函数的平方为

$$|\psi|^2 = \psi\cdot\psi^*, \tag{7.9}$$

式中 ψ^* 是 ψ 的共轭复数. 粒子在空间某处，体积元 $\mathrm{d}V$ 内出现的概率为

$$|\psi|^2\mathrm{d}V = \psi\cdot\psi^*\,\mathrm{d}V.$$

于是，粒子在单位体积内出现的概率 $|\psi|^2$，又叫**概率密度**.

由于粒子在整个空间出现的概率为 1，所以

$$\int_\infty |\psi|^2\mathrm{d}V = 1, \tag{7.10}$$

这称为**波函数的归一化条件**.

另外，波函数还必须同时满足单值、有限、连续的条件.

3. 薛定谔方程 在经典力学中，牛顿定律是质点运动遵从的基本方程，对于微观粒子，波函数也满足一方程，这个方程叫做**薛定谔方程**. 由于在一般情况下，这个方程的数学形式很复杂，我们只讨论一个重要的特例，即粒子在一个不随时间变化的势场中运动的情况，这时波函数 ψ 满足的薛定谔方程为

$$\frac{\partial^2\psi}{\partial x^2}+\frac{\partial^2\psi}{\partial y^2}+\frac{\partial^2\psi}{\partial z^2}+\frac{8\pi^2 m}{h^2}(E-U)\psi=0, \tag{7.11}$$

式中 U 是粒子在势场中的势能，它仅是坐标的函数，与时间无关，即

$$U=U(x,y,z).$$

这种情况下波函数 ψ 也仅仅是坐标的函数，与时间无关．当粒子处于这种波函数所描述的状态时，粒子的能量具有确定值，这种状态称为**定态**．波函数 $\psi(x,y,z)$ 称为**定态波函数**，薛定谔方程称为**定态薛定谔方程**．在定态中，粒子在空间出现的概率及概率密度都与时间无关．

对定态薛定谔方程可以这样来理解：一个质量为 m 处于势能为 $U(x,y,z)$ 的势场中运动的微观粒子，用波函数 $\psi(x,y,z)$ 描述粒子的运动，该函数满足薛定谔方程．方程的每一个解表示粒子运动的某一个稳定状态，与之相对应的常数 E 表示该粒子在这个稳定状态的能量．在求解薛定谔方程时，波函数要满足单值、有限、连续和归一的条件．由于这些条件的限制，只有当薛定谔方程中总能量 E 具有某些特定值时才有解．

薛定谔方程是量子力学的基本方程，它揭示了微观世界物质运动的基本规律，它和牛顿运动方程一样不能从其他基本原理推导出来．它的正确性只能靠解这个方程所得的结果同实验做比较来检验．由于薛定谔方程得出的结果终为实验所证实，所以薛定谔方程是正确的．

7.3　隧道效应　纳米技术

解薛定谔方程，求出波函数，可获得微观粒子的运动信息，从而“看到”许多在宏观运动中不可思议的现象. 本节介绍一种隧道效应.

1. 隧道效应　如图 7.5(a)所示的势能曲线，其函数为

$$\begin{cases}U(x)=0, & x<0\\ U(x)=U_0, & x\geqslant 0\end{cases}$$

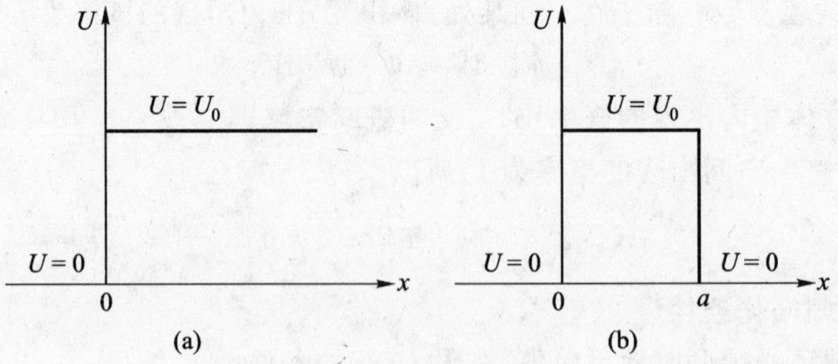

图 7.5　一维势垒

这种势能分布被形象地称为**势垒**．对于能量 $E<U_0$ 的粒子，当它从左向右运动时，按照经典理论它只能被反射，不可能穿透到右面去．但是，在量子力学中，解薛定谔方程得到的波

函数在 $x>0$ 的区域仍有一定的值，它是随 x 指数衰减的，如图 7.6(a)所示.

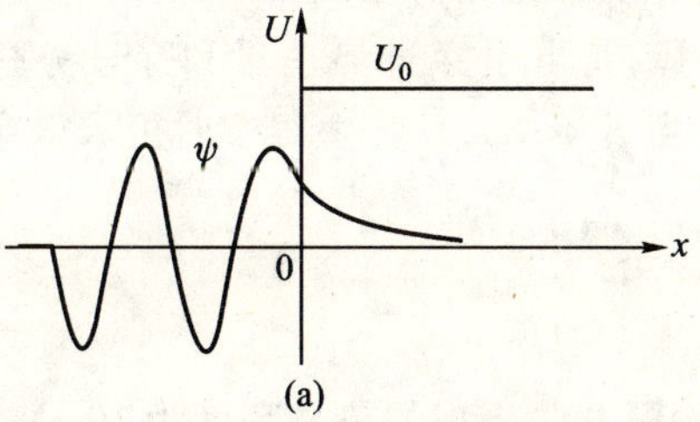

图 7.6 一维势垒的波函数

金属中电子从金属表面逸出时实际上遇到的就是一个势垒. 正是由于电子的这种透入现象在金属表面形成了一层“电子气”.

如图 7.5(b)所示的势垒，势能为 U_0 的区域有一定的宽度. 其函数为

$$\begin{cases} U(x) = 0, & x < 0, x > a \\ U(x) = U_0, & 0 \leqslant x \leqslant a \end{cases}$$

对于能量 $E<U_0$ 的粒子，当它从左向右运动时，按照经典理论它不能越过势垒. 但是量子力学给出，粒子的波函数在势垒的右侧也有一定值，如图 7.6(b)所示，这表明在势垒左侧的粒子有可能穿透势垒出现在势垒的右侧，这种现象称为**隧道效应**.

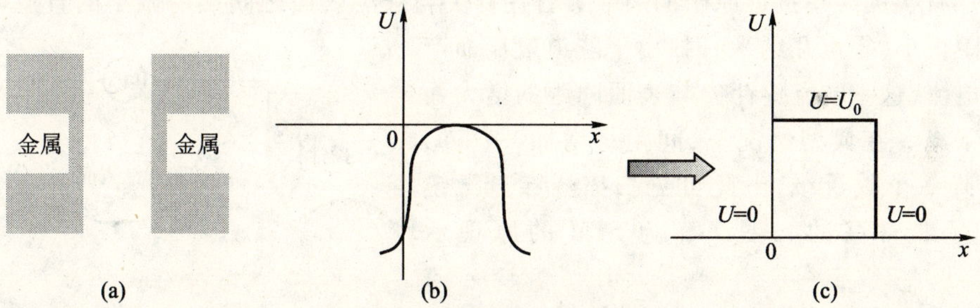

图 7.7 金属间间隙形成势垒

如图 7.7(a)所示的两块金属板中间极小的间隔，其中电子的势能曲线如图 7.7(b)所示，它可近似成如图 7.7(c)的势垒. 按照经典理论，由于金属中的电子能量远小于势垒的能量，因此它不能穿透势垒. 然而实验事实表明，只要两金属间的间隔足够小，就有电子从一块金属板穿透到另一块金属板中，形成**隧道电流**. 如果极板是两块超导板，这类现象就是著名的约瑟夫森效应. 它是应用前景十分广泛的约瑟夫森器件的理论基础.

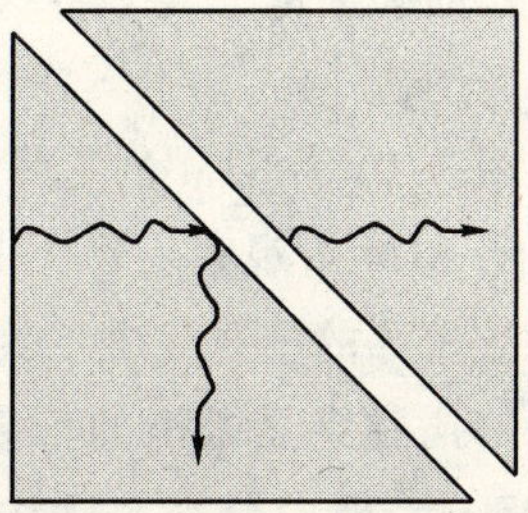

图 7.8 光全反射中的隧道效应

在光的传播过程中也有量子隧道效应. 如光全反射现象，如图 7.8 所示，用一束激光从玻璃射入空气，当入射角大于临界角时，光被全反射回玻璃不能透射. 若将另一块

玻璃放在它的旁边,在两块玻璃之间形成一薄层空气,则会发现除大部分光被反射外,还有一少部分光透射到另一块玻璃中. 光的这种透射现象是光的电磁波理论无法解释的.

例 7.9 穿透系数 根据波函数的统计解释,将电子穿过势垒后和穿过势垒前的波函数的平方之比称为**穿透概率**,也称为**穿透系数**. 当 $E \ll U_0$,且势垒很窄时可求得穿透系数

$$T \approx \frac{16E(U_0 - E)}{U_0^2} \quad e^{-\frac{2}{\hbar}\sqrt{2m(U_0-E)}(x_2-x_1)},$$

其中 $x_2 - x_1$ 为势垒宽度.

两片同样的金属,由一两个原子层的氧化物隔开时出现的势垒高度为 10 eV,宽为 4 A,求具有 3eV 能量的电子穿过它的概率.

解:电子 $m = 9.1 \times 10^{-31}$ kg, $\hbar = 1.05 \times 10^{-34}$ J · s,

$$\frac{1}{\hbar}\sqrt{2m(U_0 - E)} = 1.35 \times 10^{10},$$

$$T \approx \frac{16 \times 3 \times 7}{10^2} e^{-2 \times 1.35 \times 10^{10} \times 4 \times 10^{-10}} = 3.4e^{-10} \approx 6.1 \times 10^{-5},$$

电子有约十万分之六的概率穿透这一势垒.

2. 扫描隧穿显微镜(STM) 1981 年 G. 宾尼格和 H. 罗赫尔利用隧道效应研制成功**扫描隧穿显微镜(STM)**,它可以很精确地观测材料的表面结构. 由于这一卓越成就他们与电子显微镜的发明者鲁斯卡分享了 1986 年的诺贝尔物理学奖.

扫描隧穿显微镜不用光源也不用透镜. 其显微部分的核心是一枚细而尖的金属(如钨)探针,针尖的大小接近原子的尺寸. 若在针尖与被测表面之间加一微小的直流电压,当两者间距很小(零点几纳米)时,由于隧道效应而产生隧道电流,这一电流随针尖与表面间距的增大而呈指数下降. 在典型情况下,间距每增加0.1 nm,电流下降一个数量级,由此可见扫描隧穿显微镜的精度是非常高的. 图 7.9 为 STM 的原理示意图.

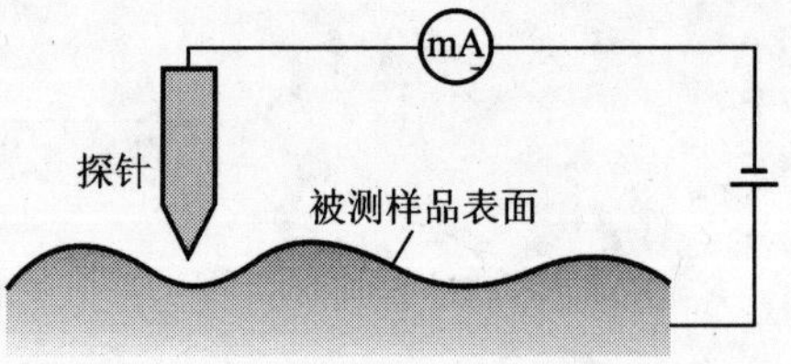

图 7.9 扫描隧穿显微镜原理示意图

使用 STM 观测样品的表面结构时,先将探针推向样品,在探针和样品间加上电压,当探针在样品表面扫描时,若样品表面有起伏,隧道电流将随之变化,若通过 STM 的反馈机构控制探针的运动,保持隧道电流不变,则探针与样品表面之间的实际距离保持不变,探针的运动轨迹描绘了样品表面的形貌. 将这些数据输送到计算机中,在计算机屏幕上便可显示出样品表面的三维图像.

图 7.10 为 STM 的工作原理图. 计算机显示的图像和实际尺寸相比可放大到 1 亿倍,因而用 STM 可观察生物体 DNA 基因和病毒,它是研究表面科学、材料科学、生命科学和微电子技术等的重要显微工具.

扫描隧穿显微镜的分辨率远远高于光学显微镜和电子显微镜. 其纵向分辨率已达 0.005 nm,横向分辨率已达 0.2 nm,而光学显微镜的分辨率仅为 380 ~ 200 nm,电子显微镜的分辨率一般为几纳米,最高也只能达到零点几纳米. 另外 STM 与光学显微镜和电子

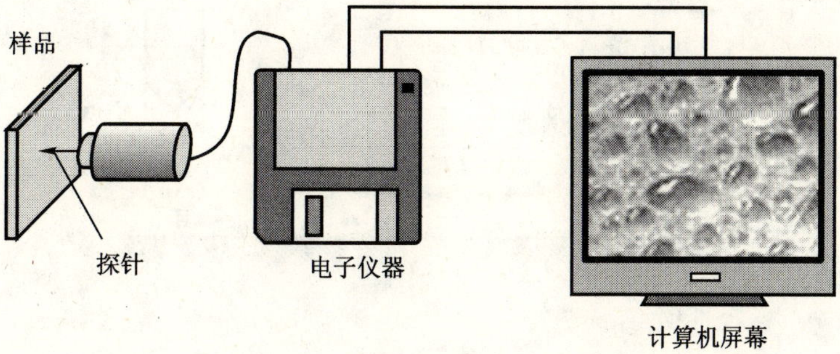

图 7.10 扫描隧穿显微镜工作原理

显微镜不同，它不需要任何光学透镜和电子透镜，因此它不存在难以消除的像差、球差和色差.

但是，STM 也有它的局限性. 由于 STM 工作是依靠针尖与样品间的隧道电流，因此只能观测导体和半导体的表面结构，对不导电的材料就无能为力了.

3. 纳米技术 早在 1959 年，诺贝尔奖得主 R·费曼就说过："如果有一天人类能按人的意愿安排一个个的原子和分子，那将会产生什么奇迹？"什么奇迹呢？那就是人们能在原子水平上直接生产自己需要的东西。只要按化学家的要求把原子放在指定的位置上，物理学家便能合成出所需要的物质. 利用 STM 和与之相似的原子力显微镜（AFM）人们就能实现这一愿望，在此基础上，崭新的纳米科技诞生了.

纳米（$1\ nm=10^{-9}\ m$）科技是在 1 ~ 100 nm 的原子分子尺度上的基础研究和技术应用. 这是现代物理学与先进工程技术结合的产物，是一门基础研究和应用探索紧密联系的新型科学技术，它将对人类的生产方式和生活方式产生深远的影响. 下面对纳米科技的几个主要领域作一简介.

(1) 纳米加工与原子操作 利用计算机控制 STM 的针尖，在某些特定部位加大隧道电流的强度或使针尖尖端直接接触到表面，使针尖作有规律的移动，就会刻划出纳米级超微线条. 线条的宽度只有 10 nm，由此算来，利用 STM 可将《红楼梦》的全部内容刻在一个大头针的针尖上. 因此，利用 STM 进行纳米加工对于研究高密度信息存储技术具有重要而深远的意义.

用 STM 针尖吸附在金属表面上的氙（Xe）原子的过程如图 7.11 所示. 图中 1 ~ 5 表示针尖的位置. 在状态 1，针尖距氙原子较远，不产生什么影响. 当把针尖向氙原子逼近到位置 2 时（其间距约为 0.3 nm），在针尖与原子之间产生一个吸引力，其大小约等于原子与金属基底之间的吸附力，但又不足以使氙原子脱离基底表面吸附到 STM 针尖上. 这时，把针尖向右移动，就会拖着氙原子在表面滑动从位置 2 经由位置 3 移动到位置 4. 在位置 4 将针尖上升到位置 5，氙原子就被留在了该位置上. 这样便可按照人们的意志移动并重新排布原子.

图 7.12 为 1990 年 4 月，美国 IBM 公司 Almaden 研究中心在4 K温度下，用 35 个氙原子

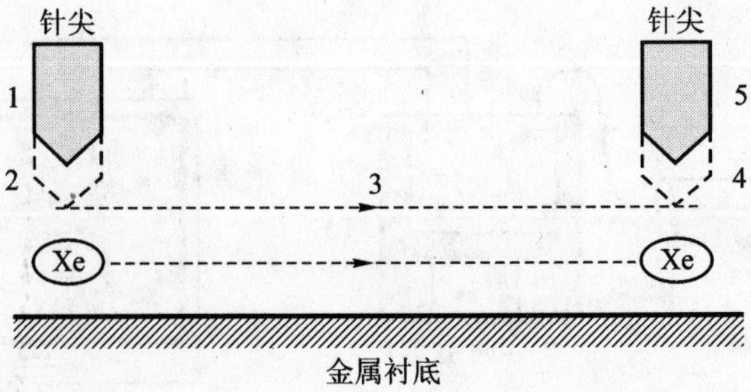

图 7.11 用 STM 移动原子的原理图

在 Ni(110)面上拼缀出的“IBM”三个字母.

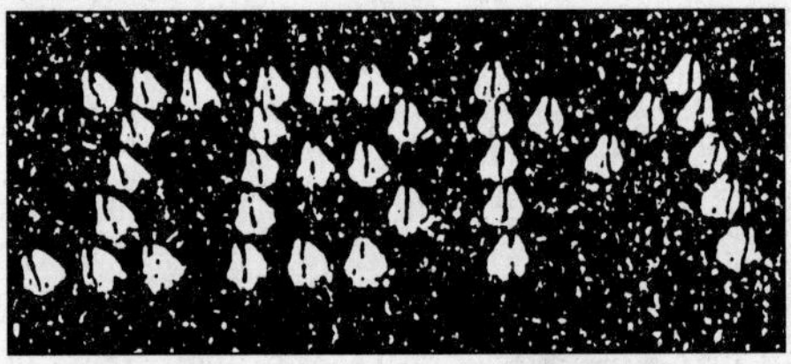

图 7.12 氙原子排布的 IBM 字样

(2) **纳米材料** 大小范围为 0.1 ~ 100 nm 的颗粒称为纳米颗粒,又称超微颗粒,其大小约为原子半径的 1 ~ 1 000 倍,其内有 10^2 ~ 10^4 个原子. 纳米颗粒非常小,因而它具有不同寻常的效应. 由于周期性边界条件不复存在,而显示小尺寸效应. 由于相当比例的原子处于界面上,界面面积很大(如质量为 1 g,半径为 10 nm 的颗粒,界面面积为 90 m^2)而显示界面效应. 由于能级的离散不可忽略而显示量子效应. 由纳米颗粒制成的材料在声、光、电磁、热力学等方面有一些奇异的特征. 例如纳米微粒对光的吸收能力极强,任何金属的纳米微粒都呈黑色. 以纳米颗粒为基本结构单元组成的纳米材料与同样元素原子构成的常规材料性质很不相同. 如纳米固体在较宽的频谱范围内显示出对光的均匀吸收性,利用它可制造出具有一定频宽的微波纳米吸收材料. 这种材料用于电磁波屏蔽,如制造隐形军事侦察飞机,能吸收雷达发射的微波,有效地躲避雷达的侦察. 纳米强磁性微粒具有剩磁强,良好的热稳定性、工艺稳定性和耐腐蚀性等优点,因此被广泛用于磁性信用卡、磁性钥匙、磁卡车票. 在通常情况下,陶瓷因脆性而大大限制了其应用范围. 而纳米陶瓷进行表面处理后,材料内部保持韧性,但表面仍具有较高的硬度和抗腐蚀性. 实验表明,纳米材料具有许多鲜为人知的奇异特性,其应用前景是非常广阔的,纳米材料被誉为“21 世纪最有前途的材料”.

(3) **纳米电子学** 纳米电子学是研究结构尺寸为纳米级的电子器件和电子设备的一门学科. 是纳米科学技术的重要领域.

摩尔定律迄今仍是计算机技术的金科玉律. 按照该规律,计算机问世半个多世纪以来,运行速度提高了10亿倍. CPU集成电路的线宽现已细微到0.2μm以下. 据此,估计最迟到2020年硅芯片技术将达到物理极限. 这时的线宽细度接近光的波长,而光刻是集成电路制作的主要工艺. 这意味着传统计算机快速更新换代的势头将终结,而以量子力学为理论基础的纳米电子技术将使之呈现柳暗花明的景象.

新千年之初,人们开发出了一批纳米级的电子装置和将之连接为工作电路的纳米导线. 2002年开发出了纳米逻辑电路和使用一个分子的计算电路.

传统的硅电子器件的基本结构是pn结,纳米电子器件的基本结构可能是纳米点和隧道结. 纳米点是1~100 nm的金属或半导体微粒又称量子点、量子岛.

传统的晶体管是控制成群电子的运动状态,形成开关、振荡和放大等功能. 例如开关器件是以控制电子流的有或无来实现电路通断的;放大器件则是通过控制通过电子的数量多少来完成放大功能的. 与此不同,单电子晶体管这一量子器件只是控制单个电子的运动状态,主要是通过控制电子波动的相位来实现特定功能的. 因此单电子晶体管比传统的晶体管具有更高的响应速度和更低的功耗.

传统的电子器件无论怎样改进,其响应速度最高只能达到10^{-12} s,功耗最低只能降低到1 μW. 然而量子器件的响应速度和功耗比这个数据优1 000倍. 这就在更大程度上解决了日益严重的功耗问题. 另外,由于量子器件尺度为纳米数量级,集成幅度大大提高,量子器件还具有结构简单,可靠性高、成本低等优点. 因此有理由相信纳米电子学的发展,必将在电子学领域中引起一次新的电子技术革命,从而把电子技术推到一个更高的发展阶段.

当前纳米科技开发的新领域还有很多,除上面提到的外,还有纳米生物学、纳米天文地质学、纳米工程技术学等新学科和新领域. 纳米技术的发展引起世界各国的广泛关注,美国、日本、德国和英国等发达国家都制定了发展纳米技术的规划,并作为自然科学基金优先支持的项目,我国也正在积极开展这方面的研究,1996年12月清华大学成立了单原子分子测控科学技术研究中心,一场围绕纳米技术的世界性竞争已经拉开帷幕. 纳米技术必将成为21世纪科学技术的前沿.

7.4 氢原子的量子理论

解原子系统的薛定谔方程,可以获得原子结构的知识. 进一步探索物质结构.

本节给出氢原子中电子状态的量子力学描述.

1. 氢原子的薛定谔方程 在氢原子中,电子受到原子核的库仑力的作用,其势能函数为

$$U(r)=-\frac{e^2}{4\pi\varepsilon_0 r},$$

把上式代入式(7.11),得氢原子的薛定谔方程为

$$\frac{\partial^2\psi}{\partial x^2}+\frac{\partial^2\psi}{\partial y^2}+\frac{\partial^2\psi}{\partial z^2}+\frac{8\pi^2 m}{h^2}\left(E+\frac{e^2}{4\pi\varepsilon_0 r}\right)\psi=0.$$

下面给出解此方程所得到的一些重要结论．

2. 描述原子中电子状态的四个量子数 描述原子中电子状态的量子数共 4 个，分述如下：

（1）**主量子数——能量量子化** 求解氢原子薛定谔方程的径向部分方程（只含自变量 r），便可得到氢原子的能量是量子化的，其值为

$$E_n = -\frac{me^4}{8\varepsilon_0^2 h^2} \cdot \frac{1}{n^2}, \tag{7.12}$$

式中 $n=1,2,3,\cdots$ 为正整数，称为**主量子数**．当 $n=1$ 时，氢原子的能量最低叫做**基态**，其值为

$$E_1 = -\frac{me^4}{8\varepsilon_0^2 h^2} = -13.6\ \text{eV}.$$

式(7.12)可写成

$$E_n = \frac{E_1}{n^2}, \tag{7.13}$$

由此可分别计算出 $n=2,3,\cdots$．各**激发态**的能量值为 $E_2=-3.4\ \text{eV}$，$E_3=-1.51\ \text{eV}$，$E_3=-0.85\ \text{eV}$，$\cdots$．图 7.13 为氢原子的能级图．由于 E_n 与 n^2 成反比，当 n 很大时，能级间隔变得非常小，以至于能量可看成是连续变化的．

图 7.13 氢原子能级图

（2）**角量子数——角动量量子化** 求解氢原子薛定谔方程的角函数部分方程（只含自变量 θ,φ），便可得到氢原子的角动量是量子化的，其值为

$$L = \sqrt{l(l+1)} \cdot \hbar, \tag{7.14}$$

式中 l 称为**角量子数**，其可能的取值为 $l=0,1,2,\cdots,(n-1)$．l 的取值受 n 限制．例如当 $n=3$ 时，$l=0,1,2$ 对应的角动量值分别为 0，$L=\sqrt{2}\,\hbar$ 和 $L=\sqrt{6}\,\hbar$，而不能取其他值．通常用 s，p，d，f 等字母表示 $l=0,1,2,3$ 等，前面再填上主量子数来简洁地表示电子状态．例如 1s 表示 $n=1$，$l=0$ 的电子，3d 表示 $n=3$，$l=2$ 的电子．

（3）**磁量子数——空间量子化** 角动量是矢量，式(7.14)只给出角动量的值，而未确定它在空间的方位．薛定谔方程的解指出，角动量在外磁场方向（z 轴）上的投影 L_z 为

$$L_z = m_l \hbar, \tag{7.15}$$

m_l 称为**磁量子数**，其可能的取值为 $m_l=0,\pm1,\pm2,\cdots,\pm l$ 共 $(2l+1)$ 个不同的值．这说明

角动量的方向在空间的取向是量子化的．例如当 $l=1$ 时，$m_l=0,\pm1$，三个不同值，角动量在 z 轴的投影分别为 $L_z=0,\pm\hbar$. 图 7.14(a)画出了角动量的三种取向．当 $l=2$ 时，$m_l=0,\pm1,\pm2$，五个不同值，角动量在 z 轴的投影分别为 $L_z=0,\pm\hbar,\pm2\hbar$，如图 7.14(b)所示，为角动量的五种取向．

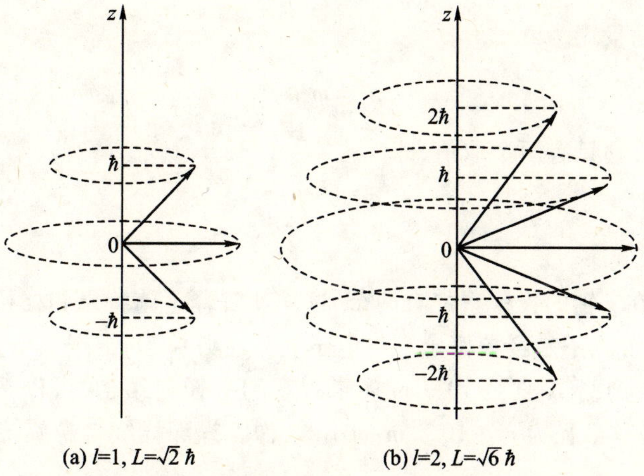

图 7.14　角动量的空间量子化

(4) **自旋磁量子数——自旋量子化**　按角动量的量子化理论，对任一给定的角量子数 l，轨道角动量在空间有 $(2l+1)$ 个可能的取向．因此当原子射线在外磁场作用下发生偏转就应该分裂为奇数条．1921 年施特恩和格拉赫对角动量的空间量子化进行了实验验证．图 7.15 为实验装置图，图中 O 为原子射线源，当时所用的是银原子．S_1 和 S_2 为狭缝，N 和 S 为不均匀磁场的两个磁极，P 为照相底板．

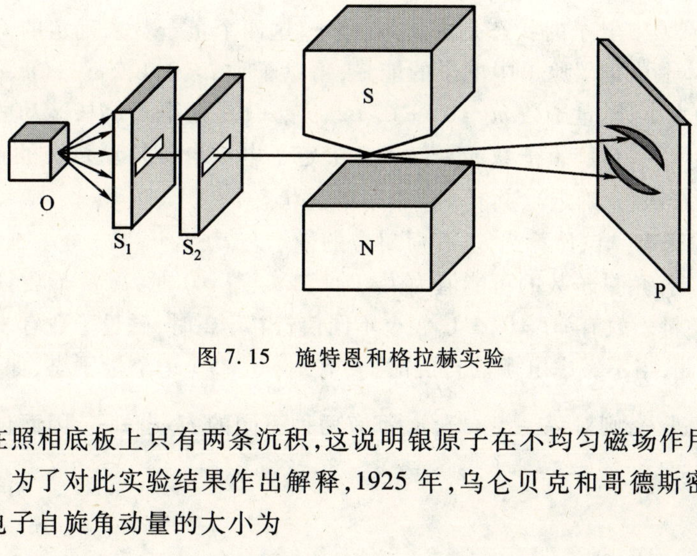

图 7.15　施特恩和格拉赫实验

实验发现在照相底板上只有两条沉积，这说明银原子在不均匀磁场作用下只分裂为两束而并非奇数．为了对此实验结果作出解释，1925 年，乌仑贝克和哥德斯密特提出了**电子自旋**的假设．电子自旋角动量的大小为

$$S=\sqrt{s(s+1)}\cdot\hbar, \tag{7.16}$$

其中 s 为**自旋量子数**,它只能取一个值,即

$$s=\frac{1}{2}.$$

自旋角动量在 z 轴的投影为

$$S_z=m_s\hbar, \tag{7.17}$$

m_s 为**自旋磁量子数**,它只有两个取值,即

$$m_s=\pm\frac{1}{2}.$$

由此得自旋角动量在 z 轴的投影只能有两个,这样就解释了施特恩和格拉赫的实验结果.

例 7.10 电子自旋不是经典概念 将电子视为经典粒子,根据电子自旋估计其转速.

解:实验表明,电子至少直至 10^{-15} m 还未观察到有任何结构,可以看作为一点粒子.放宽一点,认为电子是一半径为 $r_e\sim10^{-15}$ m 的小球,像陀螺那样绕自身旋转.角动量为

$$\frac{1}{2}\hbar=I\omega\sim mr_e^2\omega,$$

$$\omega\sim\frac{\hbar}{m_e r_e^2}\sim\frac{10^{-34}}{10^{-31}\times10^{-30}}\text{s}^{-1}=10^{27}\text{s}^{-1},$$

$$v=\omega r\sim10^{27}\times10^{-15}\text{m/s}=10^{12}\text{m/s}.$$

比真空中的光速还大,这是不可思议的.问题在于不能把电子看作经典粒子.自旋完全不能用经典物理的语境来理解,它是微观粒子的属性,只能用量子语言来描述,把电子自旋用陀螺自转这样“清晰”的经典图像来描绘,本身就是个错误.

综上所述,原子中电子的状态是由 n,l,m_l,m_s 这四个量子数来确定的.其中主量子数 $n=1,2,3,\cdots$ 大体上决定了原子中电子的能量;角量子数 $l=0,1,2,\cdots,(n-1)$ 决定电子绕核运动的角动量大小;磁量子数 $m_l=0,\pm1,\pm2,\cdots,\pm l$ 决定电子绕核运动的角动量矢量在外磁场中的空间取向;自旋量子数 $m_s=\pm1/2$ 决定了电子自旋角动量在外磁场中的取向.对原子中给定的能级(n 确定),共有 $2n^2$ 个可能的状态.

例 7.11 量子态 试计算当 $n=3$ 时对应的量子态.

解:当 $n=3$ 时,角量子数的可能值为 $l=0,1,2$.当 $l=0$ 时,磁量子数只有 $m_l=0$ 一个值;当 $l=1$ 时,磁量子数有 $m_l=0,\pm1$,三个不同值;当 $l=2$ 时,磁量子数有 $m_l=0,\pm1,\pm2$,五个不同值.因此,当不考虑电子的自旋时,共有 $1+3+5=9$ 个量子态,如表 7.2 所述,再将电子自旋考虑进去,则对每一组 n,l,m_l 都有两种不同的 $m_s=\pm\frac{1}{2}$,因而包括电子自旋在内的量子态数应为 18.

表 7.2

$n=3$	$l=0$	$m_l=0$
	$l=1$	$m_l=0$
		$m_l=-1$
		$m_l=+1$
	$l=2$	$m_l=0$
		$m_l=+1$
		$m_l=-1$
		$m_l=+2$
		$m_l=-2$

在这里需要特别说明的是，对于原子中的电子不能用确定的位置、动量等来描述，电子的运动也不再有确定的轨迹．在原子尺度上，电子的波动性非常显著，因此必须用量子态，(n,l,m_l,m_s)来描述电子的运动，无论是能量还是角动量也不再是连续的而是量子化的．

7.5 激　光

激光是受激辐射光放大产生的一种单色性、方向性和相干性都很好的强光光束．激光器是20世纪的重大发明之一，是人造光源的一次革命．自1960年美国的梅曼发明了第一台红宝石激光器以来，在短短的几十年时间里，无论是在激光理论还是在激光技术、激光的应用等方面都取得了突飞猛进的发展，同时还带动了一些新兴学科如全息光学、傅里叶光学、非线性光学等的发展．本节简单介绍激光的产生、特性及应用．

1. 激光的产生　激光的英文名称 laser 由 light amplification by stimulated emission of radiation（受激辐射的光放大）的第一个字母所组成．1964年10月，我国著名科学家钱学森建议称为激光，明确表示其受激辐射的性质．

早在1917年，爱因斯坦就从理论上预言了原子发生受激辐射的可能性，奠定了激光的理论基础．然而，由于受到当时人们认识水平的限制，在很长一段时间里，爱因斯坦的受激辐射概念并未引起科学界的反响，甚至还遭到一些非议．直到1958年美国两位科学家汤斯(C. H. Townes)和肖洛(A. I. Schawlaw)首先在微波领域实现了受激辐射，打破了长达40年之久的沉寂．1959年9月，汤斯提出了制造红宝石激光器的建议，1960年5月15日，加州休斯实验室的梅曼(T. H. Maiman)制成了世界上第一台红宝石激光器，获得了波长为694.3 nm的激光，这是历史上第一束激光．汤斯等人因此获得了1964年的诺贝尔物理学奖．

(1) **光的辐射与吸收**　设原子有两个能级 E_1 和 E_2，并且 $E_2>E_1$．当原子中的电子在两能级之间跃迁时，就会发生吸收和辐射光子的现象．

假设处于低能级 E_1 的原子，吸收能量为

$$h\nu=E_2-E_1$$

的光子后，跃迁到高能级 E_2，如图 7.16(a)所示．原子吸收光子从低能级跃迁到高能级的过程称为**受激吸收**过程．

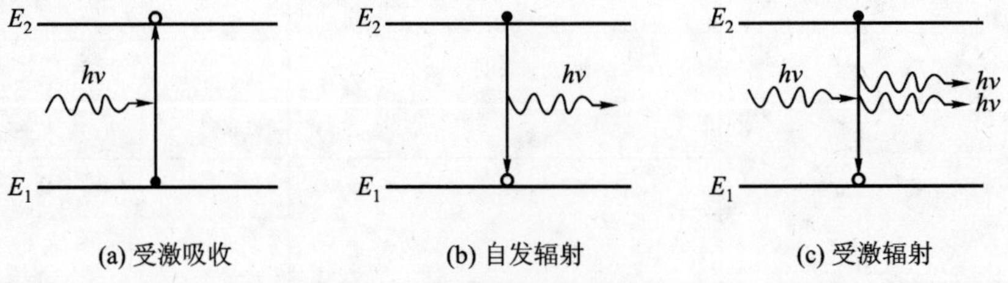

图 7.16　光的吸收与辐射

原子受激后处于高能级 E_2 的状态是不稳定的，一般只能停留 10^{-8} s 左右，就会自发地返回低能级 E_1，同时辐射出一个能量为 $h\nu$ 的光子，如图 7.16(b)所示．这种在没有外界作用下，处于高能级 E_2 的原子自发地跃迁到低能级 E_1 而辐射光子的过程称为**自发辐射**．日常生活中的日光灯、霓虹灯和荧光等光源都是基于自发辐射而发光的．由于自发辐射是随机的，各原子的发光是独立的，互不相关的，它们的振动方向，传播方向和初相都不相同，因此自发辐射出的光不是相干光．

如果处于高能级 E_2 的原子在自发辐射前受到能量为 $h\nu = E_2 - E_1$ 的光子的激励作用，就会从高能级 E_2 跃迁到低能级 E_1 并辐射一个与之完全相同的光子，如图 7.16(c)所示．这种在外来光子作用下辐射光子的过程称为**受激辐射**．受激辐射过程所发出的光子与入射的光子频率、振动方向、传播方向、相位等方面有完全相同的特征．

在受激辐射过程中，一个光子引发出一个全同光子，这两个光子引发受激辐射又增加两个全同光子，以后四个全同光子引发成八个全同光子……这样，在一个入射光子的作用下，就会获得大量特征完全相同的光子，这种现象称为**光放大**．激光就是基于受激辐射光放大而发光的．

(2) **粒子数反转**　激光是通过受激辐射来实现光放大的．但是光和原子发生相互作用时，受激辐射和受激吸收总是同时存在的．哪一种占优势取决于高能级 E_2 和低能级 E_1 上的原子数的多少．在热平衡条件下，处于高能级的原子数总是低于低能级上的原子数，能级越高，原子数越少．这就是原子数按能级的正常分布，如图 7.17 所示．这时受激吸收强于受激辐射，其总效果是净吸收．这就是为什么普通光源受激辐射总处于次要地位的原因．

要使受激辐射占优势，就必须使能级较高的原子数比能级较低的原子数多，这与正常情形下的分布正好相反，故称为**粒子数反转分布**，如图 7.18 所示．粒子数反转是实现受激辐射光放大的必要条件．

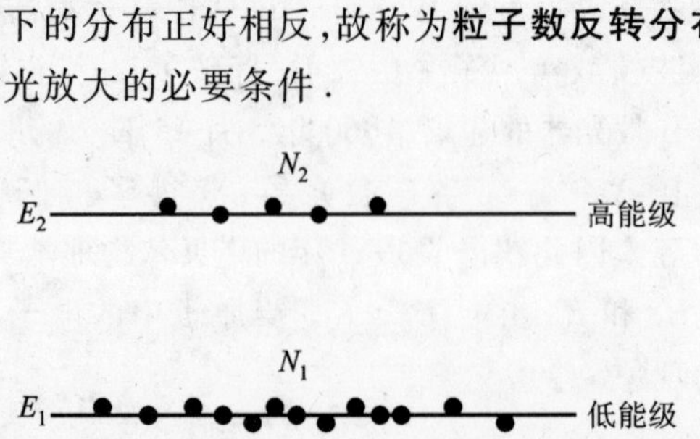

图 7.17　粒子数的正常分布

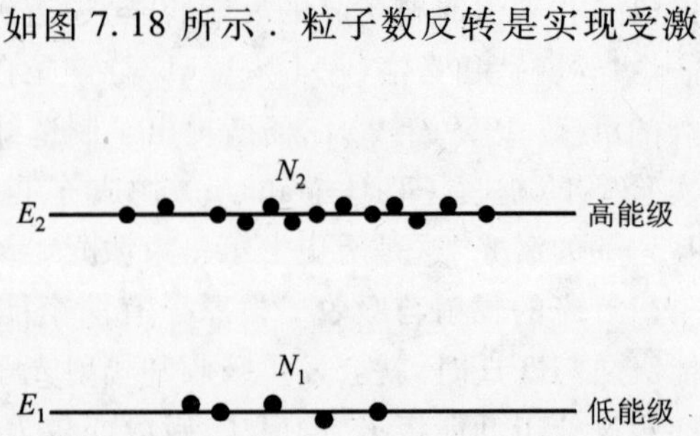

图 7.18　粒子数的反转分布

要实现粒子数反转，首先，必须从外界不断地给发光物质提供能量，使该物质中有尽可能多的原子在吸收能量后，从基态能级不断地跃迁到激发态能级上去，这一过程称为激励，又称抽运. 通常激励的方法有光激励和气体放电激励，前者是用光照射来激励工作物质，后者是通过气体放电中电子的碰撞来激励工作物质.

其次，要实现粒子数反转，除了适当的激励外，还必须要有能被激活的物质，激活物质是激光器的核心. 它的特点是在其能级结构中，存在着特殊的能级——**亚稳态能级**. 原子被激发到亚稳态后，停留时间比较长(亚稳态能级的平均寿命可达千分之几秒，甚至更长)，从而有可能在亚稳态上积累较多的原子，与低能级间形成粒子数反转分布.

例如氦氖激光器是这样工作的. 图 7.19 为氦氖原子能级的简图. 在激光管的正、负电极加上千伏以上的电压后，管内气体发生放电. 氦原子受到被电场加速的电子碰撞，被激发到亚稳态 E_2，这样处于亚稳态 E_2 的氦原子数增加. 这些受激的氦原子与处在基态的氖原子发生碰撞. 由于氖原子 E_3 的能级与氦原子 E_2 的能级很接近，氦原子经过碰撞把能量传给氖原子，使氖原子激发到能级 E_3，E_3 也是亚稳态，其平均寿命是氖原子能级 E_2 的平均寿命的10 倍，因而能在氖原子能级 E_2 与 E_3 之间实现了粒子数反转分布. 某一处于亚稳态 E_3 的氖原子先自发辐射一个波长为 632.8 nm 的光子，该光子可以作用于其他处于亚稳态 E_3 的氖原子使其发生受激辐射并产生光放大.

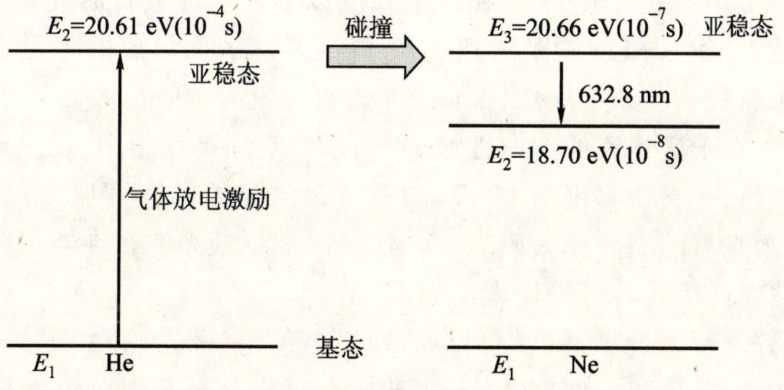

图 7.19　氦氖原子能级图

(3) **光学谐振腔**　由于引发受激辐射的光子是由自发辐射产生的，而自发辐射是随机的，其相位、光振动方向、传播方向等都是杂乱无章的. 因此，光放大在宏观上仍然是随机的、无规则的. 在这种情况下发出的光仍然是普通光而不是激光. 要发出激光还需要一个**光学谐振腔**，其结构如图 7.20 所示. 在激光管的两端放置两块互相平行的反射镜，一块为全反射镜，其反射率高达 99.5%，另一块是部分反射镜，其反射率为 99%，余下的 1% 光透射过去. 这样大部分光在谐振腔中反复来回振荡不断放大.

光子在谐振腔中运动，偏离谐振腔轴向的光子通过侧面逸出腔外，在腔内很快消失；沿轴向运动的光子经两反射镜反射在腔内往返而形成振荡，每次往返都会激发出更多同频率、同相位、同方向、同偏振态的光子，经这种持续放大后就会发射出强烈的激光.

综上所述，形成激光的基本条件是：

① 工作物质必须是可激活物质(存在亚稳态)；

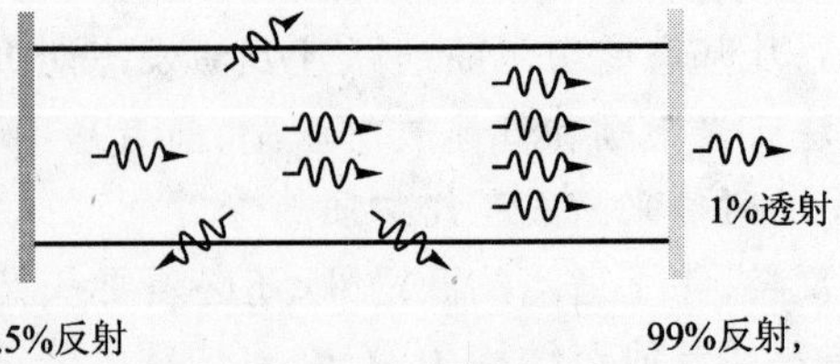

图 7.20 光学谐振腔

② 工作物质在激励能源作用下实现粒子数反转;

③ 光学谐振腔使受激辐射不断放大.

激光器的种类很多,按工作物质的不同分为固体激光器、气体激光器、液体激光器和半导体激光器. 按激光器的输出方式不同可分为连续激光器和脉冲激光器. 另外还可按发光的频率和发光的功率大小等来分类.

2. 激光的特性 激光器具有普通光源所没有的一系列优异特性,概括起来主要表现在以下几个方面.

(1) **方向性强** 由于谐振腔对光束方向性的选择作用,激光器发出的激光几乎是一束定向发射的平行光,其发散角很小,可在几毫弧度以下. 用红宝石激光器将 1 mm 粗细的光束射向月球,通过 3.8×10^5 km 的距离到达月球,在月球表面形成的光斑直径仅 1.6 km. 而普通探照灯(光束直径为 0.3 m)射出 1 km,光斑直径就有 10 m.

(2) **亮度高** 由于激光束的方向性好,光功率在空间高度集中,以至激光的亮度将是普通光源的上百万倍. 一支功率仅为 1 mW 的氦-氖激光器的亮度比太阳光亮 100 倍;而一支巨型脉冲固体激光器的亮度比太阳亮 100 亿倍以上. 激光能量在空间和时间上的高度集中,可在极小区域内产生几百万摄氏度的高温.

(3) **单色性好** 激光近乎是单一频率的理想单色光. 例如氦-氖激光器所发射的波长为 632.8 nm 的激光,其谱线的宽度 $\Delta\lambda=10^{-8}$ nm;而普通光源中单色性最好的氪灯发射波长为 605.8 nm,其谱线的宽度 $\Delta\lambda=10^{-4}$ nm. 由此可见激光是目前颜色最纯的光.

(4) **相干性好** 由于激光是工作物质在受激辐射过程中发出的光. 因此,所发出的光子频率、相位、振动方向都相同. 无论是在光源上的不同点或光源上同一点不同瞬时发出的光都是相干光,这是其他任何光源都无法比拟的.

3. 激光的应用 由于激光具有一系列优异性能,因而它在工农业、国防建设和科学研究等领域得到了广泛的应用.

(1) **激光加工** 利用激光能量在空间和时间上高度集中的特点,可对一些高熔点、高硬度的材料进行精密加工,如打孔、切割、焊接等. 利用激光切割和焊接比传统切割、焊接技术提高工效达 40 倍. 目前,人们已能够将激光束光斑的直径缩小到接近于一个蛋白质分子的大小. 利用这样的激光束可以实现用其他方法无法实现的超细金属丝的打孔和焊接. 如手表的红宝石轴承打孔. 用激光打孔不仅速度快、精度高,而且加工表面光洁. 激光焊接是使工件在局部高温小烧熔,因此它不需要焊料,这一特点在那些对污染杂质要求很高的器件焊接中十分有用,现在已有人用激光焊接心脏起搏器、人眼视网膜等,都获得了良好的效果.

在微电子技术中,有时要把几十条乃至上百条线路一次刻在直径仅 2.5 cm 的硅片上,由于激光束不仅能量高,而且可以聚焦得很细,用它来加工微电子线路,可得到非常清晰、精确的图形且加工工艺简单.

(2) **激光测量** 近代科学研究和工程技术中对长度的测量精度要求越来越高,如测量 1 m 以上的长度,要求其误差不超过 1 μm. 用通常的测量工具如米尺、游标卡尺、千分尺等根本无法达到这样高的要求. 自激光问世之后,由于它的单色性极好,亮度又高,很快就成为精密测量的理想工具.

通常用干涉法测量短距离的长度. 由于激光单色性好,经稳频后,输出稳定性高,因此可得到高清晰度的相干条纹. 测量精度可达 $10^{-7}\sim10^{-8}$.

利用激光进行长距离测量的原理是这样的:将激光对准目标发射激光脉冲,此脉冲到达目标后被反射回来,测量出它返回的时间,便可计算出发射地点距目标的距离. 设从发出信号到接收到信号所用时间为 t,光在空气中的传播速度为 c,则发射地与目标之间的距离为

$$L=\frac{1}{2}ct.$$

例如利用这种方法可以测量月球到地球的距离,其测量误差仅为几厘米.

(3) **激光导向、准直** 在生产过程和国防建设中,经常遇到需要导向和准直的问题,如高层建筑安装电梯,大型轮船调整发动机主轴、定中心线等都要遇到准直问题. 在矿井和隧道的挖掘过程中,也需要仪器给挖掘机导向,让机器按照规定的目标定向挖掘. 在军事上,利用激光方向性强、能量集中、不受电子干扰等优点,可制造杀伤力极强的激光武器. 据报道,用激光击毁将报废的人造地球卫星的试验已获成功. 利用激光制导的炸弹和炮弹的命中率是相当高的,几乎是百发百中.

(4) **激光通信** 电通信是以电磁波为载体而实现的,通信容量与电磁波的频率成正比,频率越高容量越大. 光是一种电磁波,它的频率范围在 10^{14} Hz 左右,比常用的微波频率高 $10^4\sim10^5$ 倍,因此利用光波通信是人们梦寐以求的.

早在 1880 年,人们就开始尝试用普通光源发出的光进行光通信,但因普通光源的频率极不单一,方向性也很差,能量也不够高,在大气中传播时受气候影响较大,损耗也比较大,因此不能进行远距离传输,这样光通信一直没有得到发展,激光和光导纤维的问世,使光通信得以实现.

7.6 固体的能带结构

固体主要是指晶体,是一种重要的物质形态,是当前物理学中重点研究的对象之一. 利用量子理论对固体材料尤其是半导体材料的研究,促进了现代科学技术的发展. 本节简单介绍固体的能带理论,并在此基础上介绍半导体的导电机构及半导体器件和集成电路的物理基础.

1. 固体的能带 下面简要介绍固体的能带理论.

(1) **原子中电子的运动状态与能级** 原子由带正电的原子核和带负电的电子组成. 核外电子的运动状态用 n,l,m,m_s 四个量子数来确定. 泡利不相容原理指出,在一个原子中,不可能有两个或两个以上的电子具有完全相同的四个量子数. 当原子系统处于正常状态时,电子趋于首先占有最低的能级,这一原理

称为**能量最低原理**.

原子中的电子分布是分层的,用字母K,L,M,N,…分别表示主量子数$n=1,2,3,4,\cdots$的壳层.由泡利不相容原理知,在主量子数为n的壳层上最多可容纳$2n^2$个电子.图7.21表示硅原子的壳层结构和相应的能级图.

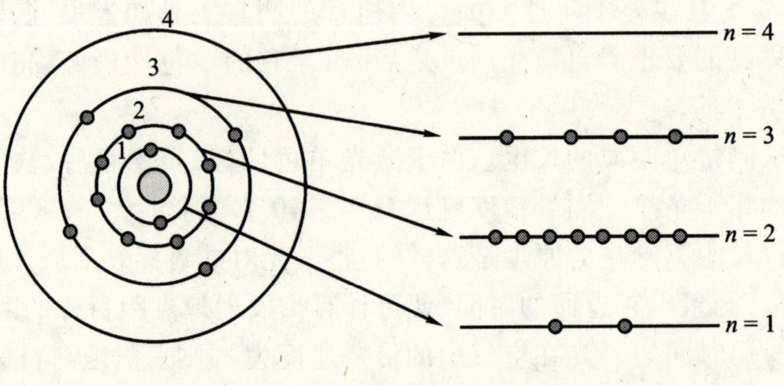

图7.21 硅原子的壳层结构和能级图

根据能量最低原理,电子总是首先占有能量较低的能级,然后占有能量较高的能级.在硅原子中有14个电子,$n=1$的能级有两个电子,$n=2$的能级有8个电子,剩下的4个电子在$n=3$的能级上,而该能级最多可容纳18个电子,这表明该能级未填满,更高的能级是空的.

未填满电子的最外壳层中的电子数目,决定了这一元素的化学性质,这些电子称为**价电子**.硅原子共有4个价电子.

(2) **固体中电子的共有化运动与能带** 当有很多原子组成晶体时,由于相邻原子之间的距离非常近,致使相邻原子的电子云相互交叠,电子可以由一个原子转移到另一个原子上去,这样的电子可以在整个晶体中运动,电子已不单属于某个原子而为晶体内所有原子共有,电子的这种运动称为**共有化运动**.

由于电子共有化运动速度有快有慢,原来单个原子中的每个能级分裂成很多个非常靠近的能级,如图7.22所示.由于两个相邻的新能级间能量差非常小,其数量级为10^{-22} eV,几乎可以认为是连续的,故称为**能带**.能带是能级分裂的结果,原子中一个能级分裂成一个能带,能带是描述晶体中电子能量的.

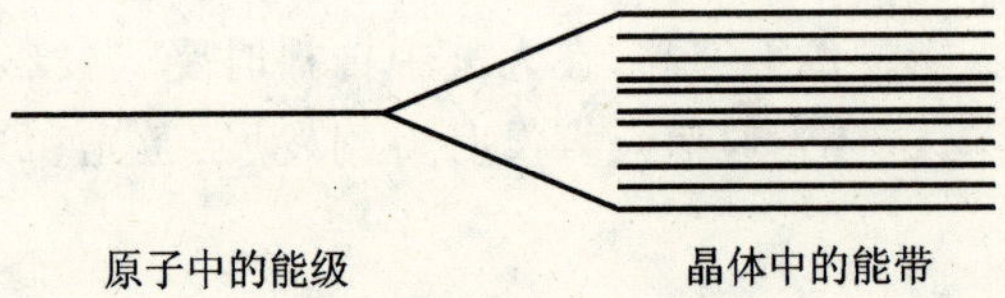

图7.22 能级的分裂

原子中的每个能级在晶体中都要分裂成一个能带,在两个相邻的能带间的间隙称为**禁带**.当两个相邻能带相互重叠时,禁带就会消失.

在有些能带中,各个能级完全被电子所占据,这种能带称为**满带**;没有电子填充的能带称为**空带**;还有的能带中一部分能级填入电子,另一部分能级未被电子填充,这样的能带称为**导带**.在外电场作用下,满带中电子不导电,导带中的电子,则可以进入能带中未被电子填充的稍高能态而形成电流.如有电子因某种因素受激进入空带,则在外电场作用下,这种电子可以在该空带内向稍高的能态移动,表现出一定的导电性.因此,导带和空带中的电子都能导电.

从能带结构来看,当温度接近热力学温度零开时,半导体和绝缘体都具有填满电子的满带和隔离满带与空带的禁带，只是绝缘体的禁带比较宽，一般为 10 eV 左右，如图 7.23 所示，即使在室温下有些电子获得一部分能量，但不足以越过禁带进入空带，因此不能导电；至于半导体，其禁带远较绝缘体的禁带窄，一般为 1 eV 左右，在室温下有一些电子越过禁带进入空带参与导电.

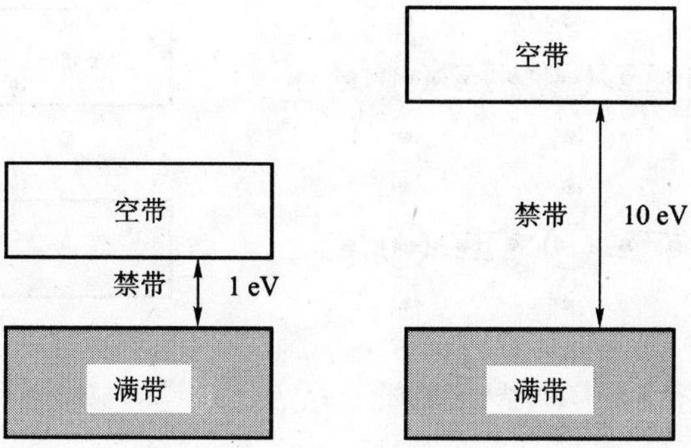

图 7.23 半导体和绝缘体的能带结构

而导体的能带结构与之完全不同，一般存在两种情况：一种是空带的下面部分能级与满带的上面部分能级紧密相接或部分重叠（如钙），因而没有禁带；另一种是能带只填入部分电子而成导带，如图 7.24 所示. 因此，在外电场的作用下，金属中的电子很容易从一个能级越入另一个能级，从而形成电流.

2. 半导体的导电机构 下面我们利用前面介绍的能带理论简要讨论本征半导体和杂质半导体的导电机构.

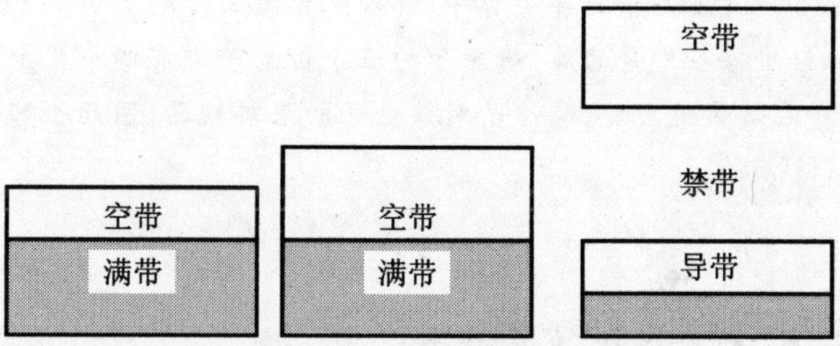

图 7.24 导体的能带结构

(1) **本征半导体的导电情况** 没有杂质和缺陷的半导体称为**本征半导体**，参与导电的是电子和空穴.

如图 7.25(a) 所示，硅原子最外层有 4 个价电子，每个硅原子与相邻的 4 个硅原子组成 4 个共价键. 当有外界作用（如光照和加热）时，有一部分电子摆脱束缚成为自由电子，同时，在原来位置留下一个空位，这个空位称为**空穴**. 电子带负电而空穴带与电子等量的正电.

在本征半导体中，空穴附近的电子填充这个空穴后，在该电子原来的位置上就会留下一个新的空穴，因此电子的运动相当于空穴的反向运动. 从这个意义上讲，空穴和电子一样都是载流子. 因此，对于本征半导体来说，在电子导电的同时，必然也有空穴导电.

从能带理论知道，半导体的满带和空带之间存在着禁带，但禁带的宽度远小于绝缘体的禁带宽度，这样在外界作用（如光照和加热）下，一部分电子就能够吸收能量从满带跃迁到空带，从而使空带具有导电性能，同时由于满带中的电子跃迁到空带，使满带出现了空穴. 一个电子从满带跃迁到空带，其结果是在空带中增加一个电子，而在满带中则出现了一个空穴，如图 7.25(b) 所示.

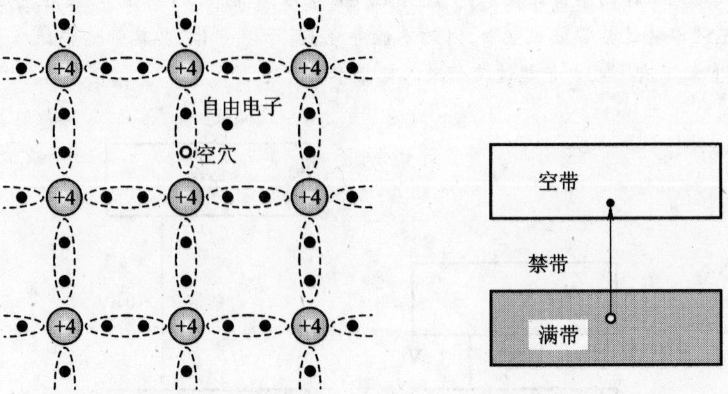

(a) 本征半导体硅的结构示意图 (b) 能带中的电子空穴对

图 7.25 本征半导体硅的导电机构

当满带中的其他电子填充空穴时，又留下新的空穴，于是在满带中形成空穴的定向移动．因此对于本征半导体，它的导电机构是电子和空穴的混合导电．

（2）**杂质半导体的导电情况** 在本征半导体中可以用扩散的方法掺入少量的其他元素的原子，这些原子对半导体而言称为杂质．掺有杂质的半导体成为**杂质半导体**．杂质半导体的导电性能较之本征半导体的导电性能有很大的改变．杂质半导体因所掺入的杂质种类不同，其导电机构也不相同，据此将杂质半导体分为两类：一类是以电子导电为主，称为 **n 型半导体**；另一类以空穴导电为主，称为 **p 型半导体**．

① **n 型半导体** 在四价元素如硅和锗半导体中，掺入少量的五价元素如磷、砷、锑等杂质，便可形成 n 型半导体．例如在半导体硅中掺入少量的磷，磷原子的五个价电子中有四个价电子和临近的硅原子形成共价键，多余的一个价电子在共价键之外，磷原子对该电子的束缚较弱，因此很容易被激发成为自由电子而参与导电，如图 7.26(a) 所示．

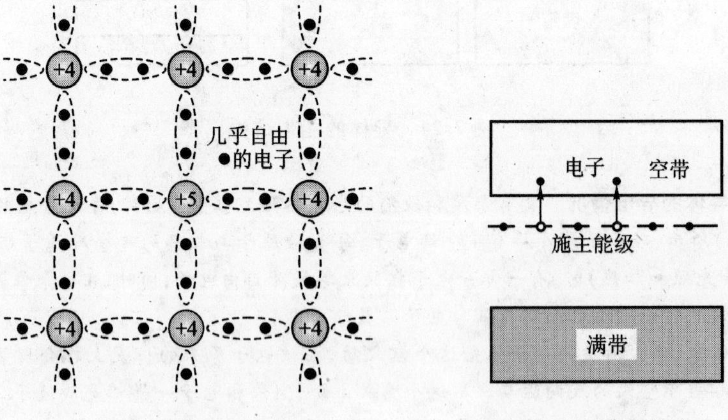

(a) n 型半导体的结构示意图 (b) n 型半导体能带简图

图 7.26 n 型半导体的导电机构

从能带理论来看，这种多余电子的能级处在禁带中，而且靠近空带，如图 7.26(b)所示，它与空带之间的能量差值仅有 0.044 eV，比硅的禁带宽度 1.1 eV 小得多．所以杂质中的电子很易被激发到空带中去参与导电，故这类杂质称为施主杂质．在常温下，空带中的自由电子浓度比同温度下的纯净半导体中自由电子浓度大很多，这就大大提高了半导体的导电性能．通常 n 型半导体又称为**电子型半导体**．

② **p 型半导体** 在四价元素如硅和锗半导体中，掺入少量的三价元素如硼、镓、铟等杂质，便可形成 p 型半导体．例如在半导体硅中掺入少量的硼，硼原子有三个价电子在与周围的硅原子形成共价键时，由于缺少一个价电子而出现空穴．这些空穴比较容易吸引附近的电子来填充，形成空穴导电，如图 7.27(a)所示．

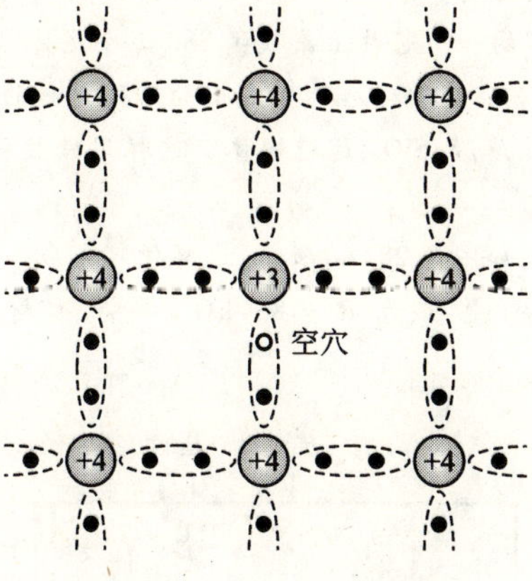

(a) p 型半导体的结构示意图

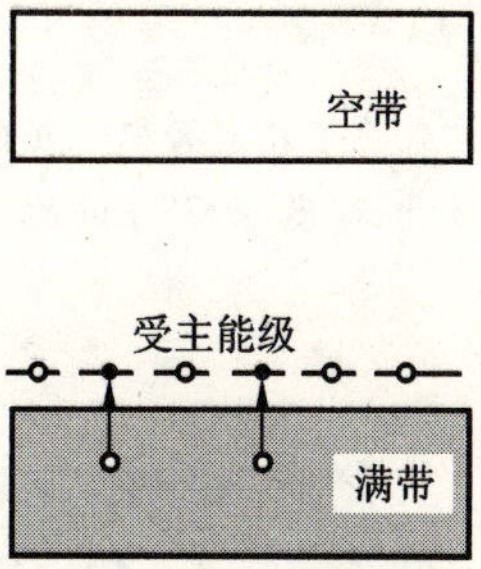

(b) p 型半导体能带简图

图 7.27 p 型半导体的导电机构

从能带理论来看，在靠近满带的禁带中存在着一些空着的杂质能级，如图 7.27(b)所示，它与满带之间的能量差值比禁带宽度小得多．在温度不很高的情况下，满带中的电子很易被激发到杂质能级上去，从而在满带中形成空穴．这种杂质收容从满带跃迁来的电子，故这类杂质称为受主杂质．在常温下，这种半导体中空穴浓度比同温度下的纯净半导体中空穴浓度增大了很多倍，其导电性能明显增加．通常 **p 型半导体**又称为**空穴型半导体**.

3. 半导体器件和集成电路 半导体作为现代科学技术的一个重要领域正以惊人的速度迅速发展，半导体器件已广泛应用于卫星、导弹、电子计算机、通信、家用电器以及自动化仪器仪表中．这不仅仅是由于它具有一定的导电性能，更重要的是，其导电能力随外界环境的变化而明显改变的特殊性质．人们正是利用半导体的导电能力容易随热、光、电、磁等作用而改变的特性制造出了品种繁多的半导体器件，如光敏、热敏、场效应以及各种各样的半导体二极管、三极管、集成电路等．

(1) **热敏电阻** 金属的电阻随温度的升高而增加，但随温度的变化不大；而半导体的电阻随温度的升高呈指数下降．这是因为随温度的升高，由于热激发使半导体中的载流子浓度显著增加的缘故．以纯硅为例，当温度由 30 ℃降到 20 ℃时，其电阻率增加一倍；而对于金属铜，即使温度增加 100 ℃，电阻的增加也不到一半．根据半导体的热敏特性将其制作成**热敏电阻**，由于半导体热敏电阻具有体积小，热惯性小，寿命长等优点被广泛用于自动控制领域．

(2) **光敏电阻** 半导体硒，在可见光照射下，其电阻随光强的增加而急剧减小．这是因为光激发使半导体中载流子浓度迅速增加的缘故．又如一个沉积在绝缘基板上的硫化镉薄膜，其暗电阻为几十兆欧，当受光照后，电阻可下降到几十千欧，阻值改变了几百倍．利用半导体的这种光敏特性可制成**光敏电阻**，它是自动控制、遥感技术中的一个非常重要的元件.

(3) **集成电路** 集成电路是在0.5 cm厚的硅芯片上生产包括电阻、电容、晶体管并将其互连在一起的一个完整的电路.这种方法代替了传统的先生产单个的电阻、电容和晶体管然后再把它们连在一起的老方法.这一技术的发明引起了电子技术的一场划时代革命,从根本上改变了人类获取信息和处理信息的手段.

第一台电子计算机诞生于1946年,这台计算机包含有18 000个真空管,每个真空管高约6 cm.这台庞大的计算机重达30t,占地170 m^2.1948年,晶体管的发明,对计算机发展作出了重大贡献,0.5 cm高的晶体管代替了6 cm高的电子管,这不仅大大缩小了计算机的体积,而且提高了计算机工作的可靠性,同时大幅度降低了计算机消耗的功率.1960年发明了集成电路,使一台计算机上所需的成千上万个逻辑门包含到一个芯片上,从而使计算机不断小型化."奔腾Ⅱ"的一个芯片上集成了880万个元件.

集成电路中的导线、电阻、电容和晶体管是由沉积在半导体硅为衬底上的不同材料的薄膜做成的.当硅在纯氧中加热到1 000 ℃以上时,其表面产生 SiO_2 薄膜,SiO_2 是绝缘体.这样用硅做衬底,就可以使部分电路绝缘.

在p型硅为衬底的芯片上沉积一n型硅的窄条,如图7.28(a)所示,这样便可形成一个电阻.例如宽为10 μm、厚为3 μm、长为25 μm的半导体条的电阻为 $R=83\ k\Omega$(半导体材料的电阻率为0.1Ω·m).

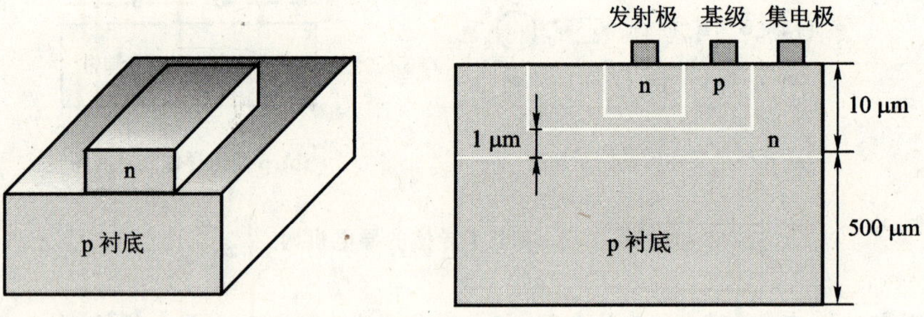

(a) 集成电路中的电阻 (b) 集成电路中的npn型三极管

图7.28 集成电路

图7.28(b)中表示一个构造在p衬底上的npn晶体管.衬底的厚度通常是薄膜厚度的50倍.芯片上每个元件的成本主要取决于它占有的面积.电阻通常比晶体管占有更大的面积,因此电阻的成本比晶体管高.这与分立元件技术相反,因此,在制作集成电路时应尽量多用晶体管,少用电阻.

小 结

一、教学要求

1. 了解微观粒子的波粒二象性.
2. 了解波函数的统计意义.
3. 了解氢原子中电子运动状态的四个量子数.
4. 了解激光产生原理及其特性

二、知识结构框图

- 量子
  - 波粒二象性
    - 光的波粒二象性 — 光电效应
    - 实物粒子波粒二象性
      - 德布罗意关系
      - 不确定关系
  - 量子论
    - 波函数　统计解释
    - 薛定谔方程
    - 氢原子量子理论　量子化　量子数
  - 激光
    - 产生
      - 粒子数反转
      - 光学谐振器
    - 特性

三、内容提要

1. 德布罗意公式

微观粒子的能量 E、动量 p 与相应的德布罗意波的频率 ν、波长 λ 之间的关系

$$E = h\nu,$$

$$p = \frac{h}{\lambda},$$

h 为普朗克常量，$h = 6.62\times10^{-34}\ \mathrm{J\cdot s}$.

2. 不确定关系

由于粒子的波动性，其位置与动量，能量与处于该能量状态的时间不能同时确定，它们之间的关系为

$$\Delta x\cdot\Delta p\geqslant\frac{\hbar}{2},\qquad \Delta E\cdot\Delta t\geqslant\frac{\hbar}{2},\qquad \hbar=\frac{h}{2\pi}$$

3. 波函数的统计意义

粒子在某处单位体积内出现的概率与粒子波函数振幅的平方 $|\psi|^2$ 成正比.

4. 描述氢原子电子运动状态的四个量子数.

(1) 主量子数 n

能量

$$E_n = -\frac{me^4}{8\varepsilon_0^2h}\cdot\frac{1}{n^2}=\frac{E_1}{n^2},\qquad n=1,2,3,\cdots$$

E_1 为基态能量. 相应于 $n=1$ 时的状态

$$E_1 = -\frac{me^4}{8\varepsilon_0^2h} = -13.6\ \mathrm{eV}.$$

(2) 角量子数 l

角动量

$$L=\sqrt{l(l+1)}\hbar, \qquad l=0,1,2,\cdots,(n-1).$$

(3) 磁量子数 m

角动量在 z 轴的投影

$$L_z=m\hbar, \qquad m=0,\pm1,\pm2,\cdots,\pm l.$$

(4) 自旋磁量子数 m_s

电子自旋角动量在 z 轴的投影

$$S_z=m_s\hbar, \qquad m_s=\pm\frac{1}{2}.$$

5. 自发辐射与受激辐射

自发辐射　在没有外界作用下,处于高能级的原子自发跃迁到低能级而辐射光子的过程.

受激辐射　在外来光子激励下,处于高能级的原子跃迁到低能级而辐射一个与之完全相同(频率、振动方向,传播方向及相位均相同)的光子的过程.

辐射光子能量 $h\nu$ 等于跃迁前后能级差

$$h\nu=E_2-E_1.$$

6. 激光

(1) 粒子数反转　处于较高能级的粒子数比处于较低能级粒子数多的状态.

(2) 光学谐振腔　实现光的持续放大.

(3) 激光特性　方向性强、亮度高、单色性好.相干程度高.

练 习 题

选择题

7.1 当光照射到金属上并产生光电效应时,所发射的光电子的最大初动能将(　　)

(A) 随光的振幅改变而改变

(B) 随光强改变而改变

(C) 随光的频率改变而改变

(D) 无确定的变化规律

7.2 戴维逊-革末实验中,用电子射向晶体表面,该实验(　　)

(A) 测定了电子的荷质比

(B) 证实了电子的波动性

(C) 确定了光电效应的真实性

(D) 证明了原子能级的存在

7.3 若两种不同质量的粒子的德布罗意波长相同,则其(　　)

(A) 动量大小相同

(B) 能量相同

(C) 速度大小相同

(D) 频率相同

7.4 不确定关系式 $\Delta x\cdot\Delta p_x\geqslant\hbar$ 表示在 x 方向上(　　)

(A) 粒子的位置不能确定

(B) 粒子的动量不能确定

(C) 粒子的位置和动量都不能确定

(D) 粒子的位置和动量不能同时确定

7.5 在一维定态薛定谔方程中(　　)

(A) 波函数 ψ 是随时间变化的

(B) 能量 E 是随时间变化的

(C) 能量 E 是不随时间变化的

(D) 势能 U 是随时间变化的

7.6 若某一光子与一个电子的波长相等,则其(　　)

(A) 动量值不等,总能量相等

(B) 动量值相等,总能量相等

(C) 动量值不等,总能量不等

(D) 动量值相等,总能量不等

7.7 在实现了粒子数反转分布的情况下,高能级的粒子数 N_2,与低能级的粒子数 N_1 的关系为(　　)

(A) $N_2>N_1$

(B) $N_2<N_1$

(C) $N_2=N_1$

(D) 无确定关系

计算题

7.8 钨的逸出功是 4.52 eV,钡的逸出功是 2.50 eV,分别计算钨和钡的截止频率,并说明哪一种金属可以用作可见光范围内的光电管阴极材料?

7.9 已知一粒子的静止质量为 6.68×10^{-27} kg,若其运动速度为 5 000 km · s^{-1},则其德布罗意波长为多少?

7.10 求动能为 1.0 eV 的电子的德布罗意波长.

7.11 电子位置的不确定量为 5.00×10^{-2} nm 时,其速度的不确定量为多少?

7.12 一质量为 10^{-9}kg 的尘埃,其德布罗意波长为 10^{-6}m.求尘埃的(1)动量;(2) 动能;(3) 对尘埃的动能和温度在 $T=300$ K 下的气体分子的平均动能进行比较;(4) 评述测量尘埃德布罗意波长的可能性.

7.13 一运动电子的德布罗意波长为 0.360 Å,求(1) 电子的速度;(2) 要使电子静止,应在两栅极间加多大电压?

7.14 热中子的速度由 $v=\sqrt{\dfrac{3kT}{m}}$(k 为玻尔兹曼常量)给出,求温度为 300 K 的热中子的德布罗意波长.中子质量为 1.67×10^{-27}kg.

7.15 由能量为 250 eV 的电子组成的粒子束入射到狭缝间距为 $d=1.0$ μm 的双缝上,求在距离双缝系统1.0 m的屏幕上观察到强度极大和相邻强度极小之间的距离.

7.16 电视机显像管中电子的速率为 5×10^7m/s,电子枪枪口直径取 0.1 mm,求电子射出电子枪后的速度不确定量.

7.17　氢原子的大小可用玻尔半径 a_0 来表示，$a_0=0.053\ \mathrm{nm}$，电子坐标的不确定量大体同原子大小相同，请估算氢原子电子的动能.

7.18　概率是无单位的量.(1) 求概率密度 $|\psi|^2$ 的单位;(2) ψ 的单位;(3) 一维粒子波函数 $\psi(x)$ 的单位.

* **7.19**　证明薛定谔方程两边的单位是一致的.

* **7.20**　动能均为 4 MeV 的质子束和氘核束，入射到高 10 MeV 厚为 10^{-12} cm 的矩形势垒上(1) 从物理原理推测，哪种粒子贯穿势垒的概率大一些;(2) 求每种粒子束的透射系数.

7.21　求出当氢原子从 $n=3$ 跃迁到 $n=1$ 的状态时，它所发射的光的能量.动量和波长各为多少?

* **7.22**　玻尔磁子 $\mu_B=\dfrac{e\hbar}{2m_e}$ 在量子物理中常作为磁矩单位，求 μ_B 的值.

附录 A 矢量代数基本知识

1. 矢量 具有大小和方向，并遵从平行四边形加法法则的物理量，称为**矢量**，如力、速度、加速度、电场强度、磁感应强度，等.

矢量的符号（代数表示）书写时用带箭头的细体字母，如 $\vec{A}$；印刷上用黑体字母，如 $\boldsymbol{A}$.

矢量的图像（几何表示）是如图 A.1 所示的有向线段，线段的长度（用单位长度度量）表示矢量的大小，箭头方向表示矢量的方向.

矢量 $\boldsymbol{A}$ 的大小，称为 $\boldsymbol{A}$ 的**模**（或绝对值），记作 $|\boldsymbol{A}|$ 或 A，它对应于有向线段的长度，恒为非负量. 模等于 1 的矢量，称为单位矢量. 在直角坐标系 $Oxyz$ 中沿 x、y、z 轴正向的**单位矢量**，分别记为 $\boldsymbol{i}$、$\boldsymbol{j}$、$\boldsymbol{k}$. 模等于零的矢量，称为零矢量，可用数字 $\boldsymbol{0}$ 来表示它.

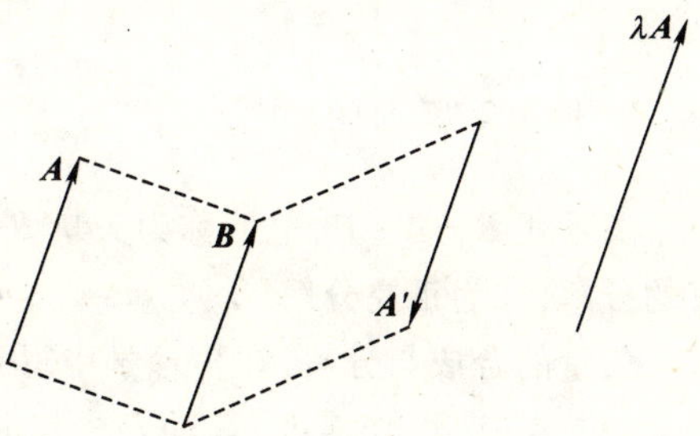

图 A.1 矢量及其比较

当矢量 $\boldsymbol{A}$ 和 $\boldsymbol{B}$ 大小相等方向相同时，称此二矢量**相等**，即有 $\boldsymbol{A}=\boldsymbol{B}$，$\boldsymbol{B}=\boldsymbol{A}$. 图 A.1 中的矢量 $\boldsymbol{A}$ 和 $\boldsymbol{B}$ 便是相等的. 因此两矢量相等，并不意味着该二矢量一定相重合. 显然，若矢量在空间平移一段距离，其大小、方向均保持不变，这一性质称为**矢量的平移不变性**.

矢量 $\boldsymbol{A}$ 与实数 λ 的乘积，记为 $\lambda\boldsymbol{A}$，也是一个矢量，其模 $|\lambda\boldsymbol{A}|=|\lambda|A$. $-\boldsymbol{A}$ 称为 $\boldsymbol{A}$ 的**负矢量**，它与 $\boldsymbol{A}$ 大小相等但方向相反. 如图 A.1 中的 $\boldsymbol{A}'$ 和 $\boldsymbol{A}$ 便互为负矢量，即有 $\boldsymbol{A}'=-\boldsymbol{A}$，$\boldsymbol{A}=-\boldsymbol{A}'$.

矢量 $\boldsymbol{A}/A$ 是 $\boldsymbol{A}$ 的单位矢量，它表示了 $\boldsymbol{A}$ 的方向，因此，

$$\boldsymbol{A}=\boldsymbol{B}\Leftrightarrow|\boldsymbol{A}|=|\boldsymbol{B}| \text{ 且 } \boldsymbol{A}/A=\boldsymbol{B}/B, \tag{A.1}$$

符号"⇔"表示等价.

2. 矢量的合成与分解 矢量的**合成**又称为矢量的**相加**. 设矢量 $\boldsymbol{R}$ 为矢量 $\boldsymbol{A}$ 和 $\boldsymbol{B}$ 的合成，则表达为

$$\boldsymbol{R}=\boldsymbol{A}+\boldsymbol{B}. \tag{A.2}$$

称 $\boldsymbol{R}$ 为 $\boldsymbol{A}$ 和 $\boldsymbol{B}$ 的**合矢量**或**矢量和**.

矢量合成（加法）的三角形定则：以 $\boldsymbol{A}$ 的终点作为 $\boldsymbol{B}$ 的起点，则从 $\boldsymbol{A}$ 的起点到 $\boldsymbol{B}$ 的终点所作的矢量 $\boldsymbol{R}$，即为 $\boldsymbol{A}$ 和 $\boldsymbol{B}$ 的合矢量. 三角形法则是平行四边形法则的等价表达，它可推广为如图 A.3（$n=4$）所示的多边形法则，一般表达式为

$$\boldsymbol{R}=\boldsymbol{A}_1+\boldsymbol{A}_2+\cdots+\boldsymbol{A}_n. \tag{A.3}$$

图 A.2 中的矢量 $\boldsymbol{A}$，可表示为 $\boldsymbol{R}$ 与 $-\boldsymbol{B}$（$\boldsymbol{B}$ 的负矢量）的合成，如图 A.4 所示. $\boldsymbol{A}=\boldsymbol{R}+(-\boldsymbol{B})$，简记为

$$\boldsymbol{A} = \boldsymbol{R} - \boldsymbol{B}, \tag{A.4}$$

这就是矢量的**相减**,并称 $\boldsymbol{R}-\boldsymbol{B}$ 为**矢量差**. 可见,矢量的减法同样可利用三角形定则来进行.

矢量加法具有如下运算性质:

交换律 $$\boldsymbol{A}+\boldsymbol{B}=\boldsymbol{B}+\boldsymbol{A}. \tag{A.5}$$

结合律 $$(\boldsymbol{A}+\boldsymbol{B})+\boldsymbol{C}=\boldsymbol{A}+(\boldsymbol{B}+\boldsymbol{C}). \tag{A.6}$$

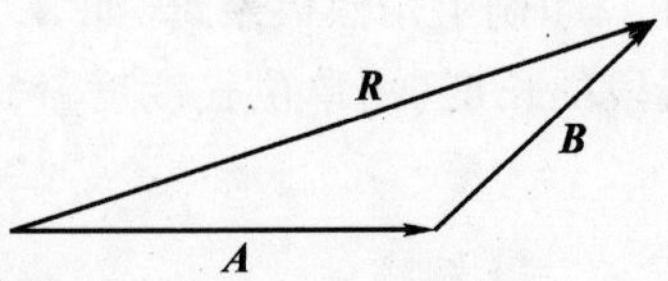

图 A.2 三角形定则

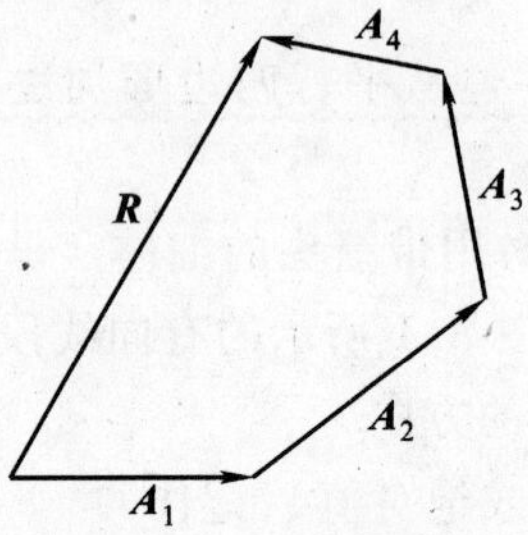

图 A.3 多边形定则

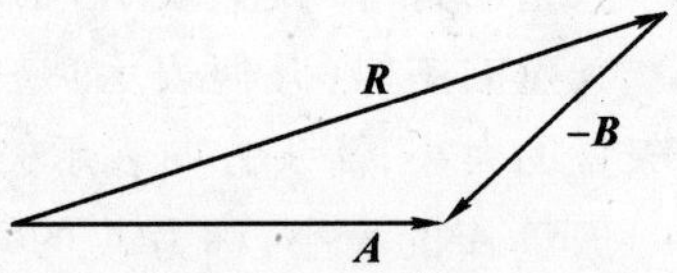

图 A.4 矢量减法

关系式 $\boldsymbol{R}=\boldsymbol{A}+\boldsymbol{B}$,也可称为矢量 $\boldsymbol{R}$ 的**分解**,并称 $\boldsymbol{A}$ 和 $\boldsymbol{B}$ 为 $\boldsymbol{R}$ 的**分矢量**. 分矢量相互垂直的分解,称为**正交分解**.

矢量的合成与分解,在物理学中得到了广泛的应用,如力、动量、电场强度、磁感应强度、运动(位移、速度、加速度)等的合成与分解.

3. 矢量的解析表示 矢量 $\boldsymbol{A}$ 的终点和起点对同一坐标轴的坐标值之差,称为 $\boldsymbol{A}$ 在该坐标上的**分量**(又称为**投影**). 如图 A.5 所示,若单位矢量 $\boldsymbol{i}$、$\boldsymbol{j}$、$\boldsymbol{k}$ 与矢量 $\boldsymbol{A}$ 的夹角分别为 α、β、γ(它们统称为**方向角**),则 $\boldsymbol{A}$ 的三个分量分别为

$$A_x = A\cos\alpha, \quad A_y = A\cos\beta, \quad A_z = A\cos\gamma. \tag{A.7}$$

随方向角的不同,分量可以取正值,负值或零.

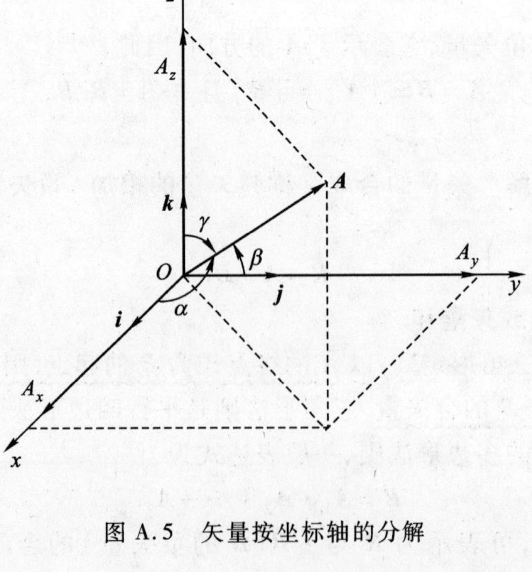

图 A.5 矢量按坐标轴的分解

矢量 $\boldsymbol{A}$ 在直角坐标系中按坐标轴的正交分解，称为 $\boldsymbol{A}$ 的**解析表示**(解析表达式). 图 A.5中 $\boldsymbol{A}$ 的解析表示为

$$\boldsymbol{A}=\boldsymbol{A}_x+\boldsymbol{A}_y+\boldsymbol{A}_z=A_x\boldsymbol{i}+A_y\boldsymbol{j}+A_z\boldsymbol{k},\tag{A.8}$$

其中 $\boldsymbol{A}_x=A_x\boldsymbol{i},\boldsymbol{A}_y=A_y\boldsymbol{j},\boldsymbol{A}_z=A_z\boldsymbol{k}$.

分矢量和分量是密切相关又有重大差别的不同概念. 分量的绝对值总是等于分矢量的大小. 一分量取正(负)值时表明对应的分矢量与坐标轴正向同(反)向.

利用矢量的解析表示，矢量的一些性质和运算可表达如下(其中 λ 为实数)：

$$A=|\boldsymbol{A}|=\sqrt{A_x^2+A_y^2+A_z^2},\tag{A.9}$$

$$\lambda\boldsymbol{A}=\lambda A_x\boldsymbol{i}+\lambda A_y\boldsymbol{j}+\lambda A_z\boldsymbol{k},\tag{A.10}$$

$$\boldsymbol{A}/A=\cos\alpha\,\boldsymbol{i}+\cos\beta\,\boldsymbol{j}+\cos\gamma\,\boldsymbol{k},\tag{A.11}$$

$$\boldsymbol{A}=\boldsymbol{B}\Leftrightarrow A_x=B_x\text{ 且 }A_y=B_y\text{ 且 }A_z=B_z,\tag{A.12}$$

$$\boldsymbol{A}\pm\boldsymbol{B}=(A_x\pm B_x)\boldsymbol{i}+(A_y\pm B_y)\boldsymbol{j}+(A_z\pm B_z)\boldsymbol{k}.\tag{A.13}$$

式(A.12)等价号⇔右边的几个等式，称为矢量等式的**分量表达式**. 式(A.13)表明，矢量的加减运算，归结为对应分量之间的加减运算，即若 $\boldsymbol{R}=\boldsymbol{A}\pm\boldsymbol{B}$，则有分量表达式

$$R_x=A_x\pm B_x\quad R_y=A_y\pm B_y\quad R_z=A_z\pm B_z.\tag{A.14}$$

平面上矢量加法(合成)的解析说明，如图 A.6 所示.

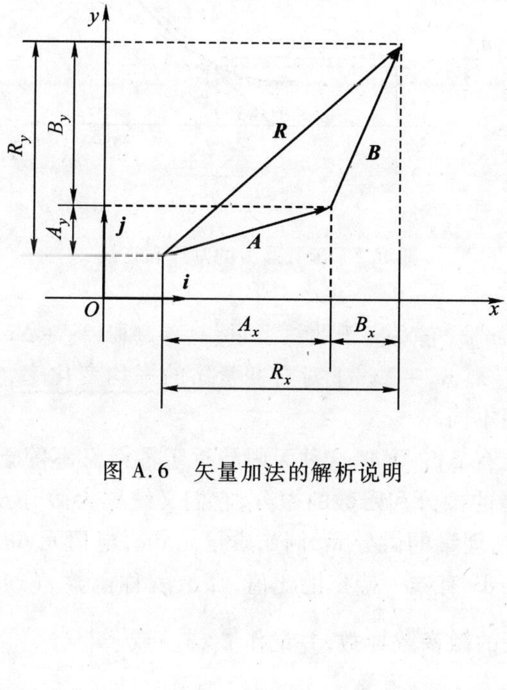

图 A.6　矢量加法的解析说明

附录 B　一元微积分基本知识

本附录以较直观、不严格的方式，介绍一元（单变量）函数的微积分的一些要点；所说的函数，均指初等函数.

1. 导数　当变量 x 由 x_1 变到 x_2 时，后者与前者之差 x_2-x_1，称为变量 x 的增量，记为 Δx，即有 $\Delta x=x_2-x_1$. 显然，增量并非总是大于零.

如图 B.1 所示，对于一元函数 $y=f(x)$，当自变量 x 在 x_0 处取增量 Δx 时，因变量 y 也在 $y_0=f(x_0)$ 处取增量，即

$$\Delta y=f(x_0+\Delta x)-f(x_0).$$

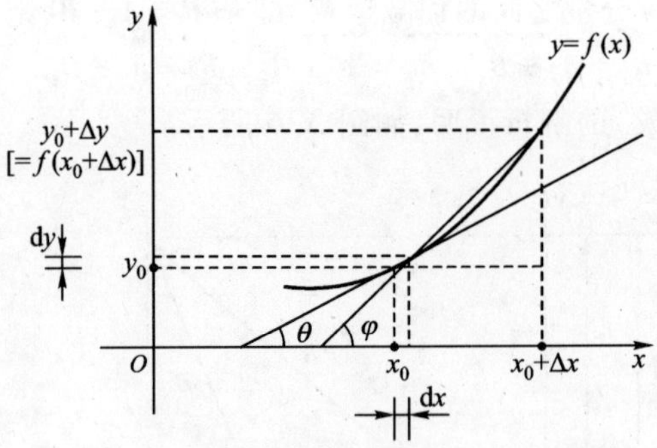

图 B.1　函数曲线的割线和切线

两增量的比值 $\Delta y/\Delta x=\tan\varphi$，它对应于曲线上过 (x_0,y_0) 和 $(x_0+\Delta x,y_0+\Delta y)$ 两点的割线的斜率，表示了函数在区间 $[x_0,x_0+\Delta x]$ 上对自变量 x 的平均变化率，显然，$\Delta y/\Delta x$ 不仅随 x_0，也随 Δx 的取法的不同而不同.

当增量 $\Delta x\to 0$ 时，也有 $\Delta y\to 0$. 把这种无限趋近于零但又不等于零的增量，分别记为 $\mathrm{d}x$ 和 $\mathrm{d}y$，并分别称为**自变量的微分**和**函数的微分**，它们又统称为微分元，或微分、微元.

物理学中广泛应用物理量的微分元，例如质量元 $\mathrm{d}m$，电荷元 $\mathrm{d}q$，面积元 $\mathrm{d}S$ 等.

如果两微分之商 $\mathrm{d}y/\mathrm{d}x$ 有唯一确定的比值，那么就称函数 $f(x)$ 在 x_0 处**可微**或**可导**，该比值则称为 $f(x)$ 在 x_0 处的**微商**或**导数**，并记作 $f'(x_0)$ 或 $\left.\frac{\mathrm{d}y}{\mathrm{d}x}\right|_{x=x_0}$.

微商和增量比的关系，表达为

$$f'(x_0)=\left.\frac{\mathrm{d}y}{\mathrm{d}x}\right|_{x=x_0}=\lim_{\Delta x\to 0}\frac{\Delta y}{\Delta x}=\lim_{\Delta x\to 0}\frac{f(x_0+\Delta x)-f(x_0)}{\Delta x}. \tag{B.1}$$

如图 B.1 所示，微商 $f'(x_0)=\tan\theta$，它对应于函数曲线在 (x_0,y_0) 点的切线的斜率，表示了函数在 x_0 处的"瞬间"变化率. 微商和增量比的关系，正如瞬时速率和平均速率、瞬时功率和

平均功率的关系一样.

若函数在某一区间内各点处处可导,则各点的导数也构成为一个函数,称之为**导函数**,也常简称为导数,记为 $f'(x)$ 或 $\mathrm{d}y/\mathrm{d}x$,即有

$$f'(x)=\frac{\mathrm{d}y}{\mathrm{d}x}=\lim_{\Delta x\to 0}\frac{\Delta y}{\Delta x}=\lim_{\Delta x\to 0}\frac{f(x+\Delta x)-f(x)}{\Delta x},\tag{B.2}$$

符号“$'$”是微商运算$\left(\frac{\mathrm{d}}{\mathrm{d}x}\right)$的简写,因而 $f'(x)$ 也可记为 y' 或 $[f(x)]'$.

跟一般代数运算一样,包含微分元的等式两边或分式上下,也可同时乘上或除以同一微分元,而保持结果不变. 式(B.2)的两边同乘 $\mathrm{d}x$,就得到函数微分的表达式

$$\mathrm{d}y=f'(x)\,\mathrm{d}x.\tag{B.3}$$

这一表达式从图 B.1 来看也是显然成立的.

$y=f(x)$ 的导函数 $f'(x)$ 的导函数,记作 $f''(x)$ 或 $\frac{\mathrm{d}^2y}{\mathrm{d}x^2}$,称为 $y=f(x)$ 的**二阶导数**,$f''(x)$ 和 $f'(x)$ 的关系,如同瞬时加速度和瞬时速度的关系一样.

2. 导数的运算 一些简单函数的导数,可由导数的定义式直接求出. 常用结果见表 B.1.

表 B.1 导数和不定积分的公式对照表

导数公式	不定积分公式
$(kx)'=k$	$\int k\mathrm{d}x=kx$
$(x^{\mu})'=\mu x^{\mu-1}$	$\int x^{\mu}\mathrm{d}x=\frac{1}{\mu+1}x^{\mu+1}\ (\mu\neq -1)$
$(\ln x)'=\frac{1}{x}$	$\int \frac{1}{x}\mathrm{d}x=\ln x$
$(\mathrm{e}^{\mu x})'=\mu \mathrm{e}^{\mu x}$	$\int \mathrm{e}^{\mu x}\mathrm{d}x=\frac{1}{\mu}\mathrm{e}^{\mu x}\ (\mu\neq 0)$
$(a^{x})'=a^{x}\ln a$	$\int a^{x}\mathrm{d}x=\frac{1}{\ln a}a^{x}\ (a>0,a\neq 1)$
$(\sin x)'=\cos x$	$\int \cos x\mathrm{d}x=\sin x$
$(\cos x)'=-\sin x$	$\int \sin x\mathrm{d}x=-\cos x$
$(\tan x)'=\sec^2 x$	$\int \sec^2 x\mathrm{d}x=\mathrm{tg}\ x$
$(\cot x)'=-\csc^2 x$	$\int \csc^2 x\mathrm{d}x=-\cot x$

例 B.1 常数函数的导数 常数函数 $f(x)=k$ 的图像,是一平行于 x 轴的直线,任一点的切线斜率均为零,就是说其导函数为零,运算式为

$$f'(x)=\lim_{\Delta x\to 0}\frac{k-k}{\Delta x}=0,$$

即有 $k'=0$.

例 B.2 幂函数的导数 幂函数 x^n(n 为≥1 的整数)在 $x=x_0$ 处的导数的运算式为

$$f'(x_0)=\lim_{\Delta x\to 0}\frac{f(x_0+\Delta x)-f(x_0)}{\Delta x}$$

$$= \lim_{\Delta x\to 0}\frac{(x_0+\Delta x)^n - x_0^n}{\Delta x}$$

$$= \lim_{\Delta x\to 0}\left[nx_0^{n-1} + \binom{n}{2}x_0^{n-2}(\Delta x) + \binom{n}{3}x_0^{n-3}(\Delta x)^2 + \cdots + (\Delta x)^{n-1}\right]$$

$$= nx_0^{n-1}.$$

由于 $\Delta x\to 0$,所以上面方括号内除第一项外,其余各项均可舍弃,把以上结果中的 x_0 换为 x,即有

$$(x^n)' = nx^{n-1}.$$

例 B.3 正弦函数的导数 $\sin x$ 的导数的运算式为

$$(\sin x)' = \lim_{\Delta x\to 0}\frac{\sin(x+\Delta x)-\sin x}{\Delta x}$$

$$= \lim_{\Delta x\to 0}\frac{1}{\Delta x}2\cos\left(x+\frac{\Delta x}{2}\right)\sin\frac{\Delta x}{2}$$

$$= \lim_{\Delta x\to 0}\cos\left(x+\frac{\Delta x}{2}\right)\cdot\frac{\sin\frac{\Delta x}{2}}{\Delta x/2}$$

$$= \cos x.$$

这里,当 $\Delta x\to 0$ 时,和项中 $\Delta x/2$ 相对 x 可以舍弃;另一方面,当 $\theta\to 0$ 时,如图 B.2 所示,圆弧 s 和垂线 h 也趋于一致,因而可取 $h/r = s/r$,即可取 $\sin\theta = \tan\theta = \theta$.

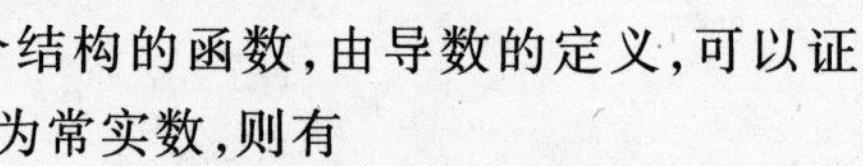

图 B.2 微小圆心角 θ 所对的边(h)和圆弧 s

概括起来,求导运算的要点是:作出必要的恒等式变换之后,根据 $\Delta x\to 0$ 这一条件,舍弃可舍的和项,消去可消的因子,就可得出导函数.

对包含四则运算或复合结构的函数,由导数的定义,可以证明它们满足如下的运算性质.设 $u=u(x)$,$v=v(x)$,k 为常实数,则有

$$(ku)' = ku', \tag{B.4}$$

$$(u\pm v)' = u' \pm v', \tag{B.5}$$

$$(uv)' = u'v + v'u, \tag{B.6}$$

$$\left(\frac{u}{v}\right)' = \frac{u'v - v'u}{v^2}\quad (v\neq 0). \tag{B.7}$$

若 $y=f(u)$,$u=g(x)$,则称 $y=f[g(x)]$ 为 x 的**复合函数**.复合函数的导数,等于函数对中间变量的导数乘上中间变量对自变量的导数,即有

$$\frac{dy}{dx} = \frac{dy}{du}\cdot\frac{du}{dx}. \tag{B.8}$$

例 B.4 复合函数求导简例 $\sin^2 x$ 即为 x 的复合函数,其导数为

$$\frac{\mathrm{d}(\sin^2 x)}{\mathrm{d}x}=\frac{\mathrm{d}(\sin^2 x)}{\mathrm{d}(\sin x)}\cdot\frac{\mathrm{d}(\sin x)}{\mathrm{d}x}$$
$$=2\sin x\cos x=\sin 2x.$$

3. 变矢量的导数　随时间 t 变化的矢量,称为**变矢量**,否则称为常矢量.

按照矢量的解析表示和加减法,变矢量

$$\boldsymbol{A}(t)=A_x(t)\boldsymbol{i}+A_y(t)\boldsymbol{j}+A_z(t)\boldsymbol{k}$$

的增量,如图 B.3 所示可表为

$$\Delta\boldsymbol{A}=\boldsymbol{A}(t+\Delta t)-\boldsymbol{A}(t)=\Delta A_x\boldsymbol{i}+\Delta A_y\boldsymbol{j}+\Delta A_z\boldsymbol{k},\qquad(\text{B.9})$$

其中 $\Delta A_x=A_x(t+\Delta t)-A_x(t)$,$\Delta A_y=A_y(t+\Delta t)-A_y(t)$,$\Delta A_z=A_z(t+\Delta t)-A_z(t)$.

当 $\Delta t\to 0$ 时,变矢量 $\boldsymbol{A}(t)$ 的微分为

$$\mathrm{d}\boldsymbol{A}=\mathrm{d}A_x\boldsymbol{i}+\mathrm{d}A_y\boldsymbol{j}+\mathrm{d}A_z\boldsymbol{k},\qquad(\text{B.10})$$

因此,根据式(B.10),变矢量 $\boldsymbol{A}(t)$ 的导数为

$$\frac{\mathrm{d}\boldsymbol{A}}{\mathrm{d}t}=\frac{\mathrm{d}A_x}{\mathrm{d}t}\boldsymbol{i}+\frac{\mathrm{d}A_y}{\mathrm{d}t}\boldsymbol{j}+\frac{\mathrm{d}A_z}{\mathrm{d}t}\boldsymbol{k}.\qquad(\text{B.11})$$

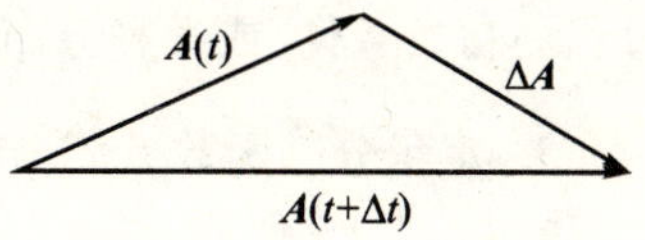

图 B.3　变矢量 $\boldsymbol{A}$ 的增量 $\Delta\boldsymbol{A}$

同理,设 $\boldsymbol{B}=\mathrm{d}\boldsymbol{A}/\mathrm{d}t$,$\boldsymbol{A}(t)$ 对 t 的二阶导数为

$$\frac{\mathrm{d}^2\boldsymbol{A}}{\mathrm{d}t^2}=\frac{\mathrm{d}\boldsymbol{B}}{\mathrm{d}t}=\frac{\mathrm{d}B_x}{\mathrm{d}t}\boldsymbol{i}+\frac{\mathrm{d}B_y}{\mathrm{d}t}\boldsymbol{j}+\frac{\mathrm{d}B_z}{\mathrm{d}t}\boldsymbol{k}$$
$$=\frac{\mathrm{d}^2A_x}{\mathrm{d}t^2}\boldsymbol{i}+\frac{\mathrm{d}^2A_y}{\mathrm{d}t^2}\boldsymbol{j}+\frac{\mathrm{d}^2A_z}{\mathrm{d}t^2}\boldsymbol{k}.$$

总之,变矢量的求导运算归结为对其分量的求导运算.

4. 不定积分　若 $f(x)=F'(x)$,则称 $F(x)$ 为 $f(x)$ 的**原函数**.求已知函数 $f(x)$ 的原函数的运算,是求导运算的逆运算,称为**不定积分**,表示为 $\int f(x)\,\mathrm{d}x$,它和原函数 $F(x)$ 的关系式为

$$\int f(x)\,\mathrm{d}x=F(x)+C,\qquad(\text{B.12})$$

其中 $\int$ 称为积分号,$f(x)$ 称为**被积函数**,x 称为**积分变量**,$f(x)\,\mathrm{d}x$ 称为被积式,常数 C 称为**积分常数**.

因若有 $F'(x)=f(x)$,则也有 $[F(x)+C]'=f(x)$,所以原函数并不唯一,可以相差任意一个常数,故称运算式 $\int f(x)\,\mathrm{d}x$ 为不定积分.简单函数的不定积分,可由定义求出.常用结果见表 B.1

例 B.5　幂函数的不定积分　函数 $f(x)=kx^n$(n 为 $\geqslant 1$ 的整数)的不定积分为

$$\int kx^n\,\mathrm{d}x=\frac{k}{n+1}x^{n+1}+C.$$

要验证一不定积分的运算结果是否正确,只要对其结果求导,若得被积函数,便表明结果是正确的.显然,上面的运算是成立的.

根据不定积分的定义,可以证明它满足如下的运算性质(其中 k 为 $\neq 0$ 的常数):

$$\int kf(x)\,\mathrm{d}x = k\int f(x)\,\mathrm{d}x, \tag{B.13}$$

$$\int [f(x) \pm g(x)]\,\mathrm{d}x = \int f(x)\,\mathrm{d}x \pm \int g(x)\,\mathrm{d}x, \tag{B.14}$$

$$\left[\int f(x)\,\mathrm{d}x\right]' = f(x), \tag{B.15}$$

$$\int F'(x)\,\mathrm{d}x = \int \mathrm{d}F(x) = F(x) + C. \tag{B.16}$$

表 B.1 以对照的方式,给出最基本的导数和不定积分公式.为简洁起见,不定积分公式中省略了积分常数;表中 k、a、μ 等均为实常数;另一常数 e 将在定积分部分讨论.

在物理问题的不定积分式中,积分常数也具有一定的物理意义,它常常反映了运动变化过程的初始条件,或某种分布的边界条件等.

5. 定积分 函数 $f(x)=kx$ 及其原函数 $F(x)=\frac{1}{2}kx^2$ 的图像,分别见图 B.4 和图 B.5. 等式 $f(x)\,\mathrm{d}x=\mathrm{d}F(x)$ 的左边,$f(x)\,\mathrm{d}x$ 对应于图 B.4 中带斜线的面积元,而右边 $\mathrm{d}F(x)$ 对应于图 B.5 中纵轴上的线元(图像的高度差).图 B.4 中梯形 $abMP$ 的面积(区间 $[a,b]$ 上所有面积元的和)为

$$\frac{1}{2}(kb+ka)(b-a)=\frac{1}{2}kb^2-\frac{1}{2}ka^2$$

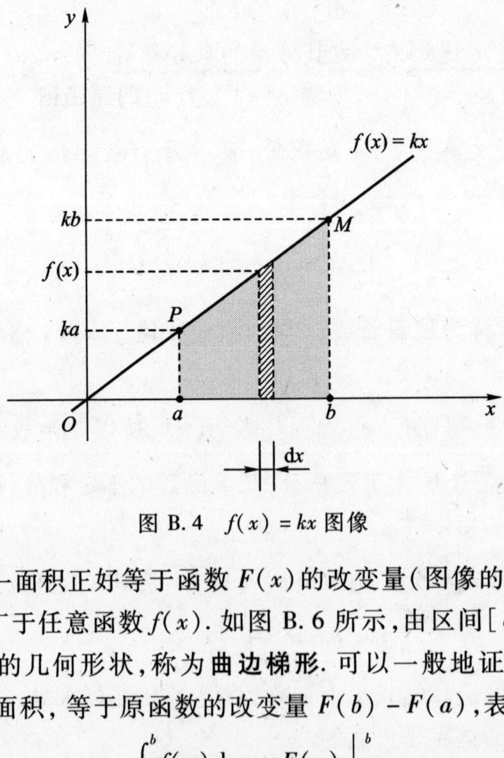

图 B.4 $f(x)=kx$ 图像

由图 B.5 可以看出,这一面积正好等于函数 $F(x)$ 的改变量(图像的高度差)$F(b)-F(a)$.

以上的讨论,可推广于任意函数 $f(x)$.如图 B.6 所示,由区间 $[a,b]$,垂直线 Mb、Pa,以及函数曲线段 PM 形成的几何形状,称为**曲边梯形**.可以一般地证明,若 $f(x)$ 的原函数为 $F(x)$,则该曲边梯形的面积,等于原函数的改变量 $F(b)-F(a)$,表达式为

$$\begin{aligned}\int_a^b f(x)\,\mathrm{d}x &= F(x)\Big|_a^b \\ &= F(b)-F(a).\end{aligned} \tag{B.17}$$

式$\int_a^b f(x)\mathrm{d}x$,称为$f(x)$从$x=a$到$x=b$的**定积分**,a和b分别称为积分下限和积分上限,$[a,b]$也称为积分区间.

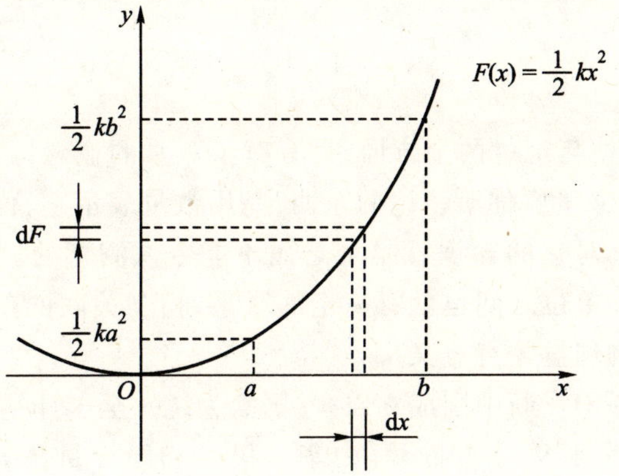

图B.5　$F(x)=\frac{1}{2}kx^2$图像

定积分可给出函数曲线和自变量区间所限定的曲边梯形面积,这就是定积分的几何意义. 在物理学中,定积分可用于计算一物理量在空间或时间上的积累效果. 如求变速运动的位移,变力的功或冲量等等. 功是作用力在空间上的积累效果,冲量则是作用力在时间上的积累效果.

根据定积分表达式,容易证明如下的运算性质:

$$\int_a^b f(x)\mathrm{d}x=-\int_b^a f(x)\mathrm{d}x, \tag{B.18}$$

$$\int_a^b kf(x)\mathrm{d}x=k\int_a^b f(x)\mathrm{d}x\quad(k\text{ 为常数}), \tag{B.19}$$

$$\int_a^b f(x)\mathrm{d}x=\int_a^c f(x)\mathrm{d}x+\int_c^b f(x)\mathrm{d}x, \tag{B.20}$$

$$\int_a^b [f(x)\pm g(x)]\mathrm{d}x=\int_a^b f(x)\mathrm{d}x\pm\int_a^b g(x)\mathrm{d}x. \tag{B.21}$$

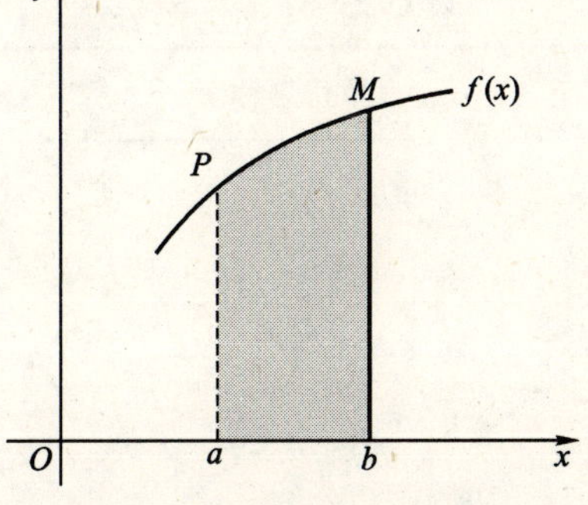

图B.6　函数曲线和曲边梯形

附录 C　物理量单位

物理学规律包括定性与定量两个方面，只有有了数量的概念，物理学规律才显得精确．开尔文说过："假如你能够量度你所谈论的东西，能用数量表示它，你就对它有所了解；假如你不能用数量表示它，你对它的知识就是贫乏而不能令人满意的．"有数量就涉及单位．物理量之间有一定的关系，单位之间也就有一定的联系，相互关联的单位形成一套单位制．只有在单位制确定之后，物理量才有意义．

1．法定计量单位和 SI　新中国成立以来，国家为统一全国计量制度，并使之合理化、科学化做了许多工作．1985 年 9 月颁布了《中华人民共和国计量法》，确定了我国法定计量单位．

我国法定计量单位包括全部国际单位制单位和国际计量大会同意并用的 10 个非国际单位以及分贝、转每分等 5 个广泛需要的单位．可见，法定计量单位的主体是国际单位制（国际上简称 SI）．表 C.1 为其构成，表 C.2 列出 SI 基本单位，表 C.3 列出国家选定的几个常用的非国际单位制单位．表 C.4 给出常用物理量的法定计量单位示例．表 C.5 给出了构成十进倍数和分数的词头．

表 C.1　SI 的构成

- SI
  - SI 单位
    - SI 基本单位（7 个）（表 C.2）
    - SI 导出单位
      - 包括 SI 辅助单位在内的具有专门名称的 SI 导出单位（21 个）
      - 组合形式的 SI 导出单位
  - SI 单位的倍数单位

表 C.2　SI 基本单位

量的名称	单位名称	单位符号
长度	米	m
质量	千克（公斤）	kg
时间	秒	s
电流	安[培]	A
热力学温度	开[尔文]	K
物质的量	摩[尔]	mol
发光强度	坎[德拉]	cd

表 C.3 国家选定的几个常用的非国际单位制单位

量的名称	单位名称	单位符号	换算关系
时间	分、时	min、h	
[平面]角	秒、分、度	(″)(′)(°)	$1° = (\pi/180)$ rad
旋转速度	转每分	r/min	
体积、容积	升	L,(l)	$1L = 10^{-3} m^3$
能	电子伏	eV	$1eV \approx 1.602 \times 10^{-19} J$
级差	分贝	dB	

表 C.4 常用物理量的法定计量单位示例

量的名称	单位名称	单位符号	备注
[平面]角	弧度	rad	$1° = \frac{\pi}{180}$rad
	度、分、秒	(°)(′)(″)	
[立体]角	球面度	sr	
长度	米	m	
面积	平方米	m^2	
体积,容积	立方米	m^3	$1L = 1dm^3 = 10^{-3} m^3$
	升	L(l)	
时间	秒	s	
角速度	弧度每秒	rad/s	
角加速度	弧度每二次方秒	rad/s^2	
速度	米每秒	m/s	
加速度	米每二次方秒	m/s^2	
周期	秒	s	
频率	赫[兹]	Hz	
转速	每秒,每分	s^{-1},r/min	
角频率,圆频率	弧度每秒,每秒	rad/s,s^{-1}	
波长	米	m	
振幅级差	分贝	dB	$L_F = 20\lg\left(\frac{F_1}{F_2}\right)$dB F 为振幅
功率级差	分贝	dB	$L_P = 10\lg\left(\frac{P_1}{P_2}\right)$dB P 为功率
质量	千克(公斤),吨	kg,t	
	原子质量单位	u	$1u \approx 1.66 \times 10^{-27}$ kg
动量	千克米每秒	kg · m/s	

续表

量的名称	单位名称	单位符号	备注
角动量	千克二次方米每秒	$kg\cdot m^2/s$	
转动惯量	千克二次方米	$kg\cdot m^2$	
力	牛[顿]	N	$1N=1kg\cdot m/s^2$
力矩	牛[顿]米	$N\cdot m$	
压强	帕[斯卡]	Pa	$1Pa=1N/m^2$
[动力]黏度	帕[斯卡]秒	$Pa\cdot s$	
功	焦[耳]	J	$1J=1N\cdot m$
能[量]	焦,电子伏	J,eV	$1eV\approx1.6\times10^{-19}J$
功率	瓦[特]	W	$1W=1J/s$
质量流量	千克每秒	kg/s	
体积流量	立方米每秒	m^3/s	
热力学温度	开[尔文]	K	
摄氏温度	摄氏度	℃	
热量	焦[耳]	J	
热流量	瓦[特]	W	
热导率	瓦[特]每米开[尔文]	$W/(m\cdot K)$	K 可用℃代替
传热系数	瓦[特]每平方米开[尔文]	$W/(m^2\cdot K)$	
热容	焦[耳]每开[尔文]	J/K	
熵	焦[耳]每开[尔文]	J/K	
物质的量	摩[尔]	mol	
摩尔质量	千克每摩[尔]	kg/mol	
摩尔体积	立方米每摩[尔]	m^3/mol	
摩尔热容	焦[耳]每摩[尔]开[尔文]	$J/(mol\cdot K)$	
电流	安[培]	A	
电荷[量]	库[仑]	C	$1C=1A\cdot s$
电场强度	伏[特]每米	V/m	$1V/m=1N/C$
电位	伏[特]	V	$1V=1W/A$
电容	法[拉],微法,皮法	F,μF,pF	$1F=1C/V$,$1\mu F=10^{-6}F$,$1pF=10^{-12}F$
电容率	法[拉]每米	F/m	
电偶极矩	库[仑]米	$C\cdot m$	
磁场强度	安[培]每米	A/m	
磁感应强度	特[斯拉]	T	$1T=1Wb/m^2$

续表

量的名称	单位名称	单位符号	备注
磁通[量]	韦[伯]	Wb	1Wb = 1V · s
自感,互感	亨[利]	H	1H = 1Wb/A = 1V · s/A
磁导率	亨[利]每米	H/m	
电阻	欧[姆]	Ω	1Ω = 1V/A
电阻率	欧[姆]米	Ω · m	
电导率	西[门子]每米	S/m	
电能	焦[耳],千瓦[特][小]时	J, kW · h	$1kW \cdot h = 3.6 \times 10^6 J$
辐[射]功率,辐[射能]通量	瓦[特]	W	
辐[射]出[射]度	瓦[特]每平方米	W/m^2	
辐[射]照度	瓦[特]每平方米	W/m^2	
发光强度	坎[德拉]	cd	
光通量	流[明]	lm	1lm = 1cd · sr
[光]照度	勒[克斯]	lx	$1lx = 1lm/m^2$
曝光量	勒[克斯]秒	lx · s	
声压级	分贝	dB	$L_p = 20\lg\left(\frac{p}{p_0}\right)dB$
声强级			$L_I = 10\lg\left(\frac{I}{I_0}\right)dB$
声功率级			$L_W = 10\lg\left(\frac{W}{W_0}\right)dB$
阻尼系数	每秒	s^{-1}	

表 C.5　若干用于构成十进倍数和分数的词头

所表示的因数	词头名称	词头符号
10^6	兆	M
10^3	千	k
10^{-2}	厘	c
10^{-3}	毫	m
10^{-6}	微	μ
10^{-9}	纳[诺]	n
10^{-12}	皮[可]	p

2. 法定计量单位主要单位的定义

米(metre)　光在真空中(1/299 792 458)s 时间间隔内所经路径的长度.

千克(kilogram)　千克是质量单位,等于国际千克原器的质量.

秒(second) 秒是铯—133原子基态的两个超精细能级之间跃迁所对应的辐射的9 192 631 770个周期持续的时间.

安培(ampere) 安培是电流的单位.在真空中,截面积可忽略的两根相距1 m的无限长平行圆直导线内通以等量恒定电流时,若导线间相互作用力在每米长度上为2×10^{-7}N,则每根导线中的电流为1 A.

开尔文(kelvin) 热力学温度开尔文是水三相点热力学温度的1/273.16.

摩尔(mole) 摩尔是一系统的物质的量,该系统中所包含的基本单元数与0.012 kg碳-12的原子数目相等.在使用摩尔时,基本单元应予指明,可以是原子、分子、离子、电子及其他粒子,或是这些粒子的特定组合.

坎德拉(candela) 坎德拉是一光源在给定方向上的发光强度,该光源发出频率为540×10^{12}Hz的单色辐射,且在此方向上的辐射强度为(1/638)W/sr.

弧度(radian) 弧度是一圆内两条半径间的平面角,这两条半径在圆周上所截取的弧长与半径相等.

球面度(steradian) 球面度是一立体角,其顶点位于球心,而它在球面上所截取的面积等于以球半径为边长的正方形面积.

伏特(volt) 通过1 A恒定电流的导线内,两点之间所消耗的功率为1 W时,这两点间的电位差为1 V.

法拉(farad) 法拉是电容器的电容量,当电容器充1 C电量时,它的两极板之间出现1 V的电位差.

韦伯(weber) 韦伯是只有1匝的环形线圈中的磁通量,它在1 s时间间隔内均匀地降到零时,环路内所产生的感应电动势为1 V.

特斯拉(tesla) 特斯拉是在1 m^2面积内垂直均匀通过1 Wb磁通量的磁通密度.

亨利(henry) 亨利是一闭合回路的电感,当流过该电路的电流以1 A/s的速率均匀变化时,在回路中产生1 V的电动势.

流明(lumen) 流明等于发光强度为1 cd的点光源在1 sr立体角内发射的光通量.

勒克斯(lux) 勒克斯等于1 lm的光通量均匀分布于1 m^2面积上的光照度.

电子伏(electronvolt) 电子伏等于1个电子经过真空中的电位差为1 V的电场所获得的动能.

3. 几点说明 每个单位都有名称、符号和中文符号.中文符号只在小学、初中教科书和普通书刊中在有必要时使用,故未列入.

乘方形式的单位名称,其顺序应为指数名称在前,单位名称在后,指数名称由相应的数字加"次方"二字构成.当长度的二次和三次幂分别表示面积和体积时,则相应的指数名称分别为"平方"和"立方".如斯特藩-玻尔兹曼常量的单位名称为瓦特每平方米四次方开尔文.

单位的符号一律用正体印刷.斜体用于表示物理量.

单位符号一般小写,但单位来源于人名的,其第一个字母大写,如N、A、F等(升的符号L是例外).

使用词头时,词头符号和单位符号紧连,其间不留间隔如MPa不写成M Pa或M·Pa.

不得使用重叠词头，如 pF 不能写成 μμF.

词头不是独立的，只能和单位一起用，不能单独用. 如 2 000 Ω 的电阻可写成 2 kΩ 而不能写成 2k；10 μF 电容，不能写成 10μ.

倍数单位的选取，一般应使量的数值处于 0.1 ~ 1 000 之间，如 101 325 Pa 写成 101.325 kPa较好.

附录 D 常用物理常量

(国际科技数据委员会(CODATA)2006 年推荐值. http://physics.nist.gov/cuu/Constants.)

真空中光速	$c = 299\ 792\ 458\ \mathrm{m \cdot s^{-1}}$
真空磁导率	$\mu_0 = 4\pi \times 10^{-7}\ \mathrm{N \cdot A^{-2}} = 12.566 \times 10^{-7}\ \mathrm{N/A^2}$
真空介电常数	$\varepsilon_0 = 1/\mu_0 c^2 = 8.854 \times 10^{-12}\ \mathrm{F/m}$
普朗克常量	$h = (6.626\ 068\ 96 \pm 0.000\ 000\ 33) \times 10^{-34}\ \mathrm{J \cdot s}$
基本电荷	$e = (1.602\ 176\ 487 \pm 0.000\ 000\ 040) \times 10^{-19}\ \mathrm{C}$
电子静止质量	$m_e = (0.910\ 938\ 215 \pm 0.000\ 000\ 05) \times 10^{-30}\ \mathrm{kg}$
质子静止质量	$m_p = (1.672\ 621\ 637 \pm 0.000\ 000\ 084) \times 10^{-27}\ \mathrm{kg}$
中子静止质量	$m_n = (1.674\ 927\ 211 \pm 0.000\ 000\ 083) \times 10^{-27}\ \mathrm{kg}$
阿伏伽德罗常量	$N_A = (6.022\ 141\ 79 \pm 0.000\ 000\ 30) \times 10^{23}\ \mathrm{mol^{-1}}$
原子质量常量	$m_u = 1\mathrm{u} = (1.660\ 538\ 782 \pm 0.000\ 000\ 083) \times 10^{-27}\ \mathrm{kg}$
普适气体常量	$R = (8.314\ 472 \pm 0.000\ 014)\ \mathrm{J/(mol \cdot K)}$
玻尔兹曼常量	$k = R/N_A = (1.380\ 650\ 4 \pm 0.000\ 002\ 3) \times 10^{-23}\ \mathrm{J/K}$
摩尔体积	$V_{m,0} = (22.413\ 996 \pm 0.000\ 038)\ \mathrm{L/mol}$
斯特藩 - 玻尔兹曼常量	$\sigma = (5.670\ 400 \pm 0.000\ 040) \times 10^{-8}\ \mathrm{W/(m^2 \cdot K^4)}$
维恩位移定律常量	$b = (2.897\ 768\ 5 \pm 0.000\ 004\ 9) \times 10^{-3}\ \mathrm{m \cdot K}$
标准大气压	$1\ \mathrm{atm} = 101\ 325\ \mathrm{Pa}$
标准重力加速度	$g_n = 9.806\ 65\ \mathrm{m/s^2}$

附录E 部分练习题答案

第 一 章

1.11 $\boldsymbol{r}_A = (3\boldsymbol{i} - 5\boldsymbol{j})$ m, $\boldsymbol{r}_B = (2\boldsymbol{i} + \boldsymbol{j})$ m

1.12 $v = -7$ m/s, $a = -4$ m/s^2, $\Delta x = -5$ m;匀减速直线运动

1.13 应该刹车

***1.14** $x = 2v_0^2 \dfrac{\tan\theta}{g}, y = 2v_0^2 \dfrac{\tan^2\theta}{g}, l = \sqrt{x^2 + y^2} = 218$ m

1.15 $a = 9.8$ m/s^2

1.16 $v = 0.96c$

1.17 $\Delta t = 3.25 \times 10^{-8}$ s, $l = 5.85$ m

第 二 章

2.24 1.4×10^4 J

2.25 0.45 m

2.26 $\dfrac{1}{k}\left(mg + \sqrt{(mg)^2 + kmv_0^2}\right)$

2.27 $\sqrt{2}mv$, $2mv$, $\sqrt{2}mv$

2.28 6.14×10^{-2} N · s, 6.14 N

***2.29** 100 m/s

***2.30** 0.356 m

2.31 14.1 m/s, 135°

2.32 9.8×10^{37} kg · m^2/s

2.33 1:3

第 三 章

3.28 2.69×10^{20}

3.29 0.015 mol

3.30 9.6d

3.31 6.9×10^2 J, 9.6×10^2 J

3.32 3.3×10^3 J, 0J, 3.3×10^3 J, 4.5×10^3 J, 3.3×10^3 J, -3.3×10^2 J

3.33 1.12×10^2 J, 12.3%

***3.35** $k\ln\dfrac{V_2 - b}{V_1 - b} + a\left(\dfrac{1}{V_2} - \dfrac{1}{V_1}\right)$

3.36 4.5×10^3 J, 1.38×10^3 J, 6.23×10^3 J, 0J, -6.23×10^3 J, -6.23×10^3 J, -3.37×10^3 J, -3.37×10^3 J, 0J, 7.5%

3.37 0 J, 3.5×10^{3} J

第 四 章

4.46 2°, 1 Hz, 1 s, 34.4°

*__4.48__ 5.0×10^{-2} m

4.49 25 rad/s, 0.25 s, 0.50×10^{-2} m, $\pi/3$, 0.13 m/s, 32 m/s^2, $16\pi+\pi/3$, $80\pi+\pi/3$

4.50 17 cm, -4.2×10^{-3} N, 1.3 s, -37.2 cm/s

4.51 4.2 s, $0.02\cos(1.5t-\pi/2)$ m

4.52 $0.01\cos(2t+\pi/6)$ m

*__4.53__ 21 m/s

4.54 0.3π

4.55 $A\cos(\omega t+\varphi_1+2\pi/3)$

4.56 0.078 m, 84°48′

4.57 2.18×10^{-3} W · m^{-2}

*__4.58__ 24 dB

4.59 $0.01\cos(12.56\times10^{2}t-3.31x)$ m, $0.01\cos(12.56\times10^{2}t-1.5\pi)$ m

0.01 m, 0 m, −0.01 m, −0.01 m, 0, 0.01 m, 0 m

4.60 0.117 m, π

4.61 1.6×10^{3} m/s, 100

*__4.62__ 6.6 m/s

第 五 章

5.41 0 m, ±1 m, ±2 m, …, ±9 m

*__5.42__ 522 Hz, 64 cm

5.45 7.2×10^{-5} m

*__5.46__ 1.4

5.47 0.85

5.48 2.357 μm

5.49 29.5 μm

*__5.50__ 0.381 m

*__5.51__ 1.84

5.52 $(2k-1)\times6.59\times10^{-2}$ μm

5.53 1.006 45

5.54 8.2×10^{-3} m

5.55 4.9×10^{-4} m, 5.3×10^{-7} m

5.56 0.75 m

5.58 46 m

5.59 9.0 m

5.60 1.058×10^{-10} m

5.61 3.03×10^{-10} m

5.62 6.67×10^{-6} m

5.63 8.0×10^{-2} m, 0.01 m

5.64 1.6

5.65 41°11′

5.66 $I_0/8$

5.67 0.061

5.69 $\frac{1}{8}\sin^2 2\alpha$

第六章

6.12 $\frac{2\sqrt{2}}{a^2}(Q-q)$

6.13 q 外侧 0.683 m

6.14 8 000, 0, 720

6.15 8.9×10^{-7} J, 4.9×10^{-6} J

6.16 2.78×10^{-6} T, 0.15 cm

6.17 8 V, 2 A, −8 V, −2 A

6.18 $\frac{\pi r^2\omega}{k}B_m\sin\omega t,\ \pi^2 r^4\omega^2 B_m^2/R$

6.19 −9.6 V

6.20 6.27×10^3 K, 8.3×10^3 K, 1.0×10^4 K

6.21 2.98 μm

6.22 0.482

***6.24** 0.05 m^2

***6.25** 4.1×10^{-5} m^2

第七章

7.8 1.09×10^{15} Hz, 6.03×10^{14} Hz, 钡

7.9 1.99×10^{-5} nm

7.10 1.23 nm

7.11 2.32×10^6 m·s^{-1}

郑重声明